此防伪页系专门制造

※此防伪页内有多层次固定水印,透光看水印清晰,水印凹凸立体感明显。

※此防伪页上有开天窗安全线,安全线在可见光下改变角度可变色,线上印有"自学考试"激光字。

发现盗版 欢迎举报

※全国"扫黄打非"工作领导小组办公室
　举报热线:010-65212870
※教育部考试中心
　举报电话及传真:010-61957677
　举报短信号:13911597580
　举报QQ号:3022464619
　举报网址:http://zkjc.neea.edu.cn

全国高等教育自学考试指定教材
房屋建筑工程专业（专科）

土力学及地基基础

（含：土力学及地基基础自学考试大纲）

（2016年版）

全国高等教育自学考试指导委员会 组编

主 编 杨小平

武汉大学出版社

图书在版编目(CIP)数据

土力学及地基基础：2016年版/杨小平主编；全国高等教育自学考试指导委员会组编. —武汉：武汉大学出版社，2016.4
全国高等教育自学考试指定教材. 房屋建筑工程专业. 专科
ISBN 978-7-307-17682-9

Ⅰ．土… Ⅱ．①杨… ②全… Ⅲ．①土力学—高等教育—自学考试—教材 ②地基—基础(工程)—高等教育—自学考试—教材 Ⅳ．TU4-44

中国版本图书馆 CIP 数据核字(2016)第 050900 号

责任编辑：鲍 玲　　责任校对：汪欣怡　　版式设计：马 佳

出版发行：武汉大学出版社　　（430072　武昌　珞珈山）
（电子邮件：wdp4@whu.edu.cn 网址：www.wdp.com.cn）
印刷：北京市荣盛彩色印刷有限公司
开本：787×1092　1/16　印张：14
版次：2016 年 4 月第 1 版　　2017 年 1 月第 2 次印刷
字数：332 千字
ISBN 978-7-307-17682-9　　定价：26.00 元

自学考试教材服务网　网址：http://zkjc.neea.edu.cn
本书如有质量问题，请与教材供应部门联系。

组 编 前 言

21世纪是一个变幻莫测的世纪，是一个催人奋进的世纪。科学技术飞速发展，知识更替日新月异。希望、困惑、机遇、挑战，随时随地都有可能出现在每一个社会成员的生活之中。抓住机遇，寻求发展，迎接挑战，适应变化的制胜法宝就是学习——依靠自己学习、终生学习。

作为我国高等教育组成部分的自学考试，其职责就是在高等教育这个水平上倡导自学、鼓励自学、帮助自学、推动自学，为每一个自学者辅就成才之路。组织编写供读者学习的教材就是履行这个职责的重要环节。毫无疑问，这种教材应当适合自学，应当有利于学习者掌握和了解新知识、新信息，有利于学习者增强创新意识，培养实践能力，形成自学能力，也有利于学习者学以致用，解决实际工作中所遇到的问题。具有如此特点的书，我们虽然沿用了"教材"这个概念，但它与那种仅供教师讲、学生听，教师不讲、学生不懂，以"教"为中心的教科书相比，已经在内容安排、编写体例、行文风格等方面都大不相同了。希望读者对此有所了解，以便从一开始就树立起依靠自己学习的坚定信念，不断探索适合自己的学习方法，充分利用自己已有的知识基础和实际工作经验，最大限度地发挥自己的潜能，达到学习的目标。

欢迎读者提出意见和建议。

祝每一位读者自学成功。

全国高等教育自学考试指导委员会
2015年1月

目 录

土力学及地基基础自学考试大纲

大纲前言 ·· 2
Ⅰ 课程性质与课程目标 ··· 3
Ⅱ 考核目标 ·· 4
Ⅲ 课程内容与考核要求 ··· 5
  绪论 ·· 5
  第一章 地基土的物理性质与地下水 ·· 5
  第二章 地基中的应力 ·· 7
  第三章 土的压缩性及地基沉降 ·· 8
  第四章 土的抗剪强度和地基承载力 ·· 10
  第五章 土坡稳定和土压力理论 ·· 11
  第六章 岩土工程勘察 ·· 12
  第七章 天然地基上的浅基础 ··· 13
  第八章 桩基础 ·· 15
Ⅳ 关于大纲的说明与考核实施要求 ··· 18
Ⅴ 参考样题 ·· 21
大纲后记 ·· 22

土力学及地基基础

编者的话 ·· 24
绪论 ··· 25
第一章 地基土的物理性质与地下水 ··· 28
  第一节 岩石和土的成因类型 ··· 28
  第二节 土的组成 ··· 32
  第三节 土的三相比例指标 ·· 35
  第四节 无黏性土的密实度 ·· 40
  第五节 黏性土的物理特征 ·· 41
  第六节 地基岩土的工程分类 ··· 43
  第七节 地下水 ·· 48

思考题 50
　　习题 51

第二章　地基中的应力 52
　第一节　概述 52
　第二节　土的自重应力 53
　第三节　基底压力 57
　第四节　地基附加应力 61
　　思考题 68
　　习题 68

第三章　土的压缩性及地基沉降 70
　第一节　土的压缩性 70
　第二节　地基的最终沉降量计算 73
　第三节　沉积土层的应力历史 84
　第四节　地基沉降与时间的关系 85
　　思考题 89
　　习题 89

第四章　土的抗剪强度和地基承载力 91
　第一节　概述 91
　第二节　土的抗剪强度与极限平衡条件 91
　第三节　抗剪强度指标的测定 97
　第四节　地基破坏模式和地基承载力 103
　第五节　浅基础的地基极限承载力 105
　　思考题 108
　　习题 108

第五章　土坡稳定和土压力理论 110
　第一节　概述 110
　第二节　土坡的稳定分析 111
　第三节　挡土墙上的土压力 114
　第四节　朗肯土压力理论 116
　第五节　挡土墙设计 123
　　思考题 129
　　习题 129

第六章　岩土工程勘察 131
　第一节　概述 131

    第二节　岩土工程勘察的任务和内容……………………………………… 133
    第三节　岩土工程勘察方法………………………………………………… 134
    第四节　岩土工程勘察报告………………………………………………… 138
    思考题……………………………………………………………………………… 146

第七章　天然地基上的浅基础……………………………………………………… 147
    第一节　概述………………………………………………………………… 147
    第二节　浅基础分类………………………………………………………… 151
    第三节　基础埋置深度的选择……………………………………………… 155
    第四节　地基承载力的确定………………………………………………… 158
    第五节　基础底面尺寸的确定……………………………………………… 163
    第六节　地基沉降验算……………………………………………………… 168
    第七节　无筋扩展基础设计………………………………………………… 170
    第八节　墙下钢筋混凝土条形基础设计…………………………………… 172
    第九节　柱下钢筋混凝土独立基础设计…………………………………… 175
    第十节　梁板式基础………………………………………………………… 180
    第十一节　减轻不均匀沉降危害的措施…………………………………… 183
    思考题……………………………………………………………………………… 189
    习题………………………………………………………………………………… 189

第八章　桩基础……………………………………………………………………… 191
    第一节　概述………………………………………………………………… 191
    第二节　桩的分类…………………………………………………………… 192
    第三节　单桩竖向荷载的传递……………………………………………… 197
    第四节　单桩竖向承载力的确定…………………………………………… 199
    第五节　桩基础设计………………………………………………………… 204
    思考题……………………………………………………………………………… 213
    习题………………………………………………………………………………… 213

参考文献………………………………………………………………………………… 215

后记……………………………………………………………………………………… 216

全国高等教育自学考试房屋建筑工程专业(专科)

土力学及地基基础
自学考试大纲

全国高等教育自学考试指导委员会　制定

大 纲 前 言

为了适应社会主义现代化建设事业的需要，鼓励自学成才，我国在20世纪80年代初建立了高等教育自学考试制度。高等教育自学考试是个人自学、社会助学和国家考试相结合的一种高等教育形式。应考者通过规定的专业课程考试并经思想品德鉴定达到毕业要求的，可获得毕业证书；国家承认学历并按照规定享有与普通高等学校毕业生同等的有关待遇。经过30多年的发展，高等教育自学考试为国家培养造就了大批专门人才。

课程自学考试大纲是国家规范自学者学习范围、要求和考试标准的文件。它是按照专业考试计划的要求，具体指导个人自学、社会助学、国家考试、编写教材及自学辅导书的依据。

为更新教育观念，深化教学内容方式、考试制度、质量评价制度改革，更好地提高自学考试人才培养的质量，全国考委各专业委员会按照专业考试计划的要求，组织编写了课程自学考试大纲。

新编写的大纲，在层次上，专科参照一般普通高校专科或高职院校的水平，本科参照一般普通高校本科水平；在内容上，力图反映学科的发展变化以及自然科学和社会科学近年来研究的成果。

全国考委土木水利矿业环境类专业委员会参照普通高等学校相关课程的教学基本要求，结合自学考试房屋建筑工程专业的实际情况，组织制定的《土力学及地基基础自学考试大纲》，经教育部批准，现颁发施行。各地教育部门、考试机构应认真贯彻执行。

全国高等教育自学考试指导委员会
2016年1月

Ⅰ 课程性质与课程目标

一、课程性质和特点

土力学及地基基础课程是全国高等教育自学考试房屋建筑工程专业(专科)的一门专业课。通过本课程的学习,使自学应考者了解工程地质的基本概念,掌握土力学的基本概念和基本原理,结合有关结构设计理论,分析和解决一般的地基基础问题。

二、课程目标

土力学是本课程的理论基础,要求掌握土的物理性质、地基的应力与变形、抗剪强度、地基承载力和土压力的基本概念和基本原理,能解决地基基础工程设计和施工中的一般土力学问题。

地基基础设计是结构设计的重要组成部分,要求能根据上部结构的具体要求,运用土力学的基本原理,进行墙下条形基础、柱下独立基础设计以及解决挡土墙和桩基础的一般工程问题。

三、与相关课程的联系与区别

本课程的先修课程为:建筑材料、房屋建筑学、工程力学、结构力学等;相配合的课程有:混凝土及砌体结构、建筑施工等。凡涉及先修课程的内容,本课程主要利用其结论。

挡土墙的墙身强度验算和钢筋混凝土基础内力与配筋计算等属于混凝土及砌体结构课程的范围,本课程不作要求;有关基础工程的施工问题主要放在建筑施工课程中讨论。

四、本课程重点

第一、第二、第三、第四、第五、第七、第八章。

Ⅱ 考核目标

本大纲在考核目标中,按照识记、领会、简单应用和综合应用四个层次规定其应达到的能力层次要求。四个能力层次是递升的关系,后者必须建立在前者的基础上。各能力层次的含义是:

识记(Ⅰ):要求考生能够识别和记忆大纲中的知识点,如定义、原理、公式、性质等,并能够根据考核的不同要求,作出正确的表述、选择和判断。

领会(Ⅱ):要求考生能够对大纲中的概念、原理、公式等有一定的理解,清楚它与有关知识点的联系与区别,并能作出正确的表述和解释。

简单应用(Ⅲ):要求考生能够运用大纲中各部分的少数几个知识点,解决简单的计算、证明或应用问题。

综合应用(Ⅳ):要求考生在对大纲中的概念、原理、公式等熟悉和理解的基础上,会运用多个知识点,分析、计算或推导解决稍复杂一些的问题。

Ⅲ 课程内容与考核要求

绪 论

一、学习目的与要求

通过本章的学习，理解地基及基础的概念，了解本课程的研究对象及其特点和学习方法。

二、课程内容

地基及基础的概念。本课程的研究对象及其特点和学习方法。

三、考核知识点与考核要求

识记：基础、浅基础、深基础、天然地基、人工地基的概念。
领会：地基的概念；地基基础设计应满足的两个基本要求。

第一章 地基土的物理性质与地下水

一、学习目的与要求

通过本章的学习，了解岩石和土的成因类型、土的组成、地下水的埋藏条件和土的渗透性，掌握土的物理指标及其性状评价和地基岩土的工程分类。

二、课程内容

第一节 岩石和土的成因类型

1. 岩石的成因类型
2. 土的成因类型

第二节 土的组成

1. 土的固体颗粒

2. 土中的水和气体

第三节　土的三相比例指标

1. 指标的定义
2. 指标的换算

第四节　无黏性土的密实度

1. 无黏性土的密实度对其工程性质的影响
2. 无黏性土密实度的判别方法

第五节　黏性土的物理特征

1. 界限含水量
2. 塑性指数和液性指数

第六节　地基岩土的工程分类

1. 岩石的工程分类
2. 土的工程分类

第七节　地　下　水

1. 地下水的埋藏条件
2. 土的渗透性
3. 动水力和渗流破坏现象

三、考核知识点与考核要求

（一）岩石和土的成因类型
识记：岩石的成因类型；土的成因类型。
（二）土的组成
识记：土中液态水的分类。
领会：粒径级配曲线、不均匀系数的含义。
简单应用：粒径级配曲线的应用。
（三）土的三相比例指标
领会：各指标的定义及意义。
综合应用：各指标的计算。
（四）无黏性土的密实度

识记：砂土密实度的判别方法。
领会：无黏性土密实度的概念及其工程意义；砂土相对密实度的含义。
综合应用：砂土相对密实度的计算。

(五)黏性土的物理特征

识记：塑限、液限、塑性指数和液性指数的概念。
简单应用：塑性指数和液性指数的计算；黏性土物理状态的评价。

(六)地基岩土的工程分类

识记：岩石按坚硬程度和风化程度的分类；碎石土、砂土、粉土、黏性土、人工填土、淤泥和淤泥质土的定义；人工填土按其组成和成因的分类。
领会：无黏性土和黏性土的分类依据。
简单应用：黏性土按塑性指数分类。

(七)地下水

识记：地下水按埋藏条件划分的三种类型。
领会：渗透系数的概念；产生渗流破坏的条件。

四、本章重点

土的三相比例指标；黏性土的物理特征。

第二章 地基中的应力

一、学习目的与要求

通过本章的学习，深刻理解自重应力和附加应力的概念，掌握附加应力的分布规律，熟练掌握自重应力、基底压力和基底附加压力的计算，了解矩形面积上竖向均布荷载作用下地基竖向附加应力的计算。

二、课程内容

第一节 概　述

土中应力的类型；土的自重应力与附加应力的概念。

第二节 土的自重应力

1. 均质土的自重应力
2. 成层土的自重应力
3. 地下水对土中自重应力计算的影响
4. 填土对土中自重应力的影响

第三节 基底压力

1. 基底压力的简化计算
2. 基底附加压力

第四节 地基附加应力

1. 竖向集中力作用下的竖向附加应力
2. 矩形面积上竖向均布荷载作用下的竖向附加应力

三、考核知识点与考核要求

1. 土的自重应力概念与计算

识记：土的自重应力概念。

简单应用：地下水位升降及填土对土中自重应力的影响。

综合应用：竖向和水平向自重应力的计算。

2. 基底压力和基底附加压力的概念与计算

识记：基底压力和基底附加压力的概念。

简单应用：基底附加压力的计算。

综合应用：轴心或单向偏心荷载作用下基底压力的计算。

3. 地基附加应力的概念与计算

识记：地基附加应力的概念。

领会：地基附加应力的分布规律（应力扩散和应力叠加）；地基主要受力层的概念。

简单应用：矩形面积上竖向均布荷载作用下地基竖向附加应力的计算（查表确定竖向附加应力系数）。

四、本章重点

上述知识点均为重点。

第三章 土的压缩性及地基沉降

一、学习目的与要求

通过本章的学习，掌握土体变形的实质及其规律，熟练掌握地基最终沉降量的计算方法，了解沉积土层的应力历史和饱和土的渗透固结概念。

二、课程内容

第一节　土的压缩性

1. 基本概念
2. 压缩试验和相应的压缩性指标

第二节　地基的最终沉降量计算

1. 分层总和法
2. 规范方法

第三节　沉积土层的应力历史

前期固结压力、正常固结土、超固结土和欠固结土的概念。

第四节　地基沉降与时间的关系

1. 饱和土的渗透固结
2. 地基固结度

三、考核知识点与考核要求

(一)土的压缩性
识记：土的压缩性概念和压缩性指标(压缩系数、压缩模量)。
领会：压缩试验的特点；压缩曲线的含义。
简单应用：压缩系数和压缩模量的计算；根据 a_{1-2} 评价土的压缩性。
(二)地基的最终沉降量计算
领会：计算地基最终沉降量的规范方法的基本概念。
综合应用：用分层总和法计算地基最终沉降量。
(三)沉积土层的应力历史概念
识记：前期固结压力、正常固结土、超固结土和欠固结土的概念。
(四)饱和土的渗透固结
识记：有效应力和孔隙水压力的概念。
领会：土体固结过程中孔隙水压力向有效应力的转换。
(五)地基固结度的概念及排水条件对土层固结时间的影响
领会：地基固结度的概念；排水条件对土层固结时间的影响。

四、本章重点

土的压缩性；地基的最终沉降量计算。

第四章　土的抗剪强度和地基承载力

一、学习目的与要求

通过本章的学习，熟练掌握土的抗剪强度的库伦公式和土的极限平衡条件，掌握通过直接剪切试验和三轴压缩试验确定抗剪强度指标的方法，理解地基极限承载力的含义，并能正确使用这些计算公式。

二、课程内容

第一节　土的抗剪强度与极限平衡条件

1. 库伦公式
2. 土的极限平衡条件

第二节　抗剪强度指标的测定

1. 直接剪切试验
2. 三轴压缩试验
3. 无侧限抗压强度试验

第三节　地基破坏模式和地基承载力

1. 地基变形的三个阶段
2. 地基的破坏模式
3. 地基承载力

第四节　浅基础的地基极限承载力

1. 太沙基公式
2. 斯肯普顿公式

三、考核知识点与考核要求

(一)库伦公式
领会：土的抗剪强度概念；抗剪强度指标的含义。

简单应用：库伦公式的应用。
(二)土的极限平衡条件
领会：莫尔圆与抗剪强度包线之间的关系；破裂面的概念。
综合应用：极限平衡条件的运用。
(三)抗剪强度指标的测定
识记：测定抗剪强度指标的试验方法；无侧限抗压强度与灵敏度的概念。
领会：排水条件对抗剪强度指标的影响。
简单应用：根据直接剪切试验和三轴压缩试验成果求抗剪强度指标。
(四)地基破坏模式和地基承载力
识记：地基承载力、地基极限承载力的概念。
领会：地基变形的三个阶段及地基破坏模式。
(五)地基极限承载力
识记：太沙基公式和斯肯普顿公式的适用条件。
领会：太沙基公式中各符号的含义。

四、本章重点

库伦公式；土的极限平衡条件；抗剪强度指标的测定；地基破坏模式和地基承载力。

第五章 土坡稳定和土压力理论

一、学习目的与要求

通过本章的学习，初步掌握土坡稳定的分析方法，正确理解土压力的概念，熟练掌握主动土压力的计算，掌握重力式挡土墙的设计。

二、课程内容

第一节 土坡稳定分析

1. 无黏性土坡稳定分析
2. 黏性土坡稳定分析

第二节 挡土墙上的土压力

1. 作用在挡土墙上的三种土压力
2. 静止土压力计算

第三节 朗肯土压力理论

1. 主动土压力
2. 被动土压力
3. 几种常见情况的土压力计算

第四节 挡土墙设计

1. 挡土墙的类型
2. 重力式挡土墙的构造
3. 重力式挡土墙的验算

三、考核知识点与考核要求

（一）土坡稳定分析

识记：砂土自然休止角概念。

领会：影响土坡稳定的因素；黏性土坡稳定分析的瑞典条分法。

简单应用：无黏性土坡稳定分析。

（二）挡土墙上的土压力概念

领会：静止土压力、主动土压力和被动土压力的概念。

（三）静止土压力

简单应用：静止土压力的计算。

（四）朗肯土压力理论

领会：朗肯土压力理论的假设及其计算公式的建立。

综合应用：几种常见情况下的主动土压力计算。

（五）挡土墙设计

领会：重力式挡土墙墙背的倾斜形式选择；排水措施；墙后填土要求；提高抗倾覆、抗滑移稳定的措施。

综合应用：重力式挡土墙的抗倾覆、抗滑移稳定验算。

四、本章重点

挡土墙上的土压力概念；朗肯土压力理论。

第六章 岩土工程勘察

一、学习目的与要求

通过本章的学习，了解岩土工程勘察的目的、程序和任务，熟悉常用的勘探方法，学会阅读和使用岩土工程勘察报告。

二、课程内容

第一节 岩土工程勘察的目的、程序和任务

1. 岩土工程勘察的目的与程序
2. 各勘察阶段的任务和内容

第二节 岩土工程勘察方法

1. 测绘与调查
2. 勘探方法

第三节 岩土工程勘察报告

1. 勘察报告书的编制
2. 勘察报告实例

三、考核知识点与考核要求

(一)详细勘察阶段的内容
识记：详勘勘探点的布置原则。
领会：详勘勘探孔的深度控制原则。
(二)勘探方法
识记：常用的勘探方法。
领会：静力触探试验、标准贯入试验和轻便触探试验的应用。
(三)勘察报告书的内容
领会：勘察报告书的主要内容及其对地基土层工程性质的初步评价。

第七章 天然地基上的浅基础

一、学习目的与要求

通过本章的学习，了解浅基础的类型及其适用条件，熟悉基础埋置深度的确定原则，掌握地基承载力特征值的确定方法，熟练掌握按地基持力层承载力计算墙下条形基础和柱下独立基础的底面尺寸，掌握软弱下卧层承载力的验算方法，理解地基沉降验算要求和减轻不均匀沉降危害的措施。

二、课程内容

第一节 概　　述

1. 天然地基上浅基础的设计原则
2. 天然地基上浅基础的设计内容

第二节 浅基础分类

1. 按基础材料分类
2. 按结构形式分类

第三节 基础埋置深度的选择

1. 与建筑物及场地环境有关的条件
2. 土层的性质和分布
3. 地下水条件
4. 土的冻胀影响

第四节 地基承载力的确定

1. 按土的抗剪强度指标计算
2. 按地基载荷试验确定
3. 按经验方法确定

第五节 浅基础的设计与计算

1. 按地基持力层的承载力计算基底尺寸
2. 软弱下卧层承载力验算
3. 地基沉降验算

第六节 减轻不均匀沉降危害的措施

1. 建筑措施
2. 结构措施
3. 施工措施

三、考核知识点与考核要求

(一)天然地基上浅基础的设计原则
识记：地基基础设计等级的概念。
领会：对地基计算的要求。
(二)浅基础类型
识记：浅基础的类型与适用条件。
(三)基础埋置深度的选择
识记：有关基础埋置深度的确定原则。
领会：影响基础埋置深度选择的因素。
(四)地基承载力的确定
识记：地基承载力特征值的确定方法。
领会：影响地基承载力特征值的主要因素。
简单应用：考虑基础宽度和埋深修正的地基承载力特征值计算。
(五)浅基础的设计与计算
领会：各类建筑物对地基沉降验算的要求。
综合应用：按地基持力层承载力计算墙下条形基础和柱下独立基础的底面尺寸；软弱下卧层承载力的验算。
(六)减轻不均匀沉降危害的措施
领会：减轻不均匀沉降危害的建筑措施、结构措施和施工措施。

四、本章重点

地基承载力的确定；浅基础的设计与计算。

第八章 桩 基 础

一、学习目的与要求

通过本章的学习，了解桩的类型及其适用条件、单桩竖向荷载传递的特点和承台设计的基本内容，掌握桩基竖向承载力计算和承台布桩设计。

二、课程内容

第一节 概 述

1. 桩基础的适用性
2. 桩基础的设计原则

第二节　桩的分类

1. 预制桩和灌注桩
2. 摩擦型桩和端承型桩
3. 按设置效应分类

第三节　单桩竖向荷载的传递

1. 单桩竖向荷载的传递
2. 桩侧负摩阻力

第四节　单桩竖向承载力的确定

1. 静载荷试验
2. 按经验公式确定单桩竖向承载力特征值
3. 群桩效应对单桩竖向承载力的影响

第五节　桩基础设计

1. 设计内容和步骤
2. 桩的类型和桩长选择
3. 桩的根数和布置
4. 桩基承载力验算
5. 桩身结构设计
6. 承台设计

三、考核知识点与考核要求

(一) 桩的分类

识记：摩擦型桩与端承型桩的概念。

领会：常用的预制桩与灌注桩的类型及特点；桩的设置效应概念。

(二) 单桩竖向荷载的传递

识记：桩侧负摩阻力的概念。

领会：单桩竖向荷载的传递规律。

(三) 单桩竖向承载力的确定

识记：确定单桩竖向承载力的两个方面；进行静载荷试验的桩数要求；群桩效应概念。

领会：进行静载荷试验的间歇时间要求。

简单应用：按静载荷试验和经验公式确定单桩竖向承载力特征值。

(四)桩基础设计

识记:桩的最小中心距规定;有关承台宽度、厚度的规定。

领会:选择桩端持力层的要求;有关桩的配筋长度的规定。

综合应用:多桩矩形承台布桩设计和验算。

四、本章重点

单桩竖向承载力的确定;桩基础设计。

Ⅳ 关于大纲的说明与考核实施要求

一、自学考试大纲的目的和作用

课程自学考试大纲是根据专业自学考试计划的要求,结合自学考试的特点制定的。其目的是对个人自学、社会助学和课程考试命题进行指导和规定。

课程自学考试大纲明确了课程学习的内容以及深广度,规定了课程自学考试的范围和标准。因此,它是编写自学考试教材和辅导书的依据,是社会助学组织进行自学辅导的依据,是自学者学习教材、掌握课程内容知识范围和程度的依据,也是进行自学考试命题的依据。

二、课程自学考试大纲与教材的关系

课程自学考试大纲是进行学习和考核的依据,教材是学习掌握课程知识的基本内容和范围,教材的内容是大纲所规定的课程知识和内容的扩展与发挥。课程内容在教材中可以体现一定的深度或难度,但在大纲中对考核的要求一定要适当。

大纲与教材所体现的课程内容应基本一致。大纲里的课程内容和考核知识点,教材里一般也要有;反过来教材里有的内容,大纲里就不一定体现(注:如果教材是推荐选用的,其中有的内容与大纲要求不一致的地方,应以大纲规定为准)。

三、关于自学教材

《土力学及地基基础》,全国高等教育自学考试指导委员会组编,杨小平主编,武汉大学出版社出版,2016年版。

四、关于自学要求和自学方法的指导

本大纲的课程基本要求是依据专业考试计划和专业培养目标而确定的。课程基本要求还明确了课程的基本内容,以及对基本内容掌握的程度。基本要求中的知识点构成了课程内容的主体部分。因此,课程基本内容掌握程度、课程考核知识点是高等教育自学考试考核的主要内容。

在自学要求中,对各部分内容掌握程度的要求由低到高分为四个层次,其表达用语依次是:了解、知道;理解、清楚;掌握、会用;熟练掌握。

为有效地指导个人自学和社会助学,本大纲已指明了课程的重点和各章知识点的重点。

本课程共4学分,其中含试验0.5学分。要求做下列试验:土的天然重度、含水量试验;土的液限、塑限试验;土的压缩试验;土的剪切试验。考生应掌握以上各项土工试验的原理和方法，作出试验报告。

本课程包括工程地质基本概念、土力学和地基基础设计等内容，同时又涉及混凝土及砌体结构和建筑施工等课程，各章内容的独立性比较强，内容多而杂。因此，考生应注意以下几点：

1. 认真阅读自学考试大纲，弄清各章的学习要求，加强对基本理论、基本概念和设计计算方法的理解。每学完一章，要及时进行复习和小结，完成习题。

2. 本课程概念较多，许多问题往往要通过若干有关章节的学习之后才能深刻理解。因此，自学时可以把暂时未能看懂或未能理解透彻的内容放在一边，先去学习其他内容，用新的知识、从新的角度帮助和加强对有关问题的理解。

3. 本课程中有关联的概念和公式较多，学习时要注意它们彼此间的联系和区别。例如有关应力和压力的名词就有土的自重应力、基底压力、基底反力、基底附加压力、基底净反力、地基附加应力、总应力、静水压力、孔隙水压力和有效应力等，如不注意加以区别，则极易混淆。

4. 本课程是一门实践性较强的课程，要有意识地选择一些正在施工的基础工程进行现场参观，建立一定的感性认识。

五、对社会助学的要求

1. 参考学时数分配：

参考学时数分配

内　　容	课内讲授时数
绪论	2
地基上的物理性质与地下水	9
地基中的应力	7
土的压缩性及地基沉降	7
土的抗剪强度和地基承载力	7
土坡稳定和土压力理论	8
岩土工程勘察	3
天然地基上的浅基础	12
桩基础	9
复习	16~20
合计	80~84

2. 社会助学者应根据本大纲规定的课程内容和考试目标，认真钻研指定教材，明确本课程的特点和学习要求，对考生进行切实有效的辅导，引导他们防止自学中的各种偏向，把握社会助学的正确导向。

3. 要正确处理基础知识和应用能力的关系，努力引导考生将识记、领会同应用联系起来，把基础知识和理论转化为应用能力，在全面辅导的基础上，着重培养和提高考生分析问题和解决问题的能力。

4. 要正确处理重点和一般的关系。课程内容有重点与一般之分，但考试内容是全面的，而且重点与一般是相互联系的，不是截然分开的。社会助学者应指导考生全面系统地学习教材，掌握全部考试内容和考核知识点，在此基础上再突出重点。总之，要把重点学习同兼顾一般结合起来，切勿孤立地抓重点，把考生引向猜题押题。

六、对考核内容的说明

本课程要求考生学习和掌握的知识点内容都作为考核的内容。课程中各章的内容均由若干知识点组成，在自学考试中成为考核知识点。因此，课程自学考试大纲中所规定的考试内容是以分解为考核知识点的方式给出的。由于各知识点在课程中的地位、作用以及知识自身的特点不同，自学考试将对各知识点分别按四个认知(或叫能力)层次确定其考核要求。

七、关于考试命题的若干规定

1. 本大纲各章所规定的基本要求、知识点都属于考核的内容。考试命题要覆盖到各章，并适当考虑课程重点、章节重点，加大重点内容的覆盖度。

2. 命题不应有超出大纲中考核知识点范围的题目，考核目标不得高于大纲中所规定的相应的最高能力层次要求。命题应着重考核自学者对基本概念、基本知识和基本理论是否了解或掌握，对基本方法是否会用或熟练。不应出与基本要求不符的偏题和怪题。

3. 本课程在试卷中对不同能力层次要求的分数比例大致为：识记占20%，领会占30%，简单应用占30%，综合应用占20%。

4. 要合理安排试题的难易程度。试题的难度可分为：易、较易、较难和难四个等级。每份试卷中不同难度试题的分数比例一般为：2∶3∶3∶2。

必须注意，试题的难易程度与能力层次有一定的联系，但二者不是等同的概念，在各个能力层次中都会存在不同难度的问题，切勿混淆。

5. 本课程考试命题的主要题型有：单项选择题、填空题、名词解释题、简答题、计算题，具体形式可参见样题。

6. 本课程考试方式为笔试、闭卷；考试时间为150分钟；60分为及格线。需要携带的必要工具包括：笔、三角板、量角器、圆规和计算器(不带存储功能)。

V 参考样题

一、单项选择题

1. 某黏性土的液性指数 $I_L = 0.65$，则该土的状态为 （　　）
   A. 硬塑　　　　B. 可塑　　　　C. 软塑　　　　D. 流塑
2. 工程上控制填土的施工质量和评价填土的密实程度常用的指标是 （　　）
   A. 有效重度　　B. 土粒相对密度　C. 天然密度　　D. 干密度

二、填空题

1. 土的粒径级配曲线愈陡，其不均匀系数 C_u 值愈_____。
2. 对于条形基础，地基主要受力层的深度约为基础宽度的_____倍。

三、名词解释题

1. 地基
2. 潜水

四、简答题

1. 三轴压缩试验按排水条件的不同，可分为哪几种试验方法？工程应用时，如何根据地基土排水条件的不同，选择土的抗剪强度指标？
2. 桩按支承方式可分为哪几种类型？按设置效应可分为哪三类？

五、计算题

1. 已知某土样的湿土质量 $m_1 = 190g$，烘干后质量 $m_2 = 160g$，土样总体积 $V = 100cm^3$，土粒相对密度 $d_s = 2.70$，试求该土样的孔隙比 e 和有效重度 γ'。
2. 某场地自地表起的土层分布为：杂填土，厚 1m，$\gamma = 16.2kN/m^3$；黏土，厚 6m，$\gamma = 18.1 kN/m^3$，$\gamma_{sat} = 19.5kN/m^3$，静止侧压力系数 $K_0 = 0.48$，地下水位在地表下 3m 深处。试分别计算地表下 3m 和 5m 深处土的竖向和侧向自重应力。

大 纲 后 记

《土力学及地基基础自学考试大纲》是根据全国高等教育自学考试房屋建筑工程专业考试计划的要求制定的。

《土力学及地基基础自学考试大纲》提出初稿后,由全国考委土木水利矿业环境类专业委员会组织专家在上海召开了审稿会,并根据审稿意见做了认真修改。最后,由全国考委土木水利矿业环境类专业委员会审定通过。

本大纲由华南理工大学杨小平副教授负责编写,参加审稿并提出修改意见的有太原理工大学白晓红教授、西安交通大学廖红建教授、哈尔滨工业大学齐加连副教授。

对参加本大纲编写、审稿的各位专家表示诚挚的感谢!

全国高等教育自学考试指导委员会
土木水利矿业环境类专业委员会
2016 年 1 月

全国高等教育自学考试指定教材
房屋建筑工程专业(专科)

土力学及地基基础

全国高等教育自学考试指导委员会　组编

编者的话

本教材是在 2004 年版的基础上，根据新编的课程自学考试大纲和新颁布的规范与标准修订的。本书共分为八章，主要内容包括：地基土的物理性质与地下水、地基中的应力、土的压缩性及地基沉降、土的抗剪强度和地基承载力、土坡稳定和土压力理论、岩土工程勘察、天然地基上的浅基础、桩基础。

本次修订的主要内容有：第一章：删除了土的结构和构造、砂土湿度状态的划分、岩体完整程度的划分等内容。第二章：不提承压水层的自重应力计算；简化了竖向集中荷载下的地基附加应力内容；删除了条形面积上竖向均布荷载下的地基附加应力内容。第四章：删除了十字板剪切试验、浅基础的地基临塑荷载和界限荷载等内容。第五章：删除了用条分法计算土坡稳定的例题。第六章：对部分内容作了修改。第七章：对地基基础设计等级划分作了补充；对柱下钢筋混凝土独立基础的受冲切和受剪切承载力验算规定作了修改；补充了独立柱基的配筋内容。删除了原第九章"软弱地基处理"。

本书由华南理工大学杨小平副教授担任主编，具体编写分工如下：杨小平（绪论、第二、第三、第四、第五、第七、第八章），温耀霖、宿文姬（第一、第六章）。

参加本教材审稿并提出修改意见的有太原理工大学白晓红教授、西安交通大学廖红建教授、哈尔滨工业大学齐加连副教授，在此一并表示感谢。

编　者

2016 年 1 月

绪 论

一、地基及基础的概念

任何建筑物(构筑物)都建造在地层之上,建筑物的全部荷载均由它下面的地层来承担。受建筑物荷载影响的那一部分地层称为地基;建筑物在地面以下并将上部荷载传递至地基的结构就是基础;基础上建造的是上部结构(图0-1)。基础底面至地面的距离,称为基础的埋置深度。直接支承基础的地层称为持力层(如图中的砂土层),在持力层下方的地层称为下卧层(如图中的黏性土层)。受基础荷载影响的地层深度是有限的,大约相当于几倍基础底面的宽度。

基础的作用是将建筑物的全部荷载传递给地基。和上部结构一样,基础应具有足够的强度、刚度和耐久性。基础的材料、类型、埋置深度、底面尺寸和截面,都需要进行选择和计算。

基础可分为两类。通常把埋置深度不大(一般浅于5m)、只需经过挖槽、排水等普通施工程序就可以建造起来的基础统称为浅基础,例如柱下独立基础、墙下或柱下条形基础、交叉条形基础、筏形基础和箱形基础等。对于浅层土质不良,需要利用深处良好地层的承载能力,而采用专门

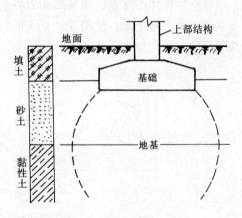

图0-1 地基及基础示意图

的施工方法和机具建造的基础,称为深基础,例如桩基础、墩基础、沉井和地下连续墙等。

地基是地层的一部分。地层包括岩层和土层,它们都是自然界的产物。土是岩石经风化等作用而形成的,其颗粒有的粗大(如碎石土、砂土),有的极细小(如粉土、黏性土)。作为建筑物地基的土和岩石,它的形成过程、物质成分和工程性质非常复杂。一旦拟建场地确定,人们对其地质条件便没有选择的余地。人们只能尽可能对它了解清楚,合理地加以利用或处理。

对于那些开挖基坑后可以直接修筑基础的地基,称为天然地基。那些不能满足要求而需事先进行人工处理的地基,称为人工地基。人工地基的处理方法有多种,如换填垫层法、挤密法、振冲法、强夯法、预压法、胶结法等。

地基和基础是建筑物的根基,又属于地下隐蔽工程,它的勘察、设计和施工质量直接关系着建筑物的安危。在建筑工程重大事故中,以地基基础方面的事故为最多。而且

一旦发生地基基础事故,补救异常困难。从造价或施工工期上看,基础工程在建筑物中所占的比例很大,有的工程可高达30%以上。因此,地基及基础在建筑工程中的重要性是显而易见的。

为了保证建筑物的安全和正常使用,地基基础设计必须满足下列两个基本条件:

①地基的承载力条件　要求作用于地基上的荷载不超过地基的承载能力,保证地基在防止整体破坏方面有足够的安全储备。

②地基的沉降条件　要求控制地基沉降,使之不超过地基的沉降允许值,保证建筑物不因地基沉降而损坏或者影响其正常使用。

下面举两个发生地基基础事故的著名实例。

建于1941年的加拿大特朗斯康谷仓,是土体强度破坏、地基发生整体滑动而丧失稳定性的典型实例(图0-2)。该谷仓由65个圆柱形筒仓组成,高31m,宽23.5m,长59.4m,采用钢筋混凝土筏形基础。基础厚度为2m,埋置深度为3.6m。谷仓自身质量为2万吨。当谷仓建成并装谷物2.7万吨后,西侧突然陷入土中8.8m,东侧则抬高1.5m,仓身倾斜27°。据事后勘察了解,基础下面埋藏有厚约15m的高塑性软黏土。谷仓装载使基础底面的平均压力达到323kPa,超过了地基的极限承载力,造成地基破坏。好在该谷仓的整体刚度大,地基破坏后谷仓完好无损。事后在基础下面做了70多个支承于基岩上的混凝土墩,使用388只50t的千斤顶以及支撑系统,才把筒仓纠正过来,但修复后的位置比原来降低了4m。

图0-2　加拿大特朗斯康谷仓的地基事故

意大利比萨斜塔则是因地基不均匀沉降导致塔身严重倾斜的实例。比萨斜塔塔高55m,始建于1173年,建造至半途因塔身南倾而停工,以后时停时建,1350年才竣工。此后,塔身不断南倾,南侧下沉3m多,北侧下沉1m多,塔顶中心点偏离垂直中心线约5m,倾斜度达6°。为拯救这一举世闻名的精美建筑,意大利政府曾多次组建拯救机构,对斜塔进行加固。1990年初又专门成立了一个拯救比萨斜塔专家委员会,并陆续采用了在斜塔北面安放830t铅锭加压、向地基灌注水泥、用液态氮冷冻地基等纠偏加固方法，而最终的解决方法是"掏土"纠偏法，即将10多根螺旋状的抽土管斜插入斜塔北面的地基中，然后慢慢地抽出部分泥土，使斜塔的北面基础"人工沉降"，从而减少塔的倾斜。经过了近11年的纠偏，塔顶的偏离度已缩小了400mm，专家认为这已可保证斜塔在今后300年内安然无恙。

二、本课程的特点、学习方法和要求

本课程包括工程地质基本概念、土力学和地基基础设计等内容，同时又涉及混凝土结构及砖石结构和建筑施工等课程，所以内容广泛、综合性强。学习时要认真阅读自学考试大纲，弄清各章的学习要求，突出重点，兼顾全面。应该重视工程地质的基本知识，培养阅读和使用岩土工程勘察资料的能力；必须深入认识土的基本属性和特点，牢固地掌握土的应力、变形、强度和地基计算等土力学基本原理，从而能够应用这些基本概念和原理，结合有关建筑结构理论和施工知识，分析和解决地基基础问题。

土是岩石风化的产物或再经各种地质作用搬运、沉积而成的。土粒之间的孔隙为水和气所填充，所以，土是一种由固态、液态和气态物质组成的三相体系，是松散矿物颗粒的集合体。与其他材料相比，土具有如下特点：

①土的固体颗粒之间没有联结，或者联结强度甚弱(其联结强度比颗粒内部的强度小得多)。

②固体颗粒表面与土中孔隙水之间存在复杂的化学作用，并影响土的性质。

③砂土等粗粒土和黏土等细粒土的透水性差别甚大。

④在饱和土(土中孔隙全被水充满)中，外荷载所产生的应力分别由土粒骨架和孔隙水承担。

⑤土体受到荷载的作用而产生变形，其变形主要表现为颗粒之间的相对移动和重新排列。土的变形量一般远比其他常见建筑材料大。

⑥饱和黏性土的强度和变形与排水条件、边界约束条件及时间因素等有关。

⑦地下水的存在与流动会对土的性质产生很大的影响。

⑧土的种类很多，某些土类(如湿陷性黄土、软土、膨胀土、红黏土和多年冻土等)还具有不同于一般土类的特殊性质。

由于存在这些特点，土的工程问题常较复杂，现有的土力学理论还难以准确反映土的各种工程性质。因此，在掌握土力学基本原理的基础上，还应通过试验、实测并紧密结合实践经验进行合理分析，才能妥善解决地基基础问题。

在学习本课程之前，宜先学习建筑材料、房屋建筑学、工程力学、结构力学等先修课程。混凝土结构及砌体结构、建筑施工属相配合的课程，若同时学习效果会更好。

第一章 地基土的物理性质与地下水

作为建筑物地基的岩石和土，其强度和稳定性将影响建筑物的造价、正常使用与安全。岩石是在一定的地质条件下形成的，其形成年代较长，颗粒间牢固联结，呈整体或具有节理裂隙的岩体，在山区或平地深处都可见。土是岩石经风化、剥蚀、搬运、沉积的松散沉积物，形成年代较短，一般多称为第四纪沉积物。

各类岩石具有不同的矿物组合、独特的结构构造及成因等特征。这些特征不仅影响岩石的强度与稳定性，也在一定程度上影响岩石风化以后的松散堆积物——土的工程性质。例如，花岗岩中石英矿物含量及颗粒大小、长石矿物的风化程度将直接影响风化后形成的花岗岩残积土中砂粒（主要为石英、长石）与黏粒（黏土矿物）的相对含量，从而表现出不同的工程特性。

第一节 岩石和土的成因类型

一、岩石的成因类型

（一）主要造岩矿物

矿物和岩石是组成地壳的基本物质。矿物是由地质作用形成的具有一定化学成分和物理性质的自然单质或化合物，而岩石则是一种或多种矿物或岩屑组成的自然集合体。

在岩石中常见的矿物称为造岩矿物。最主要的造岩矿物只有三十多种，如石英、长石、辉石、角闪石、云母、方解石、高岭石等。

（二）岩石的成因类型

自然界中岩石种类繁多，但按其成因可分为三大类：岩浆岩、沉积岩和变质岩。沉积岩主要分布在地壳表层。在地壳深处，主要是岩浆岩和变质岩。

1. 岩浆岩

岩浆岩是由岩浆侵入地壳或喷出地表冷凝形成的。岩浆喷出地表后冷凝形成的称为喷出岩，在地表以下冷凝形成的则称为侵入岩。

岩浆岩的矿物成分有两类：一类是石英、正长石、斜长石等含铝硅酸盐矿物，比重较小，颜色较浅，称浅色矿物；另一类是角闪石、辉石、黑云母、橄榄石等含铁镁的硅酸盐矿物，比重较大，颜色较深，称深色矿物。正长石和斜长石是岩浆岩的主要矿物成分，其次为石英，它们是岩浆岩的鉴别和分类的根据。

常见的岩浆岩有花岗岩、花岗斑岩、正长岩、闪长岩、安山岩、辉长岩和玄武岩等。

2. 沉积岩

沉积岩是在地表条件下，由原岩(即岩浆岩、变质岩和早期形成的沉积岩)经风化剥蚀作用而形成的岩石碎屑、溶液析出物或有机质等，经流水、风、冰川等搬运到陆地低洼处或海洋中沉积，再经固结成岩作用而形成的。

沉积岩的物质成分有三种：

①原岩经物理风化后保留下来的抗风化能力强的矿物(如石英、白云母等矿物颗粒)；

②含铝硅酸盐的原岩经化学风化作用后产生的黏土矿物；

③从溶液中结晶析出的物质(如方解石等)。

此外，还有把碎屑颗粒胶结起来的胶结物。胶结物的性质对沉积岩的力学强度、抗水性及抗风化能力有重要影响，常见的胶结物有：硅质的(SiO_2)、钙质的($CaCO_3$)、铁质的(FeO 或 Fe_2O_3)和泥质的黏土矿物。上述胶结物以硅质(呈白色、灰白色)硬度最大，抗风化能力最强；铁质(呈红色、褐色)、钙质(呈白色、灰白色)次之；泥质胶结物硬度最小，且遇水后很易软化。在工程实践中，常遇到不是由单一胶结物胶结的沉积岩石。因此，分析沉积岩工程性质时，必须鉴别它以何种胶结物为主。

常见的沉积岩有砾岩、砂岩、石灰岩、凝灰岩、泥岩、页岩和泥灰岩等。

3. 变质岩

组成地壳的岩石(包括岩浆岩、沉积岩和已经生成的变质岩)由于地壳运动和岩浆活动等的影响，使其在固态下发生矿物成分、结构构造的改变，从而形成新的岩石，称为变质岩。例如，石灰岩类在炽热的岩浆烘烤下，岩石中的矿物重新结晶，晶粒变粗，成为大理岩；富含铝的泥质岩石，在地壳运动和温度作用下，变成矿物有定向排列的板岩、千枚岩，这些新的岩石均称为变质岩。

变质岩的矿物成分有两种：

①与岩浆岩或沉积岩共有的矿物，如石英、长石、云母、角闪石和方解石等；

②变质岩特有的矿物，如滑石、硅灰石、红柱石、蛇纹石和绿泥石等。

常见的变质岩有片麻岩、云母片岩、大理岩和石英岩等。

二、土的成因类型

土是在新近的第四纪(距今约一百万年)中由原岩风化产物经各种地质作用剥蚀、搬运、沉积而成的。第四纪沉积物在地表分布极广，成因类型也很复杂。不同成因类型的沉积土，各具有一定的分布规律、地形形态及工程性质，下面分别介绍其中主要的几种成因类型。

(一) 残积土、坡积土和洪积土

1. 残积土

原岩经风化作用而残留在原地的碎屑物，称为残积土。它的分布受地形控制。在宽广的分水岭上，由于地表水流速度很小，风化产物能够留在原地，形成一定的厚度。在平缓的山坡或低洼地带也常有残积土分布。

残积土中残留碎屑的矿物成分，在很大程度上与下卧原岩一致，这是它区别于其他沉积土的主要特征。例如，砂岩风化剥蚀后生成的残积土多为砂岩碎块。由于残积土未经搬运，其颗粒大小未经分选和磨圆，故其颗粒大小混杂，均质性差，土的物理力学性质各处不一,且其厚度变化大。因此,在进行工程建设时,要注意残积土地基的不均匀性。我国南部地区的某些残积土,还具有一些特殊的工程性质。例如,由石灰岩风化而成的残积红黏土,虽然其孔隙比较大,含水量高,但因其结构性强因而承载力高。又如,由花岗岩风化而成的残积土,虽室内测定的压缩模量较低,孔隙比也较大,但其承载力并不低。

2. 坡积土

高处的岩石风化产物,由于受到雨雪水流的搬运,或由于重力的作用而沉积在较平缓的山坡上,这种沉积土称为坡积土。它一般分布在坡腰或坡脚,其上部与残积土相接。

坡积土随斜坡自上而下逐渐变缓,呈现由粗而细的分选作用,但层理不明显。其矿物成分与下卧基岩没有直接关系,这是它与残积土明显的区别之处。

坡积土底部的倾斜度取决于下卧基岩面的倾斜程度,而其表面倾斜度则与生成的时间有关。时间越长,搬运、沉积在山坡下部的物质越厚,表面倾斜度也越小。在斜坡较陡地段的厚度常较薄,而在坡脚地段的坡积土则较厚。

由于坡积土形成于山坡,故较易沿下卧基岩倾斜面发生滑动。因此,在坡积土上进行工程建设时,要考虑坡积土本身的稳定性和施工开挖后边坡的稳定性。

3. 洪积土

由暴雨或大量融雪骤然集聚而成的暂时性山洪急流,将大量的基岩风化产物剥蚀、搬运、堆积于山谷冲沟出口或山前倾斜平原而形成洪积土。由于山洪流出沟谷口后,流速骤减,被搬运的粗碎屑物质先堆积下来,离山渐远,颗粒随之变细,其分布范围也逐渐扩大。洪积土的地貌特征是,靠山近处窄而陡,离山较远处宽而缓,形似扇形或锥体,故称为洪积扇(锥)。

从工程观点可把洪积土分为三个部分:靠近山区的洪积土,颗粒较粗,所处的地势较高,而地下水位埋藏较深,且地基承载力较高,常为良好的天然地基;离山区较远地段的洪积土多由较细颗粒组成,由于形成过程受到周期性干旱作用,土体被析出的可溶盐类胶结而较坚硬密实,承载力较高;中间过渡地段由于地下水溢出地表而造成宽广的沼泽地,土质较弱而承载力较低。

(二)冲积土

河流两岸的基岩及其上部覆盖的松散物质,被河流流水剥蚀后,经搬运、沉积于河流坡降平缓地带而形成的沉积土,称为冲积土。冲积土的特点是具有明显的层理构造。经过长距离搬运过程的作用,颗粒的磨圆度好。随着从上游到下游的流速逐渐减小,冲积土具有明显的分选现象。上游沉积物多为粗大颗粒,中下游沉积物大多由砂粒逐渐过渡到粉粒(其粒径为 0.075~0.005mm)和黏粒(<0.005mm)。

1. 平原河谷冲积土

平原河谷的冲积土比较复杂,它包括河床沉积土、河漫滩沉积土、河流阶地沉积土(图1-1)及古河道沉积土等。河床沉积土大多为中密砂砾,作为建筑物地基,其承载力较高,但必须注意河流冲刷作用可能导致建筑物地基的毁坏以及凹岸边坡的稳定问题。河漫滩沉积土其下层为砂砾、卵石等粗粒物质,上部则为河水泛滥时沉积的较细颗粒的土,局部夹有淤泥和泥炭层。河漫滩地段地下水埋藏很浅,当沉积土为淤泥和泥炭土时，其压缩性高，强度低，作为建筑物地基时，应认真对待，尤其是在淤塞的古河道地区，更应慎重处理；如冲积土为砂土，则其承载力可能较高，但开挖基坑时必须注意可能发生的流砂现象。河流阶地沉积土是由河床沉积土和河漫滩沉积土演变而来的，其形成时间较长，又受周期性干燥作用，故土的强度较高，可作为建筑物的良好地基。

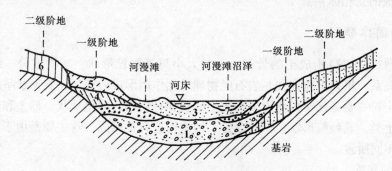

1—砾卵石；2—中粗砂；3—粉细砂；4—粉质黏土；5—粉土；6—黄土；7—淤泥
图 1-1　平原河谷横断面示例（垂直比例尺放大）

2. 山区河谷冲积土

在山区，河谷两岸陡峭，大多仅有河谷阶地（图 1-2）。山区河流流速很大，故沉积土颗粒较粗，大多为砂粒所填充的卵石、圆砾等。山间盆地和宽谷中有河漫滩冲积土，其分选性较差，具有透镜体和倾斜层理构造，但厚度不大。在高阶地往往是岩石或坚硬土层，作为地基，其工程地质条件很好。

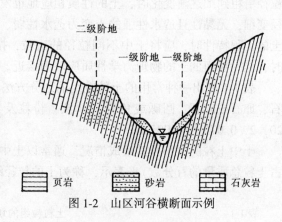

图 1-2　山区河谷横断面示例

3. 三角洲冲积土

三角洲冲积土是由河流所搬运的物质在入海或入湖的地方沉积而成的。三角洲的分布范围较广，其中水系密布且地下水位较高，沉积物厚度也较大。

三角洲沉积土的颗粒较细，含水量大且呈饱和状态。当建筑场地存在较厚的淤泥或淤泥质土层时，将给工程建设带来许多困难。在三角洲沉积土的上层，由于经过长期的干燥和压实，已形成一层"硬壳"层，硬壳层的承载力常较下面土层为高，在工程建设中应该加以利用。另外，在三角洲建筑时应注意查明有无被冲积土所掩盖的暗浜或暗沟存在。

（三）其他沉积土

除了上述四种成因类型的沉积土外，还有海洋沉积土、湖泊沉积土、冰川沉积土及风积土等，它们是分别由海洋、湖泊、冰川及风等的地质作用形成的。

第二节 土的组成

前已指出,土是由岩石风化生成的松散沉积物。它的物质成分包括构成土的骨架的固体颗粒及填充在孔隙中的水和气体。一般说来,土就是由颗粒(固相)、水(液相)和气(气相)所组成的三相体系。

一、土的固体颗粒

土的固体颗粒(土粒)构成土的骨架,土粒大小与其颗粒形状、矿物成分、结构构造存在一定的关系。粗大土粒往往是岩石经物理风化作用形成的碎屑,其形状呈块状或粒状;而细小土粒主要是化学风化形成的次生矿物和有机质,多呈片状。砂土和黏性土是两种不同的土类,其颗粒形状、矿物成分、结构构造各不相同,这主要是由于它们的颗粒组成显著不同所致。

1. 土的颗粒级配

在自然界中很难遇到由大小相同的颗粒所组成的土,绝大多数土都是由大小不同的土粒组成的。土粒大小及其矿物成分的不同,对土的物理力学性质影响极大。当土粒的粒径由粗到细逐渐变化时,土的性质相应地也发生变化,由量变引起质变。随着土粒粒径变细,无黏性且透水性强的土变为透水性弱、具有黏性和可塑性的土。因而,在研究土的工程特性时,应将土中不同粒径的土粒,按某一粒径范围,分为若干粒组。划分时,同一粒组的土的物理力学性质应较为接近。

表1-1列出一种常用的土粒粒组的划分方法,即将土粒划分为六大粒组:漂石或块石、卵石或碎石、圆砾或角砾、砂粒、粉粒及黏粒。各粒组的界限粒径分别是200,20,2,0.075和0.005mm。

土中土粒的大小及其组成情况,通常以土中各个粒组的相对含量(各粒组颗粒质量占土粒总质量的百分数)来表示,称为土的粒径级配。

表1-1 土粒粒组的划分

粒组名称	粒径范围(mm)	一般特征
漂石或块石颗粒	>200	透水性大,无黏性,无毛细水
卵石或碎石颗粒	200~20	透水性大,无黏性,无毛细水
圆砾或角砾颗粒	20~2	透水性大,无黏性,毛细水上升高度不超过粒径大小
砂粒	2~0.075	易透水,当混入云母等杂物时透水性减小,而压缩性增加;无黏性,遇水不膨胀,干燥时松散;毛细水上升高度不大,随粒径变小而增大
粉粒	0.075~0.005	透水性小;湿时稍有黏性,遇水膨胀小,干时稍有收缩;毛细水上升高度较大较快,极易出现冻胀现象
黏粒	<0.005	透水性很小;湿时有黏性、可塑性,遇水膨胀大,干时收缩显著;毛细水上升高度大,且速度较慢

土中各个粒组的相对含量可通过颗粒分析试验得到。对于粒径大于0.075mm的粒组可用筛分法测定。试验时将风干、分散的试样，放入一套从上到下、筛孔由粗到细排列的标准筛(筛孔直径分别为20，10，2，0.5，0.25，0.075mm)进行筛分，称出留在各个筛子上的颗粒重量(质量)，便可计得相应的各粒组的相对含量。对于粒径小于0.075mm的颗粒，则用比重计法或移液管法测定。

颗粒分析试验成果可用表或曲线来表示。用表表示的常见于土工试验成果表中(详见表1-2)。图1-3所示为根据试验结果绘出的粒径级配累积曲线。根据上述两个方法整理出来的成果便可确定土的分类名称。

表1-2　　　　　　　　　　筛分法颗粒分析表

试样编号	b							
筛孔直径(mm)	20	10	2	0.5	0.25	0.075	<0.075	总计
留筛土重(g)	10	1	5	39	27	11	7	100
占全部土重的百分比(%)	10	1	5	39	27	11	7	100
小于某筛孔径的土重百分比(%)	90	89	84	45	18	7		

注：取风干试样100g进行试验。

用粒径级配曲线表示试样颗粒组成情况是一种比较完善的方法，它能表示土的粒径分布和级配。图中纵坐标表示小于(或大于)某粒径的土的含量(以质量的百分比表示)，横坐标表示粒径。由于土的粒径相差悬殊，采用对数表示，可以把粒径相差几千、几万倍的颗粒的含量表达得更清楚。图1-3中曲线a、b分别表示两个试样颗粒的组成情况，由曲线的坡度陡缓可以大致判断土的均匀程度。如曲线较陡(试样b)，则表示颗粒大小相差不多，土粒较均匀；反之，曲线平缓，则表示粒径相差悬殊，土粒级配良好。

工程上常用不均匀系数C_u来反映粒径级配的不均匀程度：

$$C_u = \frac{d_{60}}{d_{10}} \tag{1-1}$$

式中：d_{60}——小于某粒径的土粒质量累计百分数为60%时相应的粒径，又称为限制粒径；

d_{10}——小于某粒径的土粒质量累计百分数为10%时相应的粒径，又称为有效粒径。

通常把$C_u<5$的土，如b试样($C_u=4.5$)，看做级配不良；把$C_u>10$的土看做级配良好，如a试样($C_u=126$)。在填土工程中，可根据不均匀系数C_u值来选择土料。若C_u值较大，则土粒较不均匀，这种土比之粒径均匀的土(C_u值较小)易于夯实。

2. 土粒的矿物成分

土是岩石的风化产物。土粒的矿物成分取决于母岩的成分及其所经受的风化作用，可分为两大类。一类是原生矿物，它是由岩石经过物理风化生成的，其矿物成分与母岩相同，常见的有石英、长石和云母等。粗的土颗粒通常由一种或几种原生矿物颗粒所组成。另一类是次生矿物，它是由原生矿物经过化学风化后所形成的新矿物，其成分与母

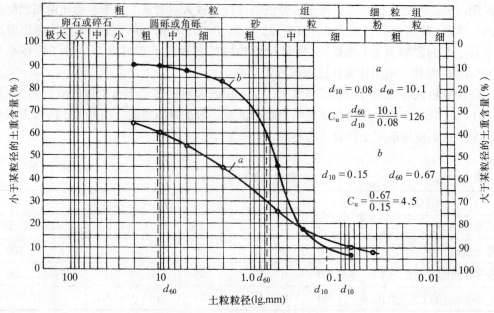

图 1-3 粒径级配曲线示例

岩完全不同。土中的次生矿物主要是黏土矿物,如蒙脱石、伊里石和高岭石等。由于黏土矿物是很细小的扁平颗粒,能吸附大量水分子,亲水性强,因此具有显著的吸水膨胀、失水收缩的特性。按亲水性的强弱分,蒙脱石最强,高岭石最弱。

二、土中的水和气体

土中水可以处于液态、固态和气态。当土中温度在 0°C 以下时,土中水冻结成冰,形成冻土,其强度增大。但冻土融化后,强度急剧降低。至于土中的气态水,对土的性质影响不大。

土中液态水可分为结合水和自由水两大类。

(一) 结合水(吸附水)

结合水是指受电分子吸引力吸附于土粒表面的土中水。结合水可以分为强结合水和弱结合水两种。

1. 强结合水

指紧靠土粒表面的结合水。它没有溶解能力,不能传递静水压力,只有在 105°C 温度时才蒸发。这种水极其牢固地结合在土粒表面上,其性质接近固体,重力密度为 $12\sim24\text{kN/m}^3$,冰点为 $-78°C$,具有极大的黏滞度、弹性和抗剪强度。

2. 弱结合水

存在于强结合水外围的一层结合水。它仍不能传递静水压力,但水膜较厚的弱结合水能向邻近较薄水膜缓慢转移。当黏性土中含有较多的弱结合水时,土具有一定的可塑性。

(二) 自由水

自由水是存在于土粒表面电场范围以外的水。它的性质与普通水一样,服从重力定律，能传递静水压力，冰点为0°C，有溶解能力。

自由水按其移动时所受作用力的不同，可分为重力水和毛细水。

1. 重力水

指受重力或压力差作用而移动的自由水。它存在于地下水位以下的透水层中。

2. 毛细水

毛细水是受到水与空气交界面处表面张力作用的自由水。它存在于潜水位以上的透水土层中。当土孔隙中局部存在毛细水时，毛细水的弯液面和土粒接触处的表面张力反作用于土粒，使土粒之间由于这种毛细压力而挤紧（图1-4），土因而具有微弱的黏聚力，称为毛细黏聚力。在施工现场常常可以看到稍湿状态的砂堆，能保持垂直陡壁达几十厘米高而不坍落，就是因为砂粒间具有毛细黏聚力的缘故。在饱和的砂或干砂中，土粒之间的毛细压力消失。在工程中，毛细水的上升对于建筑物地下部分的防潮措施和地基土的浸湿和冻胀有重要影响。碎石土中无毛细现象产生。

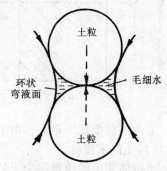

图1-4 毛细压力示意图

土中气体存在于土孔隙中未被水所占据的空间。在粗粒的沉积土中常见到与大气相联通的空气，它对土的力学性质影响不大。在细粒土中则常存在与大气隔绝的封闭气泡，它在外力作用下具有弹性，并使土的透水性减小。

第三节 土的三相比例指标

上面介绍了土的成因类型、土的颗粒组成、矿物成分等知识，这些是从本质方面了解土的性质的依据。一般来说，我们还需要从量的方面了解土的组成。土中的土粒、水和气三部分的质量(或重力)与体积之间的比例关系，随着各种条件的改变而变化，土的疏密、轻重、软硬、干湿等性质，可通过某些表示其三相组成比例关系的指标(三相比例指标)反映出来。

土的三相比例指标有：土的质量密度(密度)、土的重力密度(重度)、土粒相对密度(比重)、含水量、土的干密度、土的干重度、饱和重度、有效重度、孔隙比、孔隙率和饱和度等。这些指标较多，初学时不易完全掌握，但首先必须理解各指标的定义和表达式，然后才能比较熟练地掌握各指标的换算关系。

一、指标的定义

以图1-5表示土的三相组成。图的左边表示土中各相的质量，右边表示各相所占的体积，并以下列符号表示各相的质量和体积：

m_s——土粒的质量；

m_w——土中水的质量；

m_a——土中气的质量（$m_a \approx 0$）；

m——土的质量：$m = m_s + m_w$；

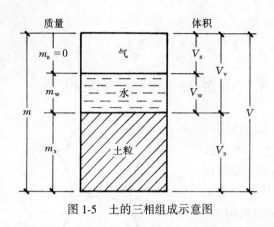

图 1-5 土的三相组成示意图

V_s——土粒的体积；
V_v——土中孔隙体积：$V_v = V_a + V_w$；
V_w——土中水的体积；
V_a——土中气的体积；
V——土的体积：

$$V = V_s + V_w + V_a \tag{1-2}$$

土中各相的重力可由质量乘以重力加速度得到，即

土粒的重力： $G_s = m_s g$ (1-3)
土中水的重力： $G_w = m_w g$ (1-4)
土的重力： $G = mg$ (1-5)

下面按各指标的定义，由上列各符号写出各指标的表达式：

(1) 土的密度 ρ

单位体积土的质量称为土的质量密度，简称土的密度，并以 ρ 表示：

$$\rho = \frac{m}{V} \tag{1-6}$$

本指标须通过土工试验测定，一般用"环刀法"。试验时质量可以 g(克) 为单位，体积以 cm³ 为单位。天然状态下土的密度(天然密度)值变化较大。通常，砂土：$\rho = 1.6 \sim 2.0 \text{ g/cm}^3$；黏性土和粉土：$\rho = 1.8 \sim 2.0 \text{g/cm}^3$。

(2) 土的重力密度 γ

单位体积土所受的重力称为土的重力密度，简称土的重度，并以 γ 表示：

$$\gamma = \frac{G}{V} = \frac{m}{V} g = \rho g \tag{1-7}$$

式中：g——重力加速度：

$$g = 9.80665 \approx 10 (\text{m/s}^2)$$

土的重度单位常用 kN/m³ 表示，因此，通常砂土：$\gamma = 16 \sim 20 \text{kN/m}^3$，黏性土和粉土：$\gamma = 18 \sim 20 \text{kN/m}^3$。

(3) 土粒相对密度(比重) d_s

土粒密度(单位体积土粒的质量)与 4°C 时纯水密度 ρ_{w1} 之比，称为土粒相对密度，或称土粒比重(表 1-3)，并以 d_s 表示：

$$d_s = \frac{m_s}{V_s} \cdot \frac{1}{\rho_{w1}} \tag{1-8}$$

表 1-3　　　　　　　　　　土粒相对密度参考值

土的类别	砂 土	粉 土	黏 性 土	
			粉质黏土	黏 土
土粒相对密度	2.65~2.69	2.70~2.71	2.72~2.73	2.73~2.74

土粒相对密度可以用"比重瓶法"测定。

(4) 土的含水量 w

土中水的质量与土粒质量之比(用百分数表示)称为土的含水量，并以 w 表示：

$$w = \frac{m_w}{m_s} \times 100\% \quad (1\text{-}9)$$

含水量是表示土的湿度的一个指标，一般用"烘干法"测定。天然土的含水量变化范围很大。含水量越小，土越干；反之，土越湿。土的含水量对黏性土、粉土的性质影响较大，对粉砂、细砂稍有影响，而对碎石土等没有影响。

(5) 土的干密度 ρ_d

单位体积土中土粒的质量称为土的干密度，并以 ρ_d 表示：

$$\rho_d = \frac{m_s}{V} \quad (1\text{-}10a)$$

土的干密度值一般为 $1.3\sim1.8\text{g/cm}^3$。

工程上常以土的干密度来评价土的密实程度，并常用这一指标来控制填土的施工质量。

(6) 土的干重度 γ_d

土的单位体积内土粒所受的重力称为土的干重度，并以 γ_d 表示：

$$\gamma_d = \frac{G_s}{V} = \frac{m_s}{V}g = \rho_d g \quad (1\text{-}10b)$$

(7) 土的饱和重度 γ_{sat}

土中孔隙完全被水充满时土的重度称为饱和重度，并以 γ_{sat} 表示：

$$\gamma_{sat} = \frac{G_s + \gamma_w V_v}{V} \quad (1\text{-}11)$$

式中：γ_w——水的重度：

$$\gamma_w = \rho_w g$$

计算时可取水的密度 ρ_w 近似等于 4°C 时纯水的密度 ρ_{w1}，即

$$\rho_w \approx \rho_{w1} = 1\text{g/cm}^3$$

和

$$\gamma_w \approx 10\text{kN/m}^3$$

土的饱和重度一般为 $18\sim23\text{kN/m}^3$。

(8) 土的有效重度 γ'

地下水位以下的土受到水的浮力作用，扣除水浮力后单位体积土所受的重力称为土的有效重度(浮重度)，并以 γ' 表示：

$$\gamma' = \frac{G_s - \gamma_w V_s}{V} \quad (1\text{-}12a)$$

或

$$\gamma' = \gamma_{sat} - \gamma_w \quad (1\text{-}12b)$$

(9) 土的孔隙比

土中孔隙体积与土粒体积之比称为土的孔隙比，并以 e 表示：

$$e = \frac{V_v}{V_s} \quad (1\text{-}13)$$

本指标采用小数表示。孔隙比是表示土的密实程度的一个重要指标。黏性土和粉土的孔隙比变化较大。一般来说，$e<0.6$ 的土是密实的，土的压缩性低；$e>1.0$ 的土是疏松的，压缩性高。

(10) 土的孔隙率 n

土中孔隙体积与总体积之比(用百分数表示)称为土的孔隙率，并以 n 表示：

$$n=\frac{V_v}{V}\times 100\% \tag{1-14}$$

（11）土的饱和度 S_r

土中水的体积与孔隙体积之比(用百分数表示)称为土的饱和度，并以 S_r 表示：

$$S_r=\frac{V_w}{V_v}\times 100\% \tag{1-15}$$

二、指标的换算

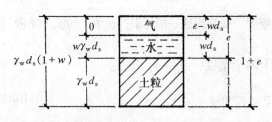

图 1-6　土的三相组成比例指标换算

上述土的三相比例指标中，土的密度 ρ、土粒相对密度 d_s 和含水量 w 是通过试验测定的（这时，由 ρ 值可得到土的重度 γ），其他指标可从 γ、d_s 和 w 换算得到。下面采用图 1-6 的形式（图中左边改用重力表示），假定土粒体积 $V_s=1$，并以此推导出土的孔隙比、干重度、饱和重度和有效重度等的计算公式。因为

$$V_s=1$$

所以 $V_v=e$（根据式(1-13)），$V=1+e$，$G_s=V_s\gamma_w d_s=\gamma_w d_s$，$G_w=wG_s=w\gamma_w d_s$，$G=G_s+G_w=\gamma_w d_s(1+w)$，$V_w=G_w/\gamma_w=wd_s$

由式(1-7)得：

$$\gamma=\frac{G}{V}=\frac{\gamma_w d_s(1+w)}{1+e}$$

于是有：

$$e=\frac{\gamma_w d_s(1+w)}{\gamma}-1$$

上式右边各指标已测定，故可算出孔隙比 e。按各指标的定义，将图 1-6 中有关项代入便得：

$$\gamma_d=\frac{G_s}{V}=\frac{\gamma_w d_s}{1+e}$$

$$\gamma_{sat}=\frac{G_s+\gamma_w V_v}{V}=\frac{\gamma_w(d_s+e)}{1+e}$$

$$\gamma'=\frac{G_s-\gamma_w V_s}{V}=\frac{\gamma_w(d_s-1)}{1+e}$$

$$n=\frac{V_v}{V}=\frac{e}{1+e}$$

$$S_r=\frac{V_w}{V_v}=\frac{wd_s}{e}$$

上面推导得到的各指标换算公式列于表 1-4 中。

表 1-4   土的三相组成比例指标换算公式

指 标	符 号	表达式	常用换算公式	常用单位
土粒相对密度	d_s	$d_s = \dfrac{m_s}{V_s \rho_{w1}}$	$d_s = \dfrac{S_r e}{w}$	
密 度	ρ	$\rho = m/V$		g/cm^3
重 度	γ	$\gamma = \rho g$ $\gamma = \dfrac{G}{V}$	$\gamma = \gamma_d (1+w)$ $\gamma = \dfrac{\gamma_w (d_s + S_r e)}{1+e}$	kN/m^3
含 水 量	w	$w = \dfrac{m_w}{m_s} \times 100\%$	$w = \dfrac{S_r e}{d_s}$ $w = \dfrac{\gamma}{\gamma_d} - 1$	
干 密 度	ρ_d	$\rho_d = \dfrac{m_s}{V}$	$\rho_d = \dfrac{\rho}{1+w}$ $\rho_d = \dfrac{d_s}{1+e} \rho_w$	g/cm^3
干 重 度	γ_d	$\gamma_d = \rho_d g$ $\gamma_d = \dfrac{G_s}{V}$	$\gamma_d = \dfrac{\gamma}{1+w}$ $\gamma_d = \dfrac{\gamma_w d_s}{1+e}$	kN/m^3
饱和重度	γ_{sat}	$\gamma_{sat} = \dfrac{G_s + V_v \gamma_w}{V}$	$\gamma_{sat} = \dfrac{\gamma_w (d_s + e)}{1+e}$	kN/m^3
有效重度	γ'	$\gamma' = \dfrac{G_s - V_s \gamma_w}{V}$	$\gamma' = \dfrac{\gamma_w (d_s - 1)}{1+e}$ $\gamma' = \gamma_{sat} - \gamma_w$	kN/m^3
孔 隙 比	e	$e = \dfrac{V_v}{V_s}$	$e = \dfrac{\gamma_w d_s (1+w)}{\gamma} - 1$ $e = \dfrac{\gamma_w d_s}{\gamma_d} - 1$	
孔 隙 率	n	$n = \dfrac{V_v}{V} \times 100\%$	$n = \dfrac{e}{1+e}$ $n = 1 - \dfrac{\gamma_d}{\gamma_w d_s}$	
饱 和 度	S_r	$S_r = \dfrac{V_w}{V_v} \times 100\%$	$S_r = \dfrac{w d_s}{e}$ $S_r = \dfrac{w \gamma_d}{n \gamma_w}$	

注：①在各换算公式中，含水量 w 可用小数代入计算；

②γ_w 可取 $10 kN/m^3$；

③重力加速度 $g = 9.80665 m/s^2 \approx 10 m/s^2$。

【例1-1】 某原状土样,试验测得土的天然密度$\rho=1.7\text{g/cm}^3$(天然重度$\gamma=17.0\text{kN/m}^3$),含水量$w=22.0\%$,土粒相对密度$d_s=2.72$。试求土的孔隙比e、孔隙率n、饱和度S_r、干重度γ_d、饱和重度γ_{sat}和有效重度γ'。

【解】

(1) $e=\dfrac{\rho_w d_s(1+w)}{\rho}-1=\dfrac{2.72\times(1+0.22)}{1.70}-1=0.952$

(2) $n=\dfrac{e}{1+e}=\dfrac{0.952}{1+0.952}=0.488=48.8\%$

(3) $S_r=\dfrac{wd_s}{e}=\dfrac{0.22\times2.72}{0.952}=0.629=62.9\%$

(4) $\gamma_d=\dfrac{\gamma_w d_s}{1+e}=\dfrac{10\times2.72}{1+0.952}=13.93\;(\text{kN/m}^3)$

(5) $\gamma_{sat}=\dfrac{\gamma_w(d_s+e)}{1+e}=\dfrac{10\times(2.72+0.952)}{1+0.952}=18.81\;(\text{kN/m}^3)$

(6) $\gamma'=\dfrac{\gamma_w(d_s-1)}{1+e}=\dfrac{10\times(2.72-1)}{1+0.952}=8.81\;(\text{kN/m}^3)$

【例1-2】 用环刀切取一土样,测得该土样体积为60cm^3,质量为114g。土样烘干后测得其质量为100g。若土粒相对密度$d_s=2.7$,试求土的密度ρ、含水量w和孔隙比e。

【解】

$$\rho=\frac{m}{V}=\frac{114}{60}=1.9\;(\text{g/cm}^3)$$

$$w=\frac{m_w}{m_s}\times100\%=\frac{114-100}{100}\times100\%=14\%$$

$$e=\frac{\rho_w d_s(1+w)}{\rho}-1=\frac{1\times2.7(1+0.14)}{1.9}-1=0.62$$

第四节 无黏性土的密实度

砂土、碎石土统称为无黏性土,无黏性土的密实度对其工程性质有重要的影响。当其处于密实状态时,结构较稳定,压缩性较小,强度较大,可作为建筑物的良好地基;而处于疏松状态时(特别是对细、粉砂来说),稳定性差,压缩性大,强度偏低,属软弱土之列。砂土和碎石土的这些特性是由于它们所具有的单粒结构所决定的。在对无黏性土进行评价时,必须说明它们所处的密实程度。

判别砂土的密实度的方法有几种。

采用天然孔隙比的大小来判别砂土的密实度,是一种较简捷的方法。但不足之处是它未反映砂土的级配和形状的影响。实践表明,有时较疏松的级配良好的砂土孔隙比,比较密实的颗粒均匀的砂土孔隙比要小。此外,现场采取原状不扰动的砂样较困难,尤其是位于地下水位以下或较深的砂层更是如此。

国内外不少单位都采用砂土相对密实度D_r作为砂土密实度的分类指标:

$$D_r = \frac{e_{\max} - e}{e_{\max} - e_{\min}} \tag{1-16}$$

式中：$e_{\max}$——砂土最松散状态时的孔隙比，可取风干砂样，通过长颈漏斗轻轻地倒入容器来确定；

$e_{\min}$——砂土最密实状态时的孔隙比，可将风干砂样分批装入容器，采用振动或锤击夯实的方法增加砂样的密实度，直至密度不变时确定其最小孔隙比；

e——砂土的天然孔隙比。

若砂土天然孔隙比接近最小孔隙比 $e_{\min}$，则其相对密实度 D_r 较大，砂土处于较密实状态。若 e 接近 $e_{\max}$，D_r 较小，则砂土处于较疏松状态。根据 D_r 值，可将砂土密实度划分为下列三种：

$1 \geqslant D_r > 0.67$，　　密实的

$0.67 \geqslant D_r > 0.33$，　中密的

$0.33 \geqslant D_r > 0$，　　松散的

如前所述，由于现场采取原状砂样较为困难，因此，这一判别方法多用于填方工程的质量控制。

在具体的工程中，天然砂土可以根据标准贯入试验（见第六章）的锤击数 N 分为松散、稍密、中密及密实四种密实度，其划分标准见表1-5。

表1-5　　　　　　　　　　砂土密实度的划分

密 实 度	松 散	稍 密	中 密	密 实
标准贯入试验锤击数 N	$N \leqslant 10$	$10 < N \leqslant 15$	$15 < N \leqslant 30$	$N > 30$

注：表中 N 值为未经杆长修正的实测标准贯入试验锤击数。

碎石土可以根据重型圆锥动力触探锤击数 $N_{63.5}$（见表6-1）分为松散、稍密、中密及密实四种密实度，其划分标准见表1-6。

表1-6　　　　　　　　　　碎石土密实度的划分

密 实 度	松 散	稍 密	中 密	密 实
重型圆锥动力触探锤击数 $N_{63.5}$	$N_{63.5} \leqslant 5$	$5 < N_{63.5} \leqslant 10$	$10 < N_{63.5} \leqslant 20$	$N_{63.5} > 20$

注：① 本表适用于平均粒径小于等于50mm且最大粒径不超过100mm的卵石、碎石、圆砾、角砾。对于平均粒径大于50mm或最大粒径大于100mm的碎石土，可按野外鉴别方法鉴别其密实度。
② 表中 $N_{63.5}$ 为经综合修正后的平均值。

第五节　黏性土的物理特征

一、界限含水量

黏性土随着含水量的增加而分别处于固态、半固态、可塑状态及流动状态（如图1-7所示）。

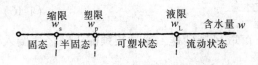

图1-7 黏性土物理状态与含水量的关系

这里所说的可塑状态,就是当黏性土在某含水量范围内,可用外力塑造成任何形状而不发生裂纹,并当外力移去后仍能保持既得的形状,土的这种性能叫做可塑性。黏性土由一种状态转到另一种状态的分界含水量,称为界限含水量。土由可塑状态转到流动状态的界限含水量称为液限(即土呈可塑状态时的上限含水量),用符号w_L表示。由半固态转到可塑状态的界限含水量称为塑限(即土呈可塑状态时的下限含水量),用符号w_P表示。由固态*转到半固态的界限含水量称为缩限,用符号w_s表示。上述这些指标都用百分数表示。

土的界限含水量和土粒组成、矿物成分、土粒表面吸附阳离子性质等有关。可以说,界限含水量的大小反映了这些因素的综合影响,因而对黏性土的分类和工程性质的评价有着重要意义。

我国的标准已规定采用锥式液限仪进行液限和塑限联合试验(图1-8)。测定时,将调成不同含水量的试样(制备3个不同含水量试样)先后分别装满盛土杯内,刮平杯口表面,将76g重圆锥(锥角30°)放在试样表面中心,使其在重力作用下徐徐沉入试样,测定圆锥仪在5s时的下沉深度。在双对数坐标纸上绘出圆锥下沉深度和含水量的关系直线(图1-9),在直线上查得圆锥下沉深度为10mm所对应的含水量为液限,下沉深度为2mm所对应的含水量为塑限。取值至整数。

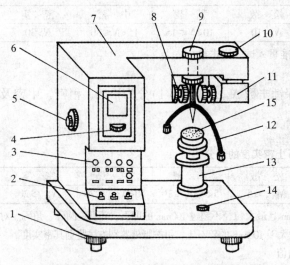

1—水平调节螺钉;2—控制开关;3—指示发光管;
4—零线调节螺钉;5—反光镜调节螺钉;6—屏幕;
7—机壳;8—物镜调节螺钉;9—电磁装置;
10—光源调节螺钉;11—光源装置;12—圆锥仪;
13—升降台;14—水平泡;15—盛样杯(内装试样)
图1-8 光电式液、塑限仪结构示意图

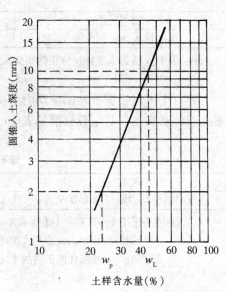

图1-9 圆锥入土深度与含水量的关系

---

* 当土处于固态和半固态时,土较坚硬,统称坚硬状态。半固态与固态的区别在于:半固态时随着土中水的蒸发,土的体积缩小,而固态时尽管土中水继续蒸发,但土体积已不再缩小。

二、塑性指数和液性指数

液限和塑限是土处于可塑状态时的上限和下限含水量。省去%号后的液限和塑限的差值称为塑性指数，用符号 I_p 表示，即

$$I_p = w_L - w_p \tag{1-17}$$

塑性指数 I_p 表示黏性土处于可塑状态的含水量变化范围。塑性指数愈大，说明该状态的含水量变化范围也愈大。由于塑性指数在一定程度上综合反映了影响黏性土特征的各种因素，故工程上常按塑性指数对黏性土进行分类。《建筑地基基础设计规范》(GB 50007—2012)规定黏性土按塑性指数 I_p 值划分为黏土和粉质黏土(见表1-12)。

液性指数是黏性土的天然含水量和塑限的差值(除去%号)与塑性指数之比，用符号 I_L 表示，即

$$I_L = \frac{w - w_p}{w_L - w_p} = \frac{w - w_p}{I_p} \tag{1-18}$$

液性指数是判别黏性土软硬状态的指标。从图1-7可见：当土的天然含水量 w 小于 w_p 时，土处于坚硬状态，I_L 小于0；当 w 大于 w_L 时，I_L 大于1，土处于流动状态；当 w 在 w_p 与 w_L 之间，即 I_L 变化在0~1时，则土处于可塑状态。

根据液性指数值，可将黏性土划分为坚硬、硬塑、可塑、软塑及流塑五种状态，其划分标准见表1-7。

表1-7　　　　　　　　　　　黏性土状态的划分

状　态	坚　硬	硬　塑	可　塑	软　塑	流　塑
液性指数	$I_L \leq 0$	$0 < I_L \leq 0.25$	$0.25 < I_L \leq 0.75$	$0.75 < I_L \leq 1.0$	$I_L > 1.0$

【例1-3】 有两个黏性土原状试样，经测定其天然含水量 w、液限 w_L、塑限 w_p 如下表所示，试确定该黏性土的名称和状态。

【解】 分别计算两个试样的塑性指数 I_p 和液性指数 I_L，然后按表1-12定试样名称，按表1-7定出试样所处状态。列表计算如下：

试样编号	天然含水量 $w(\%)$	液限 $w_L(\%)$	塑限 $w_p(\%)$	塑性指数 I_p	液性指数 I_L	状　态	名　称
1	30.5	39	21	18	0.53	可　塑	黏　土
2	20	31	17	14	0.21	硬　塑	粉质黏土

第六节　地基岩土的工程分类

不同的土类，其性质相差甚大。对土分类的任务，就是根据分类用途和土的各种性质的差异将其划分为一定的类别。根据分类名称和所处的状态可以大致判断土的工程特

性，评价其作为建筑物地基的适宜性。

土的分类方法很多。作为建筑物地基的土，按《建筑地基基础设计规范》（GB 50007—2012）可分为岩石、碎石土、砂土、粉土、黏性土和特殊土等。

一、岩石的工程分类

作为建筑物地基的岩石，是根据它的坚硬程度和风化程度来进行分类的。

岩石按坚硬程度可分为坚硬岩、较硬岩、较软岩、软岩和极软岩，见表1-8。

表1-8　　　　　　　　　　　　岩石坚硬程度的划分

坚硬程度类别		饱和单轴抗压强度标准值f_{rk}(MPa)	定性鉴定	代表性岩石
硬质岩	坚硬岩	$f_{rk}>60$	锤击声清脆，有回弹，震手，难击碎 基本无吸水反应	未风化-微风化的花岗岩、闪长岩、辉绿岩、玄武岩、安山岩、片麻岩、石英岩、硅质砾岩、石英砂岩、硅质石灰岩等
	较硬岩	$60≥f_{rk}>30$	锤击声较清脆，有轻微回弹，稍震手，较难击碎 有轻微吸水反应	1. 微风化的坚硬岩； 2. 未风化-微风化的大理岩、板岩、石灰岩、钙质砂岩等
软质岩	较软岩	$30≥f_{rk}>15$	锤击声不清脆，无回弹，较易击碎 指甲可刻出印痕	1. 中等风化的坚硬岩和较硬岩； 2. 未风化-微风化的凝灰岩、千枚岩、砂质泥岩、泥灰岩等
	软岩	$15≥f_{rk}>5$	锤击声哑，无回弹，有凹痕，易击碎 浸水后，可捏成团	1. 强风化的坚硬岩和较硬岩； 2. 中等风化的较软岩； 3. 未风化-微风化的泥质砂岩、泥岩等
极软岩		$f_{rk}≤5$	锤击声哑，无回弹，有较深凹痕，手可捏碎 浸水后，可捏成团	1. 风化的软岩； 2. 全风化的各种岩石； 3. 各种半成岩

岩石按风化程度可分为未风化、微风化、中等风化、强风化和全风化，其特征详见表1-9。

表1-9　　　　　　　　　　　　岩石风化程度的划分

风化程度	野外特征
未风化	岩质新鲜，偶见风化痕迹
微风化	结构基本未变，仅节理面有渲染或略有变色，有少量风化裂隙

续表

风化程度	野外特征
中等风化	结构部分破坏,沿节理面有次生矿物,风化裂隙发育,岩体被切割成岩块,用镐难挖,岩心钻方可钻进
强风化	结构大部分破坏,矿物成分显著变化,风化裂隙很发育,岩体破碎,用镐可挖,干钻不易钻进
全风化	结构基本破坏,但尚可辨认,有残余结构强度,可用镐挖,干钻可钻进

二、碎石土

碎石土是粒径大于 2mm 的颗粒超过总质量 50% 的土。

碎石土根据粒组含量及颗粒形状分为漂石或块石、卵石或碎石、圆砾或角砾,其分类标准见表 1-10。

表 1-10　　　　　　碎石土的分类

土的名称	颗粒形状	粒组含量
漂　石	圆形及亚圆形为主	粒径大于 200mm 的颗粒超过总质量的 50%
块　石	棱角形为主	
卵　石	圆形及亚圆形为主	粒径大于 20mm 的颗粒超过总质量的 50%
碎　石	棱角形为主	
圆　砾	圆形及亚圆形为主	粒径大于 2mm 的颗粒超过总质量 50%
角　砾	棱角形为主	

注:定名时,应根据粒径分组,由大到小以最先符合者确定。

三、砂土

砂土是指粒径大于 2mm 的颗粒不超过总质量的 50%,而粒径大于 0.075mm 的颗粒超过总质量 50% 的土。

砂土按粒组含量分为砾砂、粗砂、中砂、细砂和粉砂,其分类标准见表 1-11。

表 1-11　　　　　　砂土的分类

土的名称	粒组含量
砾　砂	粒径大于 2mm 的颗粒占总质量的 25%~50%
粗　砂	粒径大于 0.5mm 的颗粒超过总质量的 50%
中　砂	粒径大于 0.25mm 的颗粒超过总质量的 50%
细　砂	粒径大于 0.075mm 的颗粒超过总质量的 85%
粉　砂	粒径大于 0.075mm 的颗粒超过总质量的 50%

注:定名时,应根据粒径分组,由大到小以最先符合者确定。

【例 1-4】 某土样的颗粒分析试验成果,如表 1-2 所示,试确定该土样的名称。

【解】 按表 1-2 颗粒分析资料,先判别是碎石土还是砂土。现因大于 2mm 粒径的土粒占总质量的(10+1+5)% = 16%,而小于 50%,故该土样不属碎石土。又因大于 0.075mm 粒径的土粒占总质量的(100-7)% = 93% > 50%,故该土样属砂土。然后以砂土分类表 1-11 粒组从大到小进行鉴别。由于大于 2mm 的颗粒只占总质量的 16%,小于 25%,故该土样不是砾砂。而大于 0.5mm 的颗粒占总质量的(10+1+5+39)% = 55%,此值超过 50%,因此应定名为粗砂。

四、粉土

粉土是指塑性指数 I_p 小于或等于 10、粒径大于 0.075mm 的颗粒含量不超过总质量 50% 的土。

粉土含有较多的粒径为 0.075~0.005mm 的粉粒,其工程性质介于黏性土和砂土之间,但又不完全与黏性土或砂土相同。粉土的性质与其粒径级配、包含物、密实度和湿度等有关。

五、黏性土

黏性土是指塑性指数 I_p 大于 10 的土。这种土中含有相当数量的黏粒(<0.005mm 的颗粒)。黏性土的工程性质不仅与粒组含量和黏土矿物的亲水性等有关,而且也与成因类型及沉积环境等因素有关。

黏性土按塑性指数 I_p 分为粉质黏土和黏土,其分类标准见表 1-12。

表 1-12　　　　　　　　　　黏性土按塑性指数分类

土 的 名 称	粉 质 黏 土	黏　　土
塑 性 指 数	$10 < I_p \leqslant 17$	$I_p > 17$

六、特殊土

分布在一定地理区域、有工程意义上的特殊成分、状态和结构特征的土称为特殊土。我国特殊土的类别较多,例如:淤泥和淤泥质土、人工填土、红黏土、黄土、膨胀土、残积土、冻土等。

(一)淤泥和淤泥质土

在静水或缓慢的流水环境中沉积,并经生物化学作用形成,天然含水量大于液限,天然孔隙比大于或等于 1.5 的黏性土称为淤泥;当天然含水量大于液限而天然孔隙比小于 1.5 但大于或等于 1.0 时的黏性土或粉土称为淤泥质土。当土的有机质含量大于 5% 时称为有机质土,大于 60% 时则称为泥炭。

淤泥和淤泥质土的压缩性高而强度低,常具有灵敏的或很灵敏的结构性(参见第四章第三节关于灵敏度的概念),在我国沿海地区分布较广,内陆平原和山区也存在。

(二) 人工填土

指人类各种活动而形成的堆积物。其物质成分较杂乱，均匀性较差。按组成物质及成因，人工填土分为素填土、压实填土、杂填土和冲填土，其分类标准见表1-13。

(三) 红黏土

由碳酸盐岩系出露的岩石，经红土化作用形成的棕红、褐黄等色的高塑性黏土称为红黏土。其液限一般大于50%，上硬下软，具明显的收缩性，裂隙发育。土层经再搬运后仍保留红黏土基本特性，液限大于45%，但小于50%的土则称为次生红黏土。红黏土在我国大体上分布于北纬33°以南的地区。

表1-13　　　　　　　　人工填土按组成物质及成因分类

土 的 名 称	组 成 物 质
素 填 土	由碎石土、砂土、粉土、黏性土等组成的填土
压实填土	经过压实或夯实的素填土
杂 填 土	含有建筑垃圾、工业废料、生活垃圾等杂物的填土
冲 填 土	由水力冲填泥沙形成的填土

(四) 黄土

黄土是一种在第四纪时期形成的黄色粉状土。受风力搬运堆积，又未经次生扰动，不具层理的为原生黄土，而由风成以外的其他成因堆积而成的，常具有层理和砂或砾石夹层，则称为次生黄土或黄土状土。

黄土是在干旱或半干旱气候条件下形成的。在天然状态下，其强度一般较高，压缩性较低。但有的黄土，在一定压力作用下，受水浸湿，结构迅速破坏而发生显著附加沉陷，导致建筑物被破坏，具此特征的黄土称湿陷性黄土。不具有此种特性的黄土，则称为非湿陷性黄土。湿陷性黄土分为非自重湿陷性和自重湿陷性两种。非自重湿陷性黄土在土自重应力下受水浸湿后不发生湿陷；自重湿陷性黄土在土自重应力下受水浸湿后则发生湿陷。

(五) 膨胀土

膨胀土系指土中黏粒成分主要由亲水性矿物组成，同时具有显著的吸水膨胀和失水收缩两种变形特性的黏性土。

膨胀土在通常的情况下其强度较高，压缩性低，很容易被误认为是良好的地基，然而它是一种具有较大和反复胀缩变形的高塑性黏土。

(六) 残积土

岩石完全风化后未经搬运过的残积物，称为残积土。残积土没有层理构造，孔隙比较大，均质性差，其物理力学性质各处不一。在我国东南沿海的各类残积土中，花岗岩残积土分布的面积广、厚度大。

花岗岩残积土按所含砾级颗粒大于2mm成分的大小划分为三种：当大于2mm的颗粒质量超过总质量的20%者，称为砾质黏性土；不超过20%者称为砂质黏性土；不含者称为黏性土。现场原位测试成果表明，花岗岩残积土的承载力较高，压缩性较低。

(七)冻土

当土的温度降至摄氏零度以下时,土中部分孔隙水将冻结而形成冻土。冻土可分为季节性冻土和多年冻土两类。季节性冻土在冬季冻结而夏季融化,每年冻融交替一次。多年冻土则常年均处于冻结状态,且冻结连续两年以上。

第七节 地 下 水

存在于地表下面土和岩石的孔隙、裂隙或溶洞中的水,称为地下水。地下水的存在,常给地基基础的设计和施工带来麻烦。在地下水位以下开挖基坑,需要考虑降低地下水位及基坑边坡的稳定性。建筑物有地下室时则尚应考虑防水渗漏、抵抗水压力和浮力以及地下水腐蚀性等问题。下面简要介绍地下水与工程建设密切相关的一些问题。

一、地下水的埋藏条件

人们常把透水的地层称为透水层,而相对不透水的地层称为隔水层。地下水按埋藏条件可分为上层滞水、潜水和承压水三种类型(图 1-10)。

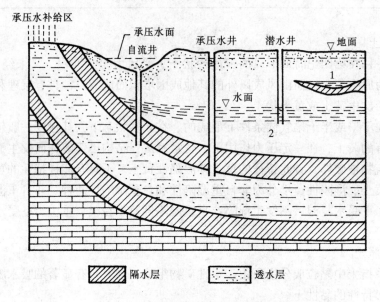

1—上层滞水;2—潜水;3—承压水

图 1-10 各种类型的地下水埋藏示意图

(1) 上层滞水 指埋藏在地表浅处、局部隔水层(透镜体)的上部且具有自由水面的地下水。

上层滞水的来源主要是大气降水补给,其动态变化与气候等因素有关,只有在融雪后或大量降水时才能聚集较多的水量。

(2) 潜水 埋藏在地表以下第一个稳定隔水层以上的具有自由水面的地下水称为潜水。其自由水面称为潜水面。此面用高程表示称为潜水位。自地表至潜水面的距离为潜水的埋藏深度。

潜水的分布范围很广，它一般埋藏在第四纪松散沉积层和基岩风化层中。潜水直接由大气降水、地表江河水流渗入补给，同时也由于蒸发或流入河流而排泄。潜水位的高低随气候条件而变化。

（3）承压水 指充满于两个稳定隔水层之间的含水层中的地下水。它承受一定的静水压力。在地面打井至承压水层时，水便在井中上升，有时甚至喷出地表，形成自流井（图1-10）。由于承压水的上面存在隔水顶板的作用，它的埋藏区与地表补给区不一致。因此，承压水的动态变化受局部气候因素影响不明显。

二、土的渗透性

土的渗透性(透水性)是指水流通过土中孔隙的难易程度。地下水的补给(流入)与排泄(流出)条件以及土中水的渗透速度都与土的渗透性有关。在考虑地基土的沉降速率和地下水的涌水量时都需要了解土的渗透性指标。

为了说明水在土中渗流时的一个重要规律，可进行如图1-11所示的砂土渗透试验。试验时将土样装在长度为l的圆柱形容器中，水从土样上端注入并保持水头不变。由于土样两端存在着水头差h，故水在土样中产生渗流。试验证明，水在土中的渗透速度与水头差h成正比，而与水流过土样的距离l成反比，亦即

$$v = k\frac{h}{l} = ki \quad (1\text{-}19)$$

式中：v——水在土中的渗透速度，单位为mm/s(s为秒)。它不是地下水在孔隙中流动的实际速度，而是在单位时间(s)内流过土的单位截面积(mm^2)的水量(mm^3)；

i——水力梯度，或称水力坡降，$i = h/l$，即土中两点的水头差h与水流过的距离l的比值；

k——土的渗透系数(mm/s)，表示土的透水性质的常数。

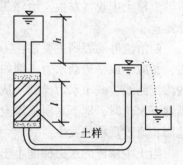

图1-11 砂土渗透试验示意图

在式(1-19)中，当$i=1$时，$k=v$，即土的渗透系数的数值等于水力梯度为1时的地下水的渗透速度。k值的大小反映了土透水性的强弱。

式(1-19)是达西(H. Darcy)根据砂土的渗透试验得出的，故称为达西定律，或称为直线渗透定律。

土的渗透系数可以通过室内渗透试验或现场抽水试验来测定。各种土的渗透系数变化范围参见表1-14。

表1-14 各种土的渗透系数参考值

土的名称	渗透系数(cm/s)	土的名称	渗透系数(cm/s)
致密黏土	$<10^{-7}$	粉砂、细砂	$10^{-2} \sim 10^{-4}$
粉质黏土	$10^{-6} \sim 10^{-7}$	中砂	$10^{-1} \sim 10^{-2}$
粉土、裂隙黏土	$10^{-4} \sim 10^{-6}$	粗砂、砾石	$10^{2} \sim 10^{-1}$

三、动水力和渗流破坏现象

地下水的渗流对土单位体积内的骨架所产生的力称为动水力,或称为渗透力。它是一种体积力,单位为 kN/m^3。

动水力可按下式计算:

$$j=\gamma_w i \tag{1-20}$$

式中:j——动水力,kN/m^3;
  γ_w——水的重度;
  i——水力梯度。

当渗透水流自下而上运动时,动水力方向与重力方向相反,土粒间的压力将减少。当动水力等于或大于土的有效重度 γ' 时,土粒间的压力被抵消,于是土粒处于悬浮状态,土粒随水流动,这种现象称为流砂。

动水力等于土的有效重度时的水力梯度叫做临界水力梯度 i_{cr},$i_{cr}=\dfrac{\gamma'}{\gamma_w}$。土的有效重度 γ' 一般为 $8\sim12kN/m^3$,因此 i_{cr} 可近似地取 1。

在地下水位以下开挖基坑时,如从基坑中直接抽水,将导致地下水从下向上流动而产生向上的动水力。当水力梯度大于临界值时,就会出现流砂现象。这种现象在细砂、粉砂、粉土中较常发生,给施工带来很大的困难,严重的还将影响邻近建筑物地基的稳定。

防治流砂的原则主要是:①沿基坑四周设置连续的截水帷幕,阻止地下水流入基坑内;②减小或平衡动水力,例如将板桩打入坑底一定深度,增加地下水从坑外流入坑内的渗流路线,减小水力梯度,从而减小动水力;③使动水力方向向下,例如采用井点降低地下水位时,地下水向下渗流,使动水力方向向下,增大了土粒间的压力,从而有效地制止流砂现象的发生。

当土中渗流的水力梯度小于临界水力梯度时,虽不致诱发流砂现象,但土中细小颗粒仍有可能穿过粗颗粒之间的孔隙被渗流挟带而去,时间长了,在土层中将形成管状空洞。这种现象称为管涌或潜蚀。

思 考 题

1-1 岩石和土按其成因可分为哪些类型?

1-2 何谓土的不均匀系数?如何从粒径级配曲线的陡缓来评价土的工程性质?

1-3 土的三相比例指标有哪些?哪些指标是直接测定的?比较各指标的物理意义与单位有何不同。

1-4 判别砂土密实度的方法有哪些?天然砂土层的密实度一般用哪种方法判别?

1-5 什么是土的塑性指数?其大小与土粒粗细有何关系?

1-6 建筑物的地基可分为哪几类?其中砂土和黏性土各根据什么进行分类?

习 题

1-1 从一原状土样中取出一试样,由试验测得其湿土质量 $m=120$g,体积 $V=64$cm³,天然含水量 $w=30\%$,土粒相对密度 $d_s=2.68$。试求天然重度 γ、孔隙比 e、孔隙率 n、饱和度 S_r、干重度 γ_d、饱和重度 γ_{sat} 和有效重度 γ'。

(答案:$\gamma=18.75$kN/m³,$e=0.858$,$S_r=93.7\%$)

1-2 某土样的孔隙体积 $V_v=50$cm³,土粒体积 $V_s=50$cm³,土粒相对密度 $d_s=2.70$,求孔隙比 e 和干重度 γ_d;当孔隙被水充满时,求饱和重度 γ_{sat} 和含水量 w。

(答案:$e=1$,$\gamma_d=13.5$kN/m³,$\gamma_{sat}=18.5$kN/m³,$w=37.0\%$)

1-3 某砂土土样的天然密度为 1.77g/cm³,天然含水量为 9.8%,土粒相对密度为 2.67,土样烘干后测定最小孔隙比为 0.461,最大孔隙比为 0.943,试求天然孔隙比 e 和相对密实度 D_r,并评定该砂土的密实度。

(答案:$e=0.656$,$D_r=0.595$,中密)

1-4 某黏性土的含水量 $w=36.4\%$,液限 $w_L=48\%$,塑限 $w_p=25.4\%$,要求:
(1) 计算该土的塑性指数 I_p;
(2) 确定该土的名称;
(3) 计算该土的液性指数 I_L;
(4) 按液性指数确定土的状态。

(答案:(1) $I_p=22.6$;(2) 黏土;(3) $I_L=0.49$;(4) 可塑状态)

1-5 某砂土的含水量 $w=28.5\%$,土的天然重度 $\gamma=19$kN/m³,土粒相对密度 $d_s=2.68$,颗粒分析成果如下表:

土粒组的粒径范围(mm)	>2	2~0.5	0.5~0.25	0.25~0.075	<0.075
粒组占干土总质量的百分数(%)	9.4	18.6	21.0	37.5	13.5

要求:
(1) 确定该土样的名称;
(2) 计算该土的孔隙比与饱和度;
(3) 如标准贯入试验锤击数 $N=14$,试确定该土的密实度。

(答案:(1) 细砂;(2) $e=0.81$;$S_r=94\%$;(3) 稍密)

第二章 地基中的应力

第一节 概 述

一、土的自重应力与地基附加应力概念

为了计算地基沉降以及对地基进行承载力和稳定性分析，必须知道地基中应力的分布。

地基中的应力按其产生的原因不同，可分为自重应力和附加应力。由土的自重在地基内所产生的应力称为自重应力；由建筑物的荷载或其他外载(如车辆、堆放在地面的材料重量等)在地基内所产生的应力称为附加应力。对于形成年代比较久远的土，在自重应力作用下，其变形已经稳定，因此，除新近沉积或堆积的土层外，一般来说，土的自重应力不再引起地基沉降。而附加应力则不同，因为它是地基中新增加的应力，将会引起地基沉降。

在计算地基附加应力时，一般假定地基为均质的线性变形半空间（"线性变形"是指应力与应变的关系成直线关系；"半空间"是指地基土体在水平方向和深度方向的尺寸为无限大），应用弹性力学公式来求解地基中的附加应力。由于一般建筑物荷载作用下地基中应力的变化范围不太大，上述简化计算所引起的误差，一般不会超过工程所许可的范围。

在土力学中，规定压应力为正，拉应力为负。

二、饱和土中的有效应力概念

先让我们来想象一下这样一种情况：有甲、乙两个完全一样的刚把水抽干的池塘，现将甲塘充水、乙塘填土，但所加水、土的重量相同，即施加于塘底的压力 σ 是相等的。过了较长的一段时间后，两个池塘底部软土的状态是否发生了变化？显然，甲塘没有什么变化，塘底软土依然是那么软。但乙塘则不同，在填土压力作用下，塘底软土将产生压缩变形，同时土的强度提高，即产生了固结。为什么在同样压力作用下，两者的表现会不相同呢？这就要从有效应力原理中寻找答案。

饱和土的有效应力原理表达形式为：

$$\sigma' = \sigma - u \qquad (2\text{-}1a)$$

或

$$\sigma = \sigma' + u \qquad (2\text{-}1b)$$

式中：σ'——通过土粒承受和传递的粒间应力，又称为有效应力；

σ——总应力;

u——孔隙中的水压力。

上式说明,饱和土中的总应力 σ 由土颗粒骨架和孔隙水两者共同分担,即总应力 σ 等于土骨架承担的有效应力 σ' 与孔隙水承担的孔隙水压力 u 之和。孔隙水压力对各个方向的作用是相等的,它只能使土颗粒本身产生压缩(压缩量很小,可以略去不计),不能使土颗粒产生移动,故不会使土体产生体积变形(压缩)。孔隙水压力虽然承担了一部分正应力,但承担不了剪应力。只有通过土粒传递的粒间应力,才能同时承担正应力和剪应力,并使土粒彼此挤紧,从而引起土体产生体积变化;粒间应力又是影响土体强度的一个重要因素,所以粒间应力又称为有效应力。式(2-1)和上述概念称为有效应力原理,这一原理是由太沙基(K. Terzaghi,1925)首先提出的,并经后来的试验所证实。这是土力学有别于其他力学(如固体力学)的重要原理之一。

至此,我们可以来回答刚才提出的问题了。在甲塘中,由于充的是水,压力为 σ,相应地,塘底土中孔隙水压力也增加了 σ,而有效应力没有增加,故软土不产生新的变形,强度也没有变化。在乙塘中,填土的压力 σ 由有效应力 σ' 和孔隙水压力 u 共同承担,且随着时间的推移,有效应力所占的比重越来越大(这一概念将在第三章第四节中详细介绍),在新增加的有效应力作用下,塘底软土产生了压缩变形,强度亦随之提高。

土体孔隙中的水压力有静水压力和超静孔隙水压力之分。前者是由水的自重引起的,其大小取决于水位的高低;后者一般是由附加应力引起的,在土体固结过程中会不断地转化为有效应力。超静孔隙水压力通常简称为孔隙水压力,以后各章中所提到的孔隙水压力一般均指这一部分。

在饱和土中,无论是土的自重应力还是附加应力,均应满足式(2-1)的要求。对自重应力而言,σ 为水与土颗粒的总自重应力,u 为静水压力,σ' 为土的有效自重应力。对附加应力而言,σ 为附加应力,u 为超静孔隙水压力,σ' 为有效应力增量。

式(2-1)表面上看起来很简单,但它的内涵十分重要。以下凡涉及土的体积变形或强度变化的应力均是有效应力 σ',而不是总应力 σ。这个概念对含有气体的非饱和土同样适用。但在非饱和土的情况下,粒间应力、孔隙水压力、孔隙气压力的关系较为复杂,这里不再阐述。

第二节 土的自重应力

一、土的自重应力计算

在计算土中自重应力时,假设天然地面为一无限大的水平面,因而任一竖直面可视做对称面,对称面上的剪应力均为零。按照剪应力互等定理,可知任意水平面上的剪应力也等于零。因此竖直面和水平面上只有正应力(为主应力)存在,竖直面和水平面为主平面。

对于天然重度为 γ 的均质土层,在天然地面下任意深度 z 处的竖向自重应力 σ_{cz},可取作用于该深度水平面上任一单位面积的土柱体自重 $\gamma z \times 1$ 计算(图2-1),即

$$\sigma_{cz} = \gamma z \tag{2-2}$$

σ_{cz}沿水平面呈均匀分布,且与z成正比,即随深度线性增大。

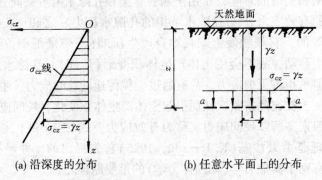

(a) 沿深度的分布　　　(b) 任意水平面上的分布

图 2-1　均质土中竖向自重应力

由于σ_{cz}沿任一水平面上均匀地无限分布,所以地基土在自重作用下只能产生竖向变形,而不能有侧向变形和剪切变形。从这个条件出发,根据弹性力学,侧向(水平向)自重应力σ_{cx}和σ_{cy}应与σ_{cz}成正比,而剪应力均为零,即

$$\sigma_{cx} = \sigma_{cy} = K_0 \sigma_{cz} \tag{2-3}$$

$$\tau_{xy} = \tau_{yz} = \tau_{zx} = 0 \tag{2-4}$$

式中:比例系数K_0称为土的静止侧压力系数或静止土压力系数,可通过试验测定,或采用表 2-1 所列的经验值。

表 2-1　　　　　　　　　　　　K_0 的经验值

土的种类和状态	K_0
碎　石　土	0.18~0.25
砂　　　土	0.25~0.33
粉　　　土	0.33
粉质黏土:坚硬状态	0.33
可塑状态	0.43
软塑及流塑状态	0.53
黏　　　土:坚硬状态	0.33
可塑状态	0.53
软塑及流塑状态	0.72

在上述公式中,土的竖向和侧向自重应力一般均指有效自重应力,因此,对处于地下水位以下的土层必须以有效重度γ'代替天然重度γ。同样,式(2-3)中的K_0应为侧向与竖向的有效自重应力之比值。为了简便起见,以后各章节中把常用的竖向有效自重应力σ'_{cz}简称为自重应力,并改用符号σ_c表示。

地基土往往是成层的，各层土具有不同的重度。如地下水位位于同一土层中，在计算自重应力时，地下水位面也应作为分层的界面。设天然地面下深度 z 范围内有 n 个土层，将每一层土的自重应力分别求出，然后相加，即可得到成层土的自重应力计算公式(图 2-2)：

$$\sigma_c = \sum_{i=1}^{n} \gamma_i h_i \qquad (2-5)$$

式中：σ_c——天然地面下任意深度 z 处土的竖向有效自重应力，kPa；

n——深度 z 范围内的土层总数；

h_i——第 i 层土的厚度，m；

γ_i——第 i 层土的天然重度，对地下水位以下的土层取有效重度 γ_i'，kN/m³。

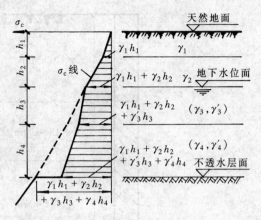

图 2-2 成层土中竖向自重应力沿深度的分布

当地层中有不透水层(不透水的基岩或致密黏土层)存在时，不透水层中的静水压力为零，该层的重度取饱和重度，层顶面处的自重应力为上面各土层的土水总重：

$$\sigma_c = \sum_{i=1}^{n} \gamma_i h_i + \gamma_w h_w$$

式中：σ_c、n、γ_i、h_i 等符号的意义同前；

γ_w——水的重度，通常取 $\gamma_w = 10\text{kN/m}^3$；

h_w——地下水位至不透水层顶面的距离，m。

【例 2-1】 试计算例图 2-1 中各土层界面处及地下水位处土的自重应力，并绘出分布图。

【解】 粉土层底处：$\sigma_{c1} = \gamma_1 h_1 = 18 \times 3 = 54$ (kPa)

地下水位处：$\sigma_{c2} = \sigma_{c1} + \gamma_2 h_2 = 54 + 18.4 \times 2 = 90.8$ (kPa)

黏土层底处：$\sigma_{c3} = \sigma_{c2} + \gamma_3' h_3 = 90.8 + (19-10) \times 3 = 117.8$ (kPa)

基岩层面处：$\sigma_c = \sigma_{c3} + \gamma_w h_w = 117.8 + 10 \times 3 = 147.8$ (kPa)

绘自重应力分布图如例图 2-1 所示。

二、地下水位升降及填土对土中自重应力的影响

形成年代已久的天然土层在自重应力作用下的变形早已稳定，但当地下水位发生下降或土层为新近沉积或地面有大面积人工填土时，土中的自重应力会增大(图 2-3)，这时应考虑土体在自重应力增量作用下的变形(此处自重应力的增量部分属于附加应力)。

造成地下水位下降的原因主要是城市超量开采地下水及基坑开挖时的降水，其直接后果是导致地面下沉。地下水位下降后，新增加的自重应力会引起土体本身产生压缩变形。由于这部分自重应力的影响深度很大，故所引起的地面沉降往往是很可观的。我国相当一部分城市由于超量开采地下水，出现了地表大面积沉降、地面塌陷等严重问题。在进行基坑开挖时，若降水过深、时间过长，则常引起坑外地表下沉而导致邻近建筑物开裂、倾斜。解决这一问题的方法是，在坑外设置端部进入不透水层或弱透水层、平面

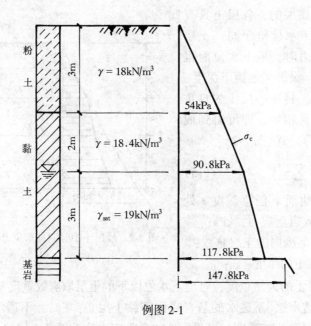

例图 2-1

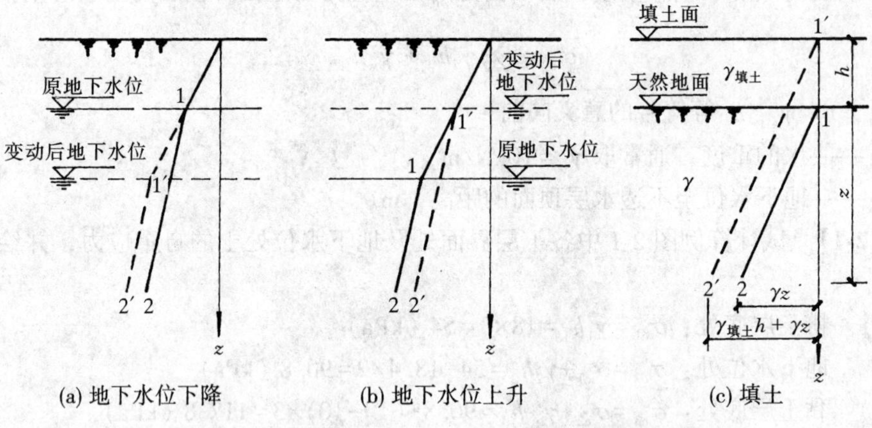

(a) 地下水位下降　　(b) 地下水位上升　　(c) 填土

（虚线：变化后的自重应力；实线：变化前的自重应力）

图 2-3　由于填土或地下水位升降引起自重应力的变化

上呈封闭状的截水帷幕或地下连续墙（防渗墙），以便将坑内外的地下水分隔开。此外，还可以在邻近建筑物的基坑一侧设置回灌沟或回灌井，通过水的回灌来维持邻近建筑物下方的地下水位不变。

地下水位上升也会带来一些不利影响。在人工抬高蓄水水位的地区，滑坡现象常增多。在基础工程完工之前，如停止基坑降水工作而使地下水位回升，则可能导致基坑边坡坍塌，或使新浇筑、强度尚低的基础底板断裂。一些地下结构（如水池等）可能因水位上升而上浮，并带来新的问题和麻烦。例如，某地一泵房水池，其平面尺寸为 10m×20m，埋深近 6m。施工时正处于冬季，地下水位较低，故未采取抗浮措施。到春季后，地下水位上升，结果水池一端被上抬 1m 多，另一端则略有下沉，没法使用。

有关这部分的自重应力计算例题可参看例 3-3。

第三节 基底压力

建筑物荷载通过基础传递至地基,在基础底面与地基之间便产生了接触应力。它既是基础作用于地基表面的压力(基底压力),又是地基反作用于基础底面的反力(基底反力)。因此,在计算地基中的附加应力以及确定基础的底面尺寸时,都必须了解基底压力的分布规律。

基底压力的分布与基础的大小和刚度、作用于基础上的荷载大小和分布、地基土的力学性质、地基的均匀程度以及基础的埋深等许多因素有关。一般情况下,基底压力呈非线性分布。对于具有一定刚度以及尺寸较小的柱下独立基础和墙下条形基础等,其基底压力可看成呈直线或平面分布,并按下述材料力学公式进行简化计算。

一、基底压力的简化计算

1. 轴心荷载作用下的基底压力

在轴心荷载作用下,假定基底压力为均匀分布(图 2-4),其数值为:

$$p = \frac{F+G}{A} \tag{2-6}$$

式中:p——基底平均压力,kPa。

F——上部结构作用在基础上的竖向力,kN。

G——基础及基础上回填土的总重量,kN;$G = \gamma_G A d$,其中 γ_G 为基础及回填土的平均重度,一般取 20kN/m^3,但在地下水位以下部分应扣去浮力 10kN/m^3;d 为基础平均埋深,m,必须从设计地面(图 2-4(a))或室内外平均设计地面(图 2-4(b))算起。

A——基底面积,m^2;矩形基础 $A = lb$,l 和 b 分别为矩形基底的长度和宽度,m。

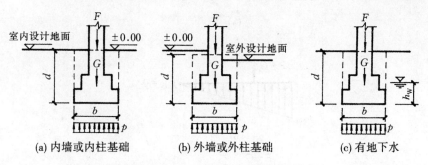

(a) 内墙或内柱基础　　(b) 外墙或外柱基础　　(c) 有地下水

图 2-4　轴心荷载下的基底压力分布

当基础埋深范围内有地下水时(图 2-4(c)),$G = \gamma_G A d - \gamma_w A h_w = 20 A d - 10 A h_w$,代入式(2-6),得

$$p = \frac{F}{A} + 20d - 10h_w \tag{2-7}$$

式中:h_w 为基础底面至地下水位的距离,m。若地下水位在基底以下,则取 $h_w = 0$。在

具体计算时,用式(2-7)会比用式(2-6)来得简单。

对于荷载沿长度方向均匀分布的条形基础,可沿长度方向截取一单位长度(即取 $l=1\text{m}$)的截条进行计算,此时式(2-6)、式(2-7)成为:

$$p = \frac{F+G}{b} = \frac{F}{b} + 20d - 10h_w \tag{2-8}$$

式中:F 及 G 为基础截条内的相应值,kN/m。

2. 偏心荷载作用下的基底压力

对于单向偏心荷载作用下的矩形基础(图2-5),通常将基底长边方向取与偏心方向一致。假定基底压力为线性分布,则此时两短边边缘最大压力值 $p_{\max}$(kPa)与最小压力值 $p_{\min}$(kPa)按材料力学短柱偏心受压公式计算:

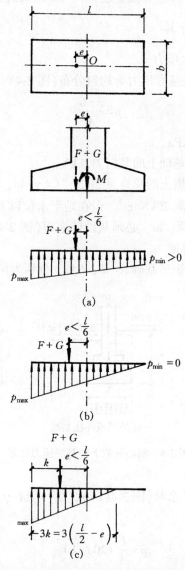

图2-5 单向偏心荷载作用下的矩形基础基底压力分布图

$$\left.\begin{array}{c}p_{\max}\\p_{\min}\end{array}\right\} = \frac{F+G}{lb} \pm \frac{M}{W} \quad (2\text{-}9)$$

式中：F、G、l、b 符号意义同式(2-6)；

　　　M——作用于矩形基底的力矩，$kN \cdot m$；

　　　W——基础底面的抵抗矩，m^3：

$$W = \frac{bl^2}{6}$$

将式(2-6)、式(2-7)及偏心荷载的偏心距 $e = \dfrac{M}{F+G}$ 分别代入式(2-9)，便得该式的其他表达形式：

$$\left.\begin{array}{c}p_{\max}\\p_{\min}\end{array}\right\} = \frac{F+G}{lb} \pm \frac{6M}{bl^2} = p \pm \frac{6M}{bl^2} = \frac{F}{lb} + 20d - 10h_w \pm \frac{6M}{bl^2} = p\left(1 \pm \frac{6e}{l}\right) \quad (2\text{-}10)$$

由上式可见，当 $e=0$ 时，$p_{\max}=p_{\min}=p$，基底压力呈均匀分布，即轴心受压情况；当 $0<e<\dfrac{l}{6}$ 时，呈梯形分布；当 $e=\dfrac{l}{6}$ 时，$p_{\min}=0$，呈三角形分布；当 $e>\dfrac{l}{6}$ 时，$p_{\min}<0$，由于基底与地基之间不能承受拉力，此时基底与地基局部脱开，而使基底压力重新分布。因此，根据偏心荷载应与基底反力相平衡的条件，荷载合力 $F+G$ 应通过三角形反力分布图的形心(图2-5(c))，由此可得基底边缘的最大压力为：

$$p_{\max} = \frac{2(F+G)}{3bk} \quad (2\text{-}11)$$

式中：$k = \dfrac{l}{2} - e$。

二、基底附加压力

在建筑物建造之前，土中早已存在着自重应力。一般天然土层在自重应力作用下的变形也早已稳定。因此，从建筑物建造后的基底压力中扣除基底标高处原有土的自重应力后，才是基底平面处新增加于地基表面的压力，即基底附加压力。基底附加压力在地基中产生附加应力并引起地基沉降。基底平均附加压力 $p_0(kPa)$ 可按下式计算(图2-6)：

$$p_0 = p - \sigma_{cd} = p - \gamma_m d \quad (2\text{-}12)$$

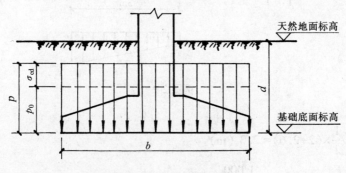

图 2-6　基底平均附加压力

式中：p——基底平均压力，kPa，按式(2-6)计算；

σ_{cd}——基底处土的自重应力，kPa；

γ_m——基底标高以上天然土层的加权平均重度，$\gamma_m = \dfrac{\sigma_{cd}}{d} = \dfrac{\gamma_1 h_1 + \gamma_2 h_2 + \cdots}{d}$，kN/m³，其中地下水位下的重度取有效重度；

d——基础埋深，m，必须从天然地面算起，新填土场地则应从老天然地面起算。

从式(2-6)和式(2-12)可以看出，在荷载 F 不变的情况下，若能将建筑物的基础或地下部分做成中空、封闭的形式(例如地下室)，那么就可以大大减小基底附加压力 p_0，即被挖去的土重可以用来抵消上部结构的部分甚至全部重量。这样，即使地基极其软弱，地基的稳定性和沉降也都很容易得到保证。

按式(2-12)计算基底附加压力时，并未考虑坑底土体的回弹变形。实际上，当基坑的平面尺寸、深度较大且土又较软时，坑底回弹是不可忽略的。因此，在计算地基沉降时，为了适当考虑这种坑底回弹和再压缩而增加的沉降，通常做法是对基底附加压力进行调整，即取 $p_0 = p - \alpha\sigma_{cd}$，其中 α 为 0~1 的系数。对小基坑，取 $\alpha = 1$；对宽度超过 10m 的大基坑，一般取 $\alpha = 0$。

【例 2-2】 一墙下条形基础底宽 1m，埋深 1m，承重墙传来的竖向荷载为 150kN/m，试求基底压力 p。

【解】 $p = \dfrac{F}{b} + 20d = \dfrac{150}{1} + 20 \times 1 = 170.0$（kPa）

【例 2-3】 例图 2-2 中的柱下独立基础底面尺寸为 3m×2m，柱传给基础的竖向力 $F = 1\,000$kN，弯矩 $M = 180$kN·m，试按图中所给资料计算 p、p_{max}、p_{min}、p_0，并画出基底压力的分布图。

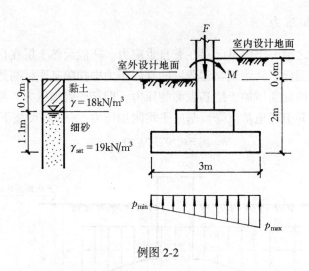

例图 2-2

【解】 $d = \dfrac{1}{2} \times (2 + 2.6) = 2.3$（m）

$p = \dfrac{F}{A} + 20d - 10h_w = \dfrac{1\,000}{2 \times 3} + 20 \times 2.3 - 10 \times 1.1 = 201.7$（kPa）

$$p_{max} = p + \frac{6M}{bl^2} = 201.7 + \frac{6 \times 180}{2 \times 3^2} = 261.7 \text{ (kPa)}$$

$$p_{min} = p - \frac{6M}{bl^2} = 201.7 - \frac{6 \times 180}{2 \times 3^2} = 141.7 \text{ (kPa)}$$

$$p_0 = p - \sigma_{cd} = 201.7 - [18 \times 0.9 + (19-10) \times 1.1] = 175.6 \text{ (kPa)}$$

基底压力分布图绘于例图 2-2 中。

第四节 地基附加应力

在建筑物荷载作用下，地基中必然产生应力和变形。我们把由建筑物等荷载在土体中引起的应力增量称为附加应力。计算地基附加应力时通常假定地基土是均质的线性变形半空间（弹性半空间）。将基底附加压力或其他外荷载作为作用在弹性半空间表面的局部荷载，应用弹性力学公式便可求出地基中的附加应力。

一、竖向集中荷载下的地基附加应力

在弹性半空间表面上作用一个竖向集中力时，半空间内任意点处所引起的应力和位移的弹性力学解答是由法国布辛奈斯克（J. Boussinesq，1885）作出的。如图 2-7 所示，在半空间（相当于地基）内任意点 $M(x, y, z)$ 处的六个应力分量和三个位移分量中，对工程计算意义最大的是竖向正应力 σ_z，其解答如下：

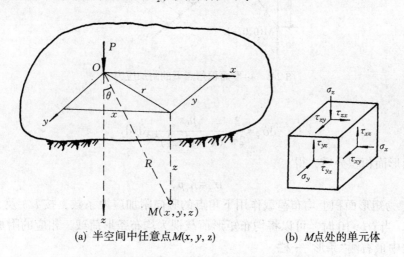

(a) 半空间中任意点 $M(x, y, z)$　　　(b) M 点处的单元体

图 2-7 弹性半空间在竖向集中力作用下的附加应力

$$\sigma_z = \frac{3P}{2\pi} \frac{z^3}{R^5} = \frac{3P}{2\pi R^2} \cos^3\theta \tag{2-13}$$

式中：P——作用于坐标原点 O 的竖向集中力；

R——M 点至坐标原点 O 的距离，$R = \sqrt{x^2+y^2+z^2} = \sqrt{r^2+z^2} = z/\cos\theta$；

θ——R 线与 z 坐标轴间的夹角；

r——M 点与集中力作用点的水平距离。

在上式中，若 $R=0$，则所得结果为无限大，因此，所选择的计算点不应过于接近集中力的作用点。

二、矩形面积上竖向均布荷载下的地基附加应力

1. 矩形面积角点下的竖向附加应力

轴心受压柱基础的基底附加压力即属于矩形面积上竖向均布荷载(简称为均布矩形荷载)这一情况。这类问题的求解方法一般是先以积分法求得矩形面积角点下的地基附加应力，然后运用下面介绍的角点法求得矩形面积下任意点的地基附加应力。如图2-8所示，矩形面积的长度和宽度分别为 l 和 b，竖向均布荷载为 p_0。从荷载面内取一微面积 $\mathrm{d}x\mathrm{d}y$，并将其上的分布荷载以集中力 $p_0\mathrm{d}x\mathrm{d}y$ 来代替，则由此集中力所产生的角点 O 下任意深度 z 处 M 点的竖向附加应力 $\mathrm{d}\sigma_z$，可由式(2-13)求得：

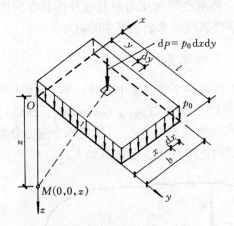

图2-8 矩形面积角点下的附加应力 σ_z

$$\mathrm{d}\sigma_z = \frac{3}{2\pi} \frac{p_0 z^3}{(x^2+y^2+z^2)^{5/2}} \mathrm{d}x\mathrm{d}y \tag{2-14}$$

对整个矩形面积积分后，得

$$\sigma_z = K_c p_0 \tag{2-15}$$

式中：K_c 为矩形面积上均布荷载作用下角点的竖向附加应力系数，按 l/b 及 z/b 值由表2-2查得。当 $l/b>10$ 时，可以将均布矩形荷载视为均布条形荷载，相应的附加应力系数可以查表中最右侧"条形"一栏。

表2-2 矩形面积上均布荷载作用下角点的竖向附加应力系数 K_c

l/b \ z/b	1.0	1.2	1.4	1.6	1.8	2.0	3.0	4.0	5.0	6.0	10.0	条形
0	0.250 0	0.250 0	0.250 0	0.250 0	0.250 0	0.250 0	0.250 0	0.250 0	0.250 0	0.250 0	0.250 0	0.250 0
0.2	0.248 6	0.248 9	0.249 0	0.249 1	0.249 1	0.249 1	0.249 2	0.249 2	0.249 2	0.249 2	0.249 2	0.249 2
0.4	0.240 1	0.242 0	0.242 9	0.243 4	0.243 7	0.243 9	0.244 2	0.244 3	0.244 3	0.244 3	0.244 3	0.244 3

续表

z/b \ l/b	1.0	1.2	1.4	1.6	1.8	2.0	3.0	4.0	5.0	6.0	10.0	条形
0.6	0.222 9	0.227 5	0.230 0	0.231 5	0.232 4	0.232 9	0.233 9	0.234 1	0.234 2	0.234 2	0.234 2	0.234 2
0.8	0.199 9	0.207 5	0.212 0	0.214 7	0.216 5	0.217 6	0.219 6	0.220 0	0.220 2	0.220 2	0.220 2	0.220 3
1.0	0.175 2	0.185 1	0.191 1	0.195 5	0.198 1	0.199 9	0.203 4	0.204 2	0.204 4	0.204 5	0.204 6	0.204 6
1.2	0.151 6	0.162 6	0.170 5	0.175 8	0.179 3	0.181 8	0.187 0	0.188 2	0.188 5	0.188 7	0.188 8	0.188 9
1.4	0.130 8	0.142 3	0.150 8	0.156 9	0.161 3	0.164 4	0.171 2	0.173 0	0.173 5	0.173 8	0.174 0	0.174 0
1.6	0.112 3	0.124 1	0.132 9	0.139 6	0.144 5	0.148 2	0.156 7	0.159 0	0.159 8	0.160 1	0.160 4	0.160 5
1.8	0.096 9	0.108 3	0.117 2	0.124 1	0.129 4	0.133 4	0.143 4	0.146 3	0.147 4	0.147 8	0.148 2	0.148 3
2.0	0.084 0	0.094 7	0.103 4	0.110 3	0.115 8	0.120 2	0.131 4	0.135 0	0.136 3	0.136 8	0.137 4	0.137 5
2.2	0.073 2	0.082 3	0.091 7	0.098 4	0.103 9	0.108 4	0.120 5	0.124 8	0.126 4	0.127 1	0.127 7	0.127 9
2.4	0.064 2	0.073 4	0.081 3	0.087 9	0.093 4	0.097 9	0.110 8	0.115 6	0.117 5	0.118 4	0.119 2	0.119 4
2.6	0.056 6	0.065 1	0.072 5	0.078 8	0.084 2	0.088 7	0.102 0	0.107 3	0.109 5	0.110 6	0.111 6	0.111 8
2.8	0.050 2	0.058 0	0.064 9	0.070 9	0.076 1	0.080 5	0.094 2	0.099 9	0.102 4	0.103 6	0.104 8	0.105 0
3.0	0.044 7	0.051 9	0.058 3	0.064 0	0.069 0	0.073 2	0.087 0	0.093 1	0.095 9	0.097 3	0.098 7	0.099 0
3.2	0.040 1	0.046 7	0.052 6	0.058 0	0.062 7	0.066 8	0.080 6	0.087 0	0.090 0	0.091 6	0.093 3	0.093 5
3.4	0.036 1	0.042 1	0.047 7	0.052 7	0.057 1	0.061 1	0.074 7	0.081 4	0.084 7	0.086 4	0.088 2	0.088 6
3.6	0.032 6	0.038 2	0.043 3	0.048 0	0.052 3	0.056 1	0.069 4	0.076 3	0.079 9	0.081 9	0.083 7	0.084 2
3.8	0.029 6	0.034 8	0.039 5	0.043 9	0.047 9	0.051 6	0.064 6	0.071 7	0.075 3	0.077 3	0.079 6	0.080 2
4.0	0.027 0	0.031 8	0.036 2	0.040 3	0.044 1	0.047 4	0.060 3	0.067 4	0.071 2	0.073 3	0.075 8	0.076 5
4.2	0.024 7	0.029 1	0.033 3	0.037 1	0.040 7	0.043 9	0.056 3	0.063 4	0.067 4	0.069 6	0.072 4	0.073 1
4.4	0.022 7	0.026 8	0.030 6	0.034 3	0.037 6	0.040 7	0.052 7	0.059 7	0.063 9	0.066 2	0.069 2	0.070 0
4.6	0.020 9	0.024 7	0.028 3	0.031 7	0.034 8	0.037 8	0.049 3	0.056 4	0.060 6	0.063 0	0.066 3	0.067 1
4.8	0.019 3	0.022 9	0.026 2	0.029 4	0.032 4	0.035 2	0.046 3	0.053 3	0.057 6	0.060 1	0.063 5	0.064 5
5.0	0.017 9	0.021 2	0.024 3	0.027 4	0.030 2	0.032 8	0.043 5	0.050 4	0.054 7	0.057 3	0.061 0	0.062 0
6.0	0.012 7	0.015 1	0.017 4	0.019 6	0.021 8	0.023 8	0.032 5	0.038 8	0.043 1	0.046 0	0.050 6	0.052 1
7.0	0.009 4	0.011 2	0.013 0	0.014 7	0.016 4	0.018 0	0.025 1	0.030 6	0.034 6	0.037 6	0.042 8	0.044 9
8.0	0.007 3	0.008 7	0.010 1	0.011 4	0.012 7	0.014 0	0.019 8	0.024 6	0.028 3	0.031 1	0.036 7	0.039 4
9.0	0.005 8	0.006 9	0.008 0	0.009 1	0.010 1	0.011 2	0.016 1	0.020 2	0.023 5	0.026 2	0.031 9	0.035 1
10.0	0.004 7	0.005 6	0.006 5	0.007 4	0.008 3	0.009 2	0.013 2	0.016 8	0.019 8	0.022 2	0.028 0	0.031 6
12.0	0.003 3	0.003 9	0.004 6	0.005 2	0.005 8	0.006 4	0.009 4	0.012 1	0.014 5	0.016 5	0.021 9	0.026 4
14.0	0.002 4	0.002 9	0.003 4	0.003 8	0.004 3	0.004 8	0.007 0	0.009 1	0.011 0	0.012 7	0.017 5	0.022 7
16.0	0.001 9	0.002 2	0.002 6	0.002 9	0.003 3	0.003 7	0.005 4	0.007 1	0.008 6	0.010 0	0.014 3	0.019 8
18.0	0.001 5	0.001 8	0.002 0	0.002 3	0.002 6	0.002 9	0.004 3	0.005 6	0.006 9	0.008 1	0.011 8	0.017 6
20.0	0.001 2	0.001 4	0.001 7	0.001 9	0.002 1	0.002 4	0.003 5	0.004 6	0.005 7	0.006 7	0.009 9	0.015 9

2. 任意点下的竖向附加应力

实际计算中，常会遇到计算点不位于矩形面积角点之下的情况，这时可以通过作辅助线把荷载面分成若干个矩形面积，而计算点则必须正好位于这些矩形面积的角点之下；这样就可以应用式(2-15)及力的叠加原理来求解。这种方法称为角点法。

下面分四种情况(图2-9，计算点在图中 O 点以下任意深度处)说明角点法的具体应用。

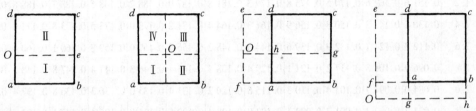

(a) O 点在荷载面边缘　　(b) O 点在荷载面内　　(c) O 点在荷载面边缘外侧　　(d) O 点在荷载面角点外侧

图 2-9　以角点法计算任意点 O 点下的地基附加应力

(1) O 点在荷载面边缘

过 O 点作辅助线 Oe，将荷载面分成 Ⅰ、Ⅱ 两块，由叠加原理，有

$$\sigma_z = (K_{cⅠ} + K_{cⅡ})p_0$$

式中：$K_{cⅠ}$ 和 $K_{cⅡ}$ 是分别按两块小矩形 Ⅰ 和 Ⅱ，由 $(l_Ⅰ/b_Ⅰ, z/b_Ⅰ)$、$(l_Ⅱ/b_Ⅱ, z/b_Ⅱ)$ 查得的角点附加应力系数。注意 $b_Ⅰ$、$b_Ⅱ$ 分别是小矩形 Ⅰ、Ⅱ 的短边边长。

(2) O 点在荷载面内

作两条辅助线，将荷载面分成 Ⅰ、Ⅱ、Ⅲ 和 Ⅳ 共四块面积，于是

$$\sigma_z = (K_{cⅠ} + K_{cⅡ} + K_{cⅢ} + K_{cⅣ})p_0$$

如果 O 点位于荷载面中心，则 $K_{cⅠ} = K_{cⅡ} = K_{cⅢ} = K_{cⅣ}$，可得 $\sigma_z = 4K_{cⅠ}p_0$，此即为利用角点法求基底中心点下 σ_z 的解，亦可直接查中点附加应力系数表(略)。

(3) O 点在荷载面边缘外侧

此时荷载面 $abcd$ 可看成是由 Ⅰ($Ofbg$) 与 Ⅱ($Ofah$) 之差和 Ⅲ($Oecg$) 与 Ⅳ($Oedh$) 之差合成的，所以

$$\sigma_z = (K_{cⅠ} - K_{cⅡ} + K_{cⅢ} - K_{cⅣ})p_0$$

(4) O 点在荷载面角点外侧

把荷载面看成 Ⅰ($Ohce$) - Ⅱ($Ohbf$) - Ⅲ($Ogde$) + Ⅳ($Ogaf$)，则

$$\sigma_z = (K_{cⅠ} - K_{cⅡ} - K_{cⅢ} + K_{cⅣ})p_0$$

【例 2-4】 试以角点法分别计算例图 2-3 所示的甲、乙两个基础基底中心点下不同深度处的地基附加应力 σ_z 值，绘 σ_z 分布图，并考虑相邻基础的影响。基础埋深范围内天然土层的重度 $\gamma_m = 18 \text{kN/m}^3$。

【解】 ①两基础的基底附加压力为：

甲基础：　　$p_0 = p - \sigma_{cd} = \dfrac{F}{A} + 20d - \sigma_{cd}$

$$= \dfrac{392}{2 \times 2} + 20 \times 1 - 18 \times 1 = 100 \text{ (kPa)}$$

乙基础： $p_0 = \dfrac{98}{1\times 1} + 20\times 1 - 18\times 1 = 100$ （kPa）

②计算两基础中心点下由本基础荷载引起的 σ_z 时，过基底中心点将基底分成相等的四块，以角点法计算之，计算过程列于例表 2-1。

例表 2-1

z (m)	甲 基 础				乙 基 础			
	l/b	z/b	$K_{cⅠ}$	$\sigma_z = 4K_{cⅠ}p_0$ (kPa)	l/b	z/b	$K_{cⅠ}$	$\sigma_z = 4K_{cⅠ}p_0$ (kPa)
0		0	0.2500	4×0.2500×100=100		0	0.2500	4×0.2500×100=100
1		1	0.1752	70		2	0.0840	34
2	$\dfrac{1}{1}=1$	2	0.0840	34	$\dfrac{0.5}{0.5}=1$	4	0.0270	11
3		3	0.0447	18		6	0.0127	5
4		4	0.0270	11		8	0.0073	3

③计算本基础中心点下由相邻基础荷载引起的 σ_z 时，可按前述的计算点在荷载面边缘外侧的情况以角点法计算。甲基础对乙基础 σ_z 影响的计算过程见例表 2-2，乙基础对甲基础 σ_z 影响的计算过程见例表 2-3。

例表 2-2

z (m)	l/b		z/b	K_c		$\sigma_z = 2(K_{cⅠ}-K_{cⅡ})p_0$ (kPa)
	Ⅰ ($abfO'$)	Ⅱ ($dcfO'$)		$K_{cⅠ}$	$K_{cⅡ}$	
0			0	0.2500	0.2500	2×(0.2500−0.2500)×100=0
1			1	0.2034	0.1752	2×(0.2034−0.1752)×100=5.6
2	$\dfrac{3}{1}=3$	$\dfrac{1}{1}=1$	2	0.1314	0.0840	9.5
3			3	0.0870	0.0447	8.5
4			4	0.0603	0.0270	6.7

例表 2-3

z (m)	l/b		z/b	K_c		$\sigma_z = 2(K_{cⅠ}-K_{cⅡ})p_0$ (kPa)
	Ⅰ ($gheO$)	Ⅱ ($ijeO$)		$K_{cⅠ}$	$K_{cⅡ}$	
0			0	0.2500	0.2500	2×(0.2500−0.2500)×100=0
1			2	0.1363	0.1314	2×(0.1363−0.1314)×100=1.0
2	$\dfrac{2.5}{0.5}=5$	$\dfrac{1.5}{0.5}=3$	4	0.0712	0.0603	2.2
3			6	0.0431	0.0325	2.1
4			8	0.0283	0.0198	1.7

④σ_z 的分布图见例图 2-3，图中阴影部分表示相邻基础荷载对本基础中心点下 σ_z

的影响。

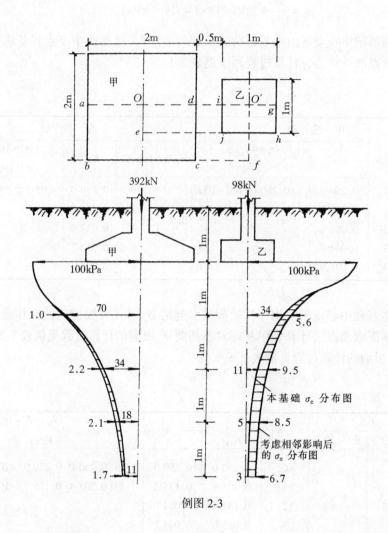

例图 2-3

比较图中两基础下的 σ_z 分布图可见，基础底面尺寸大的基础下的附加应力比尺寸小的收敛得慢，影响深度大，同时，对相邻基础的影响也较大。可以预见，在基底附加压力相等的条件下，基底尺寸越大的基础沉降也越大。这是在基础设计时应当注意的问题。

对矩形面积上三角形分布荷载及条形面积上竖向均布荷载下的地基竖向附加应力计算，可参见其他参考书，后者也可视为 $l/b>10$ 的均布矩形荷载，用角点法进行求解。

三、地基附加应力的分布规律

图 2-10 为地基中的附加应力等值线图。所谓等值线就是地基中具有相同附加应力数值的点的连线(类似于地形等高线)。由图 2-10(a)、(b)并结合例 2-4 的计算结果可见，地基中的竖向附加应力 σ_z 具有如下的分布规律：

① σ_z 的分布范围相当大，它不仅分布在荷载面积之内，而且还分布到荷载面积以外，这就是所谓的附加应力扩散现象。

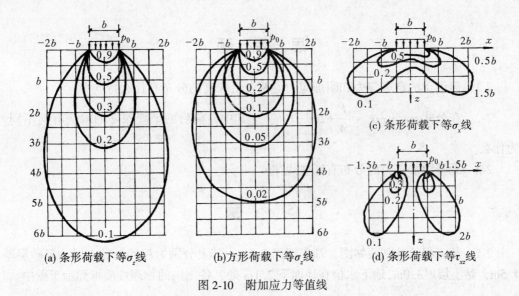

图 2-10 附加应力等值线

② 在离基础底面(地基表面)不同深度 z 处的各个水平面上,以基底中心点下轴线处的 σ_z 为最大;离开中心轴线愈远的点,σ_z 愈小。

③ 在荷载分布范围内任意点竖直线上的 σ_z 值,随着深度增大逐渐减小。

④ 方形荷载所引起的 σ_z,其影响深度要比条形荷载小得多。例如,在方形荷载中心下 $z=2b$ 处,$\sigma_z \approx 0.1p_0$,而在条形荷载下的 $\sigma_z = 0.1p_0$ 等值线则约在中心下 $z=6b$ 处通过。这一等值线反映了附加应力在地基中的影响范围。在后面某些章节中还会提到地基主要受力层这一概念,它指的是基础底面至 $\sigma_z = 0.2p_0$ 深度处(对条形荷载,该深度约为 $3b$,方形荷载约为 $1.5b$)的这部分土层。建筑物荷载主要由地基的主要受力层承担,且地基沉降的绝大部分是由这部分土层的压缩所形成的。

⑤ 当两个或多个荷载距离较近时,扩散到同一区域的竖向附加应力会彼此叠加起来(例图 2-3),使该区域的附加应力比单个荷载作用时明显增大。这就是所谓的附加应力叠加现象。

由条形荷载下的 σ_x 和 τ_{xz} 的等值线图可见,σ_x 的影响范围较浅,所以基础下地基土的侧向变形主要发生于浅层;而 τ_{xz} 的最大值出现于荷载边缘,所以位于基础边缘下的土容易发生剪切破坏。

由上述分布规律可知,当地面上作用有大面积荷载(或地下水位大范围下降)时,附加应力 σ_z 随深度增大而衰减的速率将变缓,其影响深度将会相当大,因此往往会引起可观的地面沉降。

当岩层或坚硬土层上可压缩土层的厚度小于或等于荷载面积宽度的一半时,荷载面积下的 σ_z 几乎不扩散,此时可认为荷载面中心点下的 σ_z 不随深度变化(图 2-11)。

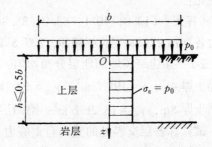

图 2-11 可压缩土层厚度 $h \leqslant 0.5b$ 时的 σ_z 分布

思 考 题

2-1 何谓土的自重应力和附加应力？两者沿深度的分布有什么特点？

2-2 在公式 $p_0 = p - \sigma_{cd} = \dfrac{F}{A} + 20d - 10h_w - \gamma_m d$ 中，前后两个埋深 d 的取法有何不同？为什么？

2-3 地基附加应力的分布有哪些规律？

习 题

2-1 某工程地基剖面如图，基岩埋深7.5m，其上分别为粗砂及黏土层，粗砂层厚4.5m，黏土层厚3.0m，地下水位在地面下2.1m处，各土层的物理性质指标示于图中。

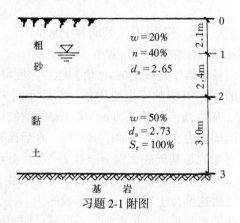

习题2-1附图

(1) 计算点0，1，2，3 的 σ_{cz} 大小，并绘出其分布图。

(2) 设粗砂层的静止侧压力系数 $K_0 = 0.25$，求地面下2m和4m深处土的侧向自重应力 σ_{cx}。

(3) 若地下水位从原水位下降到黏土层的表面，此时土中的竖向自重应力分布将有何变化？

（答案：(1) 0，40.1，63.9，85.8kPa；(2) 9.5，14.7kPa；(3) 2、3 点竖向自重应力各增加22kPa，即为85.9，107.8kPa）

2-2 某建筑场地的地层分布均匀，第一层杂填土厚1.5m，$\gamma = 17$kN/m³；第二层粉质黏土厚4m，$\gamma = 19$kN/m³，$\gamma_{sat} = 19.2$kN/m³，地下水位在地面下2m深处；第三层淤泥质土厚8m，$\gamma_{sat} = 18.2$kN/m³；第四层粉土厚3m，$\gamma_{sat} = 19.7$kN/m³；第五层砂岩未钻穿。试计算各层交界处的竖向自重应力 σ_c，并绘出 σ_c 沿深度的分布图。

（答案：25.5，35.0，67.2，132.8，161.9kPa）

2-3 同例题2-3，但 $F = 900$kN，$M = 150$kN·m。

（答案：185，235，135，158.9kPa）

2-4 某墙下条形基础底面宽度 $b=1.2\text{m}$，埋深 $d=1.2\text{m}$，作用在基础顶面的竖向荷载 $F=180\text{kN/m}$，试求基底压力 p。

（答案：174kPa）

2-5 有一矩形均布荷载 $p_0=250\text{kPa}$，受荷面积为 2m×6m 的矩形，见附图，试求 O、B 下方，深度分别为 0，2，4，6，8，10m 处的竖向附加应力，并绘出应力分布图。

（答案：σ_{zO} 分别为 250，131.4，60.3，32.5，19.8，13.2kPa；σ_{zB} 分别为 125，68.4，36.7，23，15.6，11.1kPa）

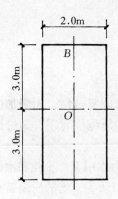

习题 2-5 附图

第三章 土的压缩性及地基沉降

第一节 土的压缩性

一、基本概念

第二章在概述部分已指出,由于地基土的非均质性和土性状的复杂性,由附加应力引起的地基沉降一般不宜直接按弹性力学公式求解,而应从土的压缩性着手,通过试验取得土的压缩性指标,然后用简化计算方法进行计算。

土在压力作用下体积缩小的特性称为土的压缩性。在一般压力作用下,土粒和水的压缩量与土的总压缩量相比是很微小的,可以忽略不计,因此,可以认为,土的压缩就是土中孔隙体积的减小。在这一压缩过程中,颗粒间产生相对移动、重新排列并互相挤紧,同时,土中一部分孔隙水和气体被挤出(对饱和土而言,则仅有一部分孔隙水被挤出)。

土体完成压缩过程所需的时间与土的透水性有很大的关系。无黏性土因透水性较大,其压缩变形可在短时间内趋于稳定;而透水性小的饱和黏性土,其压缩稳定所需的时间则可长达几个月、几年甚至几十年。土的压缩随时间而增长的过程,称为土的固结。对于饱和黏性土来说,土的固结问题是十分重要的。

二、土的压缩性指标

土的压缩性指标可通过室内试验或原位试验来测定。试验时应力求试验条件与土的天然状态及其在外荷作用下的实际应力条件相适应。

1. 压缩试验和压缩曲线

在一般工程中,常用不允许土样产生侧向变形(侧限条件)的室内压缩试验(又称侧限压缩试验或固结试验)来测定土的压缩性指标,其试验条件虽未能完全符合土的实际工作情况,但操作简便,试验时间短,故有其实用价值。

室内压缩试验是用侧限压缩仪(又称固结仪)进行的。试验时,用金属环刀切取保持天然结构的原状土样,并置于圆筒形压缩容器(图 3-1)的刚性护环内,土样上、下各垫有一块透水石,使土样受压后土中水可以自由地从上、下两面排出。由于金属环刀和刚性护环的限制,土样在压力作用下只可能发生竖向压缩,而无侧向变形(土样横截面积不变)。土样在天然状态下或经人工饱和后,进行逐级加压固结,求出在各级压力作用下土样压缩稳定后的孔隙比,便可绘制土的压缩曲线。

如图 3-2 所示,设土样的初始高度为 h_0,受压后的高度为 h,s 为压力 p 作用下土样压缩稳定后的下沉量。根据孔隙比的定义,假设土样的土粒体积 $V_s = 1$(不变),则土样在受压前的体积为 $1+e_0$,受压后的体积为 $1+e$(e_0 为土的初始孔隙比,e 为受压稳定后的孔隙比)。根据受压前后土粒体积不变和土样横截面积不变这两个条件,可得:

$$\frac{1+e_0}{h_0}=\frac{1+e}{h}=\frac{1+e}{h_0-s} \tag{3-1a}$$

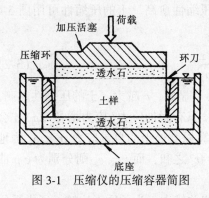

图 3-1 压缩仪的压缩容器简图

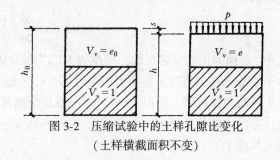

图 3-2 压缩试验中的土样孔隙比变化
(土样横截面积不变)

由此,土样压缩稳定后的孔隙比计算公式为:

$$e=e_0-\frac{s}{h_0}(1+e_0) \tag{3-1b}$$

式中:$e_0=\frac{\gamma_w d_s(1+w_0)}{\gamma_0}-1$,其中 d_s、w_0、γ_0 分别为土粒相对密度、土样的初始含水量和初始重度。这样,只要测定土样在各级压力 p 作用下的稳定压缩量 s,就可按上式算出相应的孔隙比 e,从而绘制压力和孔隙比关系曲线,即压缩曲线。

压缩曲线有两种绘制方式(图 3-3),常用的一种是采用普通直角坐标绘制的 e-p 曲线,压力 p 按 50,100,200,400kPa 四级加荷;另一种的横坐标则取 p 的常用对数值,即采用半对数直角坐标纸绘制 e-$\lg p$ 曲线,压力等级宜为 12.5,25,50,100,200,

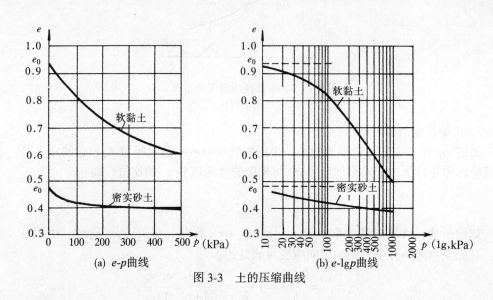

图 3-3 土的压缩曲线

71

400，800，1 600 和 3 200kPa。

2. 压缩系数

由图 3-3(a)可见，密实砂土的 e-p 曲线比较平缓，而压缩性较大的软黏土的 e-p 曲线则较陡，这表明压缩性不同的土，其 e-p 曲线的形状是不一样的。曲线愈陡，说明随着压力的增加，土孔隙比的减小愈显著，因而土的压缩性愈高。土的压缩性可用图 3-4 中割线 M_1M_2 的斜率来表示，即

$$a = \tan\alpha = \frac{\Delta e}{\Delta p} = \frac{e_1 - e_2}{p_2 - p_1} \tag{3-2}$$

式中：a 称为土的压缩系数，单位为 $MPa^{-1}(m^2/MN)$。显然，a 越大，土的压缩性越高。由于地基土在自重应力作用下的变形通常已经稳定，只有附加应力(应力增量 Δp)才会产生新的地基沉降，所以上式中 p_1 一般是指地基计算深度处土的自重应力 σ_c，p_2 为地基计算深度处的总应力，即自重应力 σ_c 与附加应力 σ_z 之和，而 e_1、e_2 则分别为 e-p 曲线上相应于 p_1、p_2 的孔隙比。

不同类别与处于不同状态的土，其压缩性可能相差较大。为了便于比较，通常采用由 $p_1 = 100$kPa 和 $p_2 = 200$kPa 求出的压缩系数 a_{1-2} 来评价土的压缩性的高低：

当 $a_{1-2} < 0.1$MPa^{-1} 时，属低压缩性土；

当 $0.1 \leq a_{1-2} < 0.5$MPa^{-1} 时，属中压缩性土；

当 $a_{1-2} \geq 0.5$MPa^{-1} 时，属高压缩性土。

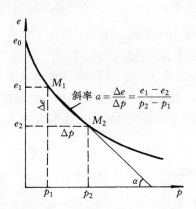

图 3-4 以 e-p 曲线确定压缩系数 a

3. 压缩模量(侧限压缩模量)

通过 e-p 曲线，还可求得土的另一个压缩性指标——压缩模量 E_s。它的定义是：土在完全侧限条件下的竖向附加应力 σ_z 与相应的竖向应变 ε_z 的比值，即

$$E_s = \frac{\sigma_z}{\varepsilon_z}$$

如前所述，计算时通常取 $p_1 = \sigma_c$，$p_2 = \sigma_c + \sigma_z$，故有 $\sigma_z = p_2 - p_1$。同时，由图 3-5 可知，在完全侧限条件下，土的竖向应变可表达为：

$$\varepsilon_z = \frac{\Delta h}{h_1} = \frac{h_1 - h_2}{h_1} = 1 - \frac{h_2}{h_1} = 1 - \frac{1 + e_2}{1 + e_1} = \frac{e_1 - e_2}{1 + e_1}$$

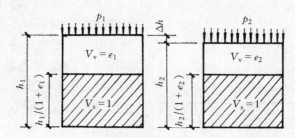

图 3-5 完全侧限条件下土样高度变化与孔隙比变化的关系(土样横截面积不变)

所以
$$E_s = \frac{\sigma_z}{\varepsilon_z} = \frac{p_2 - p_1}{e_1 - e_2}(1 + e_1) \tag{3-3}$$

将 $a = (e_1 - e_2)/(p_2 - p_1)$ 代入上式,得

$$E_s = \frac{1 + e_1}{a} \tag{3-4}$$

式中:E_s——土的压缩模量,MPa;

a——土的压缩系数,MPa^{-1},按式(3-2)计算;

e_1——自重应力所对应的孔隙比。

压缩模量 E_s 也可用来表达土的压缩性的高低,E_s 越小,则表示土的压缩性越高。

第二节 地基的最终沉降量计算

地基(基础)最终沉降量是指地基在建筑物荷载作用下,地基表面的最终稳定沉降量。对偏心荷载作用下的基础,则以基底中点沉降作为其平均沉降。计算地基最终沉降量的目的,在于确定建筑物的最大沉降量、沉降差或倾斜(见第七章第六节)等,并控制在允许范围以内,以保证建筑物的安全和正常使用。

常用的计算地基最终沉降量的方法有分层总和法及《建筑地基基础设计规范》(GB50007—2012)推荐方法。

一、分层总和法

采用分层总和法计算地基最终沉降量时,通常假定地基土压缩时不发生侧向变形,即采用侧限条件下的压缩性指标。为了弥补这样计算得到的沉降量偏小的缺点,通常取基底中心点下的附加应力 σ_z 进行计算。

将地基沉降计算深度 z_n 范围的土划分为若干个分层(图 3-6),按侧限条件分别计算各分层的压缩量,其总和即为地基最终沉降量。具体的计算步骤如下:

①按分层厚度 $h_i \leq 0.4b$(b 为基础宽度)或 1~2m 将基础下土层分成若干薄层,成层土的层面和地下水面是当然的分层面。

②计算基底中心点下各分层界面处的自重应力 σ_c 和附加应力 σ_z。当有相邻荷载影响时,σ_z 应包含此影响(参见例 2-4)。

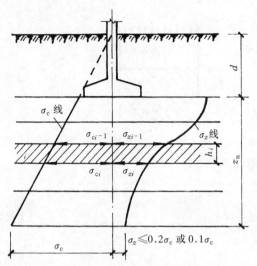

图 3-6 地基最终沉降量计算的分层总和法

③确定地基沉降计算深度 z_n。地基沉降计算深度是指基底以下需要计算压缩变形的土层总厚度,亦称为地基压缩层深度。在该深度以下的土层变形较小,可略去不计。确定 z_n 的方法是:该深度处应符合 $\sigma_z \leq 0.2\sigma_c$ 的要求;若其下方还存在高压缩性土,则要求 $\sigma_z \leq 0.1\sigma_c$。

④计算各分层的自重应力平均值 $p_{1i} = \dfrac{\sigma_{ci-1}+\sigma_{ci}}{2}$ 和附加应力平均值 $\Delta p_i = \dfrac{\sigma_{zi-1}+\sigma_{zi}}{2}$,且取 $p_{2i} = p_{1i} + \Delta p_i$。

⑤从 e-p 曲线上查得与 p_{1i}、p_{2i} 相对应的孔隙比 e_{1i}、e_{2i}。

⑥计算各分层土在侧限条件下的压缩量。计算公式为:

$$\Delta s_i = \varepsilon_i h_i = \frac{e_{1i}-e_{2i}}{1+e_{1i}} h_i \tag{3-5}$$

式中:Δs_i——第 i 分层土的压缩量,mm;

ε_i——第 i 分层土的平均竖向应变;

h_i——第 i 分层土的厚度,mm。

又因为

$$\varepsilon_i = \frac{e_{1i}-e_{2i}}{1+e_{1i}} = \frac{a_i(p_{2i}-p_{1i})}{1+e_{1i}} = \frac{\Delta p_i}{E_{si}} \tag{3-6}$$

所以又有

$$\Delta s_i = \frac{a_i(p_{2i}-p_{1i})}{1+e_{1i}} h_i = \frac{\Delta p_i}{E_{si}} h_i \tag{3-7}$$

式中:a_i 和 E_{si} 分别为第 i 分层土的压缩系数和压缩模量。

⑦计算地基的最终沉降量:

$$s = \sum_{i=1}^{n} \Delta s_i \tag{3-8}$$

式中:n 为地基沉降计算深度范围内所划分的土层数。

【例 3-1】 试用分层总和法计算例图 3-1 所示柱下方形独立基础的最终沉降量。自地表起各土层的重度为:粉土 $\gamma = 18\text{kN/m}^3$;粉质黏土 $\gamma = 19\text{kN/m}^3$,$\gamma_{sat} = 19.5\text{kN/m}^3$;黏土 $\gamma_{sat} = 20\text{kN/m}^3$。分别从粉质黏土层和黏土层中取土样做室内压缩试验,其 e-p 曲线见例图 3-2。柱传给基础的轴心荷载 $F = 2\,000\text{kN}$,方形基础底面边长为 4m。

【解】 (1)计算基底附加压力。

基底压力:

$$p = \frac{F}{A} + 20d = \frac{2\,000}{4\times 4} + 20\times 1.5 = 155 \text{ (kPa)}$$

基底处土的自重应力:

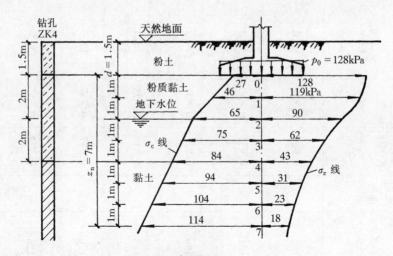

例图 3-1

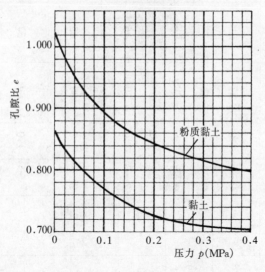

例图 3-2

$$\sigma_{cd} = 18 \times 1.5 = 27 \text{ (kPa)}$$

基底附加压力:

$$p_0 = p - \sigma_{cd} = 155 - 27 = 128 \text{ (kPa)}$$

(2) 对地基分层,取分层厚度为 1m。

(3) 计算各分层层面处土的自重应力 σ_c。基底、天然土层层面和地下水位处各点的自重应力为:

0 点 $\sigma_c = 18 \times 1.5 = 27 \text{ (kPa)}$

2 点 $\sigma_c = 27 + 19 \times 2 = 65 \text{ (kPa)}$

4 点 $\sigma_c = 65 + (19.5 - 10) \times 2 = 84 \text{ (kPa)}$

各分层层面处的 σ_c 计算结果见例图 3-1 和例表 3-1。

例表 3-1 用分层总和法计算基础最终沉降量

点	自基底算起的深度 z (m)	自重应力 σ_c (kPa)	角点法求附加应力				σ_z/σ_c	分层	层厚 h_i (m)	σ_c 平均值 $p_{1i}=\dfrac{\sigma_{ci-1}+\sigma_{ci}}{2}$ (kPa)	σ_z 平均值 $\Delta p_i=\dfrac{\sigma_{zi-1}+\sigma_{zi}}{2}$ (kPa)	$p_{2i}=p_{1i}+\Delta p_i$ (kPa)	压缩曲线	受压前孔隙比 e_{1i}	受压后孔隙比 e_{2i}	压缩量 $\Delta s_i=\dfrac{e_{1i}-e_{2i}}{1+e_{1i}}h_i$ (mm)
			l/b	z/b	K_c	$\sigma_z=4K_c p_0$ (kPa)										
0	0	27		0	0.2500	128										
1	1.0	46		0.5	0.2315	119		0—1	1.0	37	124	161	粉质黏土	0.960	0.858	52.0
2	2.0	65		1.0	0.1752	90		1—2	1.0	56	105	161		0.935	0.858	39.8
3	3.0	75	2/2=1	1.5	0.1216	62		2—3	1.0	70	76	146		0.921	0.864	29.7
4	4.0	84		2.0	0.0840	43		3—4	1.0	80	53	133		0.912	0.873	20.4
5	5.0	94		2.5	0.0604	31	0.22	4—5	1.0	89	37	126	黏土	0.777	0.757	11.3
6	6.0	104		3.0	0.0447	23		5—6	1.0	99	27	126		0.772	0.757	8.5
7	7.0	114		3.5	0.0344	18	0.16<0.2	6—7	1.0	109	21	130		0.765	0.754	6.2

(4) 计算基底中心点下各分层层面处的附加应力 σ_z。基底中心点可看成是四个相等的小方形面积的公共角点，其长宽比 $l/b = 2/2 = 1$，用角点法得到的 σ_z 计算结果列于例表 3-1。

(5) 计算各分层的自重应力平均值 p_{1i} 和附加应力平均值 Δp_i，以及 $p_{2i} = p_{1i} + \Delta p_i$。例如，对 0—1 分层：$p_{1i} = \dfrac{\sigma_{ci-1} + \sigma_{ci}}{2} = \dfrac{27+46}{2} \approx 37$（kPa），$\Delta p_i = \dfrac{\sigma_{zi-1} + \sigma_{zi}}{2} = \dfrac{128+119}{2} \approx 124$（kPa），$p_{2i} = p_{1i} + \Delta p_i = 37 + 124 = 161$（kPa）。

(6) 确定地基沉降计算深度 z_n。在 6m 深处（点 6），$\sigma_z / \sigma_c = 23/104 = 0.22 > 0.2$（不行），在 7m 深处（点 7），$\sigma_z / \sigma_c = 18/114 = 0.16 < 0.2$（可以）。

(7) 确定各分层受压前后的孔隙比 e_{1i} 和 e_{2i}。按各分层的 p_{1i} 及 p_{2i} 值从粉质黏土或黏土的压缩曲线（见例图 3-2）上查取孔隙比。例如，对 0—1 分层：按 $p_{1i} = 37$kPa 从粉质黏土的压缩曲线上得 $e_{1i} = 0.960$，按 $p_{2i} = 161$kPa 则得 $e_{2i} = 0.858$。其余各分层孔隙比的确定结果列于例表 3-1。

(8) 计算各分层土的压缩量 Δs_i。例如，对 0—1 分层：$\Delta s_i = \dfrac{e_{1i} - e_{2i}}{1 + e_{1i}} h_i = \dfrac{0.960 - 0.858}{1 + 0.960} \times 1\,000 = 52.0$（mm）。

(9) 计算基础的最终沉降量。从例表 3-1 中得：

$$s = \sum_{i=1}^{n} \Delta s_i = 52.0 + 39.8 + 29.7 + 20.4 + 11.3 + 8.5 + 6.2 = 167.9 \text{（mm）}$$

二、规范方法

《建筑地基基础设计规范》（GB 50007—2012）推荐的计算地基最终沉降量的方法，其实质是在分层总和法的基础上，采用平均附加应力面积的概念，按天然土层界面分层（以简化由于过多分层所引起的繁琐计算），并结合大量工程沉降观测值的统计分析，以沉降计算经验系数 ψ_s 对地基最终沉降量计算值加以修正。

1. 采用平均附加应力系数计算沉降量的基本公式

按式(3-7)，图 3-7 中第 i 分层土的压缩量可按下式计算：

$$\Delta s_i' = \dfrac{\Delta p_i}{E_{si}} h_i = \dfrac{\Delta A_i}{E_{si}} = \dfrac{A_i - A_{i-1}}{E_{si}} \tag{3-9}$$

式中：$\Delta A_i = \Delta p_i h_i$ 为第 i 分层附加应力图形面积（图中面积 5 6 4 3），故规范方法亦称为应力面积法；A_i 和 A_{i-1} 分别为从基底起至 z_i 和 z_{i-1} 深度处的附加应力图形面积（图中面积 1 2 4 3 和 1 2 6 5）。将应力面积 A_i、A_{i-1} 分别等代成高度仍为 z_i、z_{i-1} 的矩形，该等代矩形的宽度可用 $\bar{\alpha}_i p_0$ 和 $\bar{\alpha}_{i-1} p_0$（即平均附加应力，见图 3-7）表示，则 $A_i = \bar{\alpha}_i p_0 z_i$，$A_{i-1} = \bar{\alpha}_{i-1} p_0 z_{i-1}$。将此二式代入式(3-9)，得

$$\Delta s_i' = \dfrac{p_0}{E_{si}} (z_i \bar{\alpha}_i - z_{i-1} \bar{\alpha}_{i-1}) \tag{3-10}$$

上式为规范方法计算第 i 分层压缩量的基本公式，式中 $\bar{\alpha}_i$ 和 $\bar{\alpha}_{i-1}$ 分别为深度 z_i、z_{i-1} 范围内的竖向平均附加应力系数。

2. 地基沉降计算深度

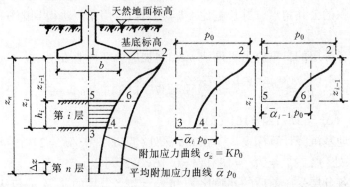

图 3-7 采用平均附加应力系数 $\bar{\alpha}$ 计算沉降量的分层示意图

与分层总和法的规定不同，规范方法规定地基沉降计算深度 z_n 应符合下式要求：

$$\Delta s'_n \leqslant 0.025 \sum_{i=1}^{n} \Delta s'_i \tag{3-11}$$

式中：$\Delta s'_i$——在计算深度范围内，第 i 分层土的计算压缩量，mm；

$\Delta s'_n$——由计算深度处向上取厚度为 Δz（见图 3-7）的土层的计算压缩量，mm，Δz 按表 3-1 确定。

按上式确定的沉降计算深度下如有较软土层，尚应向下继续计算，直至软弱土层中所取规定厚度 Δz 的计算压缩量满足上式要求为止。

表 3-1　　　　　　　　　　　　　　Δz 值

b(m)	$b \leqslant 2$	$2 < b \leqslant 4$	$4 < b \leqslant 8$	$8 < b$
Δz(m)	0.3	0.6	0.8	1.0

当无相邻荷载影响，基础宽度在 1~30m 范围内时，规范规定，基础中点的地基沉降计算深度也可按下列简化公式计算：

$$z_n = b(2.5 - 0.4\ln b) \tag{3-12}$$

式中：b——基础宽度，m；$\ln b$ 为 b 的自然对数值。

在沉降计算深度范围内存在基岩时，z_n 可取至基岩表面；当存在较厚的坚硬黏性土层，其孔隙比小于 0.5、压缩模量大于 50MPa，或存在较厚的密实砂卵石层，其压缩模量大于 80MPa 时，z_n 可取至该层土表面。

3. 地基最终沉降量

规范推荐的地基最终沉降量计算公式如下：

$$s = \psi_s s' = \psi_s \sum_{i=1}^{n} \Delta s'_i = \psi_s \sum_{i=1}^{n} \frac{p_0}{E_{si}}(z_i \bar{\alpha}_i - z_{i-1} \bar{\alpha}_{i-1}) \tag{3-13}$$

式中：s——地基最终沉降量，mm；

s'——按分层总和法计算出的地基沉降量（包括考虑相邻荷载的影响），mm；

n——地基沉降计算深度范围内所划分的土层数，一般可按天然土层划分；

ψ_s——沉降计算经验系数,根据地区沉降观测资料及经验确定,也可采用表 3-2 中的数值,表中 $\bar{E}_s$ 为深度 z_n 范围内土的压缩模量当量值,按下式计算:

$$\bar{E}_s = \frac{A_n}{s'} = \frac{p_0 z_n \bar{\alpha}_n}{s'} \tag{3-14}$$

式中：p_0——基底附加压力；

E_{si}——基础底面下第 i 层土的压缩模量,按实际应力范围取值；

z_i、z_{i-1}——基础底面至第 i 层土、第 $i-1$ 层土底面的距离；

$\bar{\alpha}_i$、$\bar{\alpha}_{i-1}$、$\bar{\alpha}_n$——基础底面计算点至第 i 层土、第 $i-1$ 层土和第 n 层土底面范围内平均附加应力系数,可按表 3-3 查取；

A_n——深度 z_n 范围内的附加应力图形面积。

表 3-2　　　　　　　　　　沉降计算经验系数 ψ_s

基底附加压力 \ $\bar{E}_s$(MPa)	2.5	4.0	7.0	15.0	20.0
$p_0 \geq f_{ak}$	1.4	1.3	1.0	0.4	0.2
$p_0 \leq 0.75 f_{ak}$	1.1	1.0	0.7	0.4	0.2

注：表中 f_{ak} 为地基承载力特征值(见第七章)。

表 3-3　　　矩形面积上均布荷载作用下角点的平均附加应力系数 $\bar{\alpha}$

z/b \ l/b	1.0	1.2	1.4	1.6	1.8	2.0	2.4	2.8	3.2	3.6	4.0	5.0	10.0
0.0	0.2500	0.2500	0.2500	0.2500	0.2500	0.2500	0.2500	0.2500	0.2500	0.2500	0.2500	0.2500	0.2500
0.2	0.2496	0.2497	0.2497	0.2498	0.2498	0.2498	0.2498	0.2498	0.2498	0.2498	0.2498	0.2498	0.2498
0.4	0.2474	0.2479	0.2481	0.2483	0.2483	0.2484	0.2485	0.2485	0.2485	0.2485	0.2485	0.2485	0.2485
0.6	0.2423	0.2437	0.2444	0.2448	0.2451	0.2452	0.2454	0.2455	0.2455	0.2455	0.2455	0.2455	0.2456
0.8	0.2346	0.2372	0.2385	0.2395	0.2400	0.2403	0.2407	0.2408	0.2409	0.2409	0.2410	0.2410	0.2410
1.0	0.2252	0.2291	0.2313	0.2326	0.2335	0.2340	0.2346	0.2349	0.2351	0.2352	0.2352	0.2353	0.2353
1.2	0.2149	0.2199	0.2229	0.2248	0.2260	0.2268	0.2278	0.2282	0.2285	0.2286	0.2287	0.2288	0.2289
1.4	0.2043	0.2102	0.2140	0.2164	0.2180	0.2191	0.2204	0.2211	0.2215	0.2217	0.2218	0.2220	0.2221
1.6	0.1939	0.2006	0.2049	0.2079	0.2099	0.2113	0.2130	0.2138	0.2143	0.2146	0.2148	0.2150	0.2152
1.8	0.1840	0.1912	0.1960	0.1994	0.2018	0.2034	0.2055	0.2066	0.2073	0.2077	0.2079	0.2082	0.2084
2.0	0.1746	0.1822	0.1875	0.1912	0.1938	0.1958	0.1982	0.1996	0.2004	0.2009	0.2012	0.2015	0.2018
2.2	0.1659	0.1737	0.1793	0.1833	0.1862	0.1883	0.1911	0.1927	0.1937	0.1943	0.1947	0.1952	0.1955
2.4	0.1578	0.1657	0.1715	0.1757	0.1789	0.1812	0.1843	0.1862	0.1873	0.1880	0.1885	0.1890	0.1895
2.6	0.1503	0.1583	0.1642	0.1686	0.1719	0.1745	0.1779	0.1799	0.1812	0.1820	0.1825	0.1832	0.1838
2.8	0.1433	0.1514	0.1574	0.1619	0.1654	0.1680	0.1717	0.1739	0.1753	0.1763	0.1769	0.1777	0.1784

续表

z/b \ l/b	1.0	1.2	1.4	1.6	1.8	2.0	2.4	2.8	3.2	3.6	4.0	5.0	10.0
3.0	0.1369	0.1449	0.1510	0.1556	0.1592	0.1619	0.1658	0.1682	0.1698	0.1708	0.1715	0.1725	0.1733
3.2	0.1310	0.1390	0.1450	0.1497	0.1533	0.1562	0.1602	0.1628	0.1645	0.1657	0.1664	0.1675	0.1685
3.4	0.1256	0.1334	0.1394	0.1441	0.1478	0.1508	0.1550	0.1577	0.1595	0.1607	0.1616	0.1628	0.1639
3.6	0.1205	0.1282	0.1342	0.1389	0.1427	0.1456	0.1500	0.1528	0.1548	0.1561	0.1570	0.1583	0.1595
3.8	0.1158	0.1234	0.1293	0.1340	0.1376	0.1408	0.1452	0.1482	0.1502	0.1516	0.1526	0.1541	0.1554
4.0	0.1114	0.1189	0.1248	0.1294	0.1332	0.1362	0.1408	0.1438	0.1459	0.1474	0.1485	0.1500	0.1516
4.2	0.1073	0.1147	0.1205	0.1251	0.1289	0.1319	0.1365	0.1396	0.1418	0.1434	0.1445	0.1462	0.1479
4.4	0.1035	0.1107	0.1164	0.1210	0.1248	0.1279	0.1325	0.1357	0.1379	0.1396	0.1407	0.1425	0.1444
4.6	0.1000	0.1070	0.1127	0.1172	0.1209	0.1240	0.1287	0.1319	0.1342	0.1359	0.1371	0.1390	0.1410
4.8	0.0967	0.1036	0.1091	0.1136	0.1173	0.1204	0.1250	0.1283	0.1307	0.1324	0.1337	0.1357	0.1379
5.0	0.0935	0.1003	0.1057	0.1102	0.1139	0.1169	0.1216	0.1249	0.1273	0.1291	0.1304	0.1325	0.1348
6.0	0.0805	0.0866	0.0916	0.0957	0.0991	0.1020	0.1065	0.1098	0.1123	0.1142	0.1157	0.1180	0.1208
7.0	0.0705	0.0761	0.0806	0.0844	0.0877	0.0904	0.0947	0.0980	0.1005	0.1024	0.1040	0.1065	0.1097
8.0	0.0627	0.0678	0.0720	0.0755	0.0785	0.0811	0.0853	0.0886	0.0910	0.0932	0.0947	0.0973	0.1008
10.0	0.0514	0.0556	0.0592	0.0622	0.0649	0.0672	0.0710	0.0739	0.0762	0.0783	0.0798	0.0825	0.0861
12.0	0.0435	0.0471	0.0502	0.0529	0.0552	0.0573	0.0606	0.0634	0.0656	0.0674	0.0690	0.0719	0.0754
16.0	0.0322	0.0361	0.0385	0.0407	0.0426	0.0444	0.0469	0.0491	0.0511	0.0520	0.0540	0.0567	0.0625
20.0	0.0269	0.0292	0.0312	0.0330	0.0345	0.0359	0.0383	0.0402	0.0418	0.0432	0.0444	0.0468	0.0524

注：b、l 分别为基础的宽度和长度。

【例 3-2】 试按规范方法计算例 3-1 中的柱基础的最终沉降量。设 $f_{ak} = 180\text{kPa}$。

【解】 (1) 计算 p_0：

见例 3-1，$p_0 = 128\text{kPa}$。

(2) 确定分层厚度：

按天然土层分层，地下水面亦按分层面处理。这样，地基共分三层：第一层粉质黏土层厚 2m；第二层粉质黏土层(有地下水)厚 2m；第三层为黏土层，厚度为该层层面至沉降计算深度处。

(3) 确定 z_n：

由于无相邻荷载影响，地基沉降计算深度 z_n 可按式(3-12)计算，即

$$z_n = b(2.5 - 0.4\ln b) = 4(2.5 - 0.4\ln 4) \approx 7.8 \text{ (m)}$$

取 $z_n = 8\text{m}$。

(4) 计算 E_{si}：

以各分层中点处的应力作为该分层的平均应力。由于例 3-1 中点 1，3，6 正好是现各分层的中点，故可将有关计算结果摘录过来，从压缩曲线上查出相应的 e_{1i}、e_{2i}，再按式(3-3)计算 E_{si}，见例表 3-2。

例表 3-2

分层	层厚(m)	分层中点编号	自重应力 $\sigma_{ci}=p_{1i}$ (kPa)	附加应力 $\sigma_{zi}=\Delta p_i$ (kPa)	$p_{2i}= \sigma_{ci}+\sigma_{zi}$ (kPa)	压缩曲线	受压前孔隙比 e_{1i}	受压后孔隙比 e_{2i}	$E_{si}=(1+e_{1i}) \times \dfrac{\Delta p_i}{e_{1i}-e_{2i}}$ (MPa)
0—2	2.0	1	46	119	165	粉质黏土	0.947	0.855	2.52
2—4	2.0	3	75	62	137	粉质黏土	0.916	0.868	2.47
4—8	4.0	6	104	23	127	黏土	0.768	0.756	3.39

（5）计算 $\bar{\alpha}_i$：

计算基底中心点下的 $\bar{\alpha}_i$ 时，应过中心点将基底划分为 4 块相同的小面积，其长宽比 $l/b=2/2=1$，按角点法查表 3-3，查出的数值还需按叠加原理乘以 4（4 块相同的小面积）。计算结果见例表 3-3。

（6）计算 $\Delta s_i'$ 和 s'：

按式(3-10)计算 $\Delta s_i'$，例如，对 0—2 分层：

$$\Delta s_i' = \dfrac{p_0}{E_{si}}(z_i\bar{\alpha}_i - z_{i-1}\bar{\alpha}_{i-1}) = \dfrac{128}{2.52}(2\times 0.900\,8 - 0\times 1) = 91.5\ (\text{mm})$$

其余计算见例表 3-3。

例表 3-3

点	z (m)	l/b	z/b	$\bar{\alpha}_i$	$z_i\alpha_i$ (m)	分层	$z_i\bar{\alpha}_i - z_{i-1}\bar{\alpha}_{i-1}$ (m)	E_{si} (MPa)	$\Delta s_i'$ (mm)	$\Sigma\Delta s_i'$ (mm)
0	0		0	$4\times 0.250\,0 = 1.000\,0$	0	0—2	1.802	2.52	91.5	
2	2.0	2/2=1	1.0	$4\times 0.225\,2 = 0.900\,8$	1.802	2—4	0.992	2.47	51.4	
4	4.0		2.0	$4\times 0.174\,6 = 0.698\,4$	2.794	4—8	0.771	3.39	29.1	172
8	8.0		4.0	$4\times 0.111\,4 = 0.445\,6$	3.565					

（7）确定 ψ_s：

$$\bar{E}_s = \dfrac{p_0 z_n \bar{\alpha}_n}{s'} = \dfrac{128\times 3.565}{172} = 2.65\ (\text{MPa})$$

由 $p_0 < 0.75 f_{ak}$，查表 3-2，得

$$\psi_s = 1.1 + \dfrac{2.65-2.5}{4.0-2.5}\times(1.0-1.1) = 1.09$$

(8) 计算地基最终沉降量：

$$s = \psi_s s' = \psi_s \sum_{i=1}^{n} \Delta s'_i = 1.09 \times 172 = 187 \text{ (mm)}$$

三、三种特殊情况下的地基沉降计算

在实际工程中，常常会遇到薄压缩层地基、大范围地下水位下降或地面大面积堆载（如填土）引起的沉降计算问题。在这三种情况下，地基附加应力 σ_z 随深度呈线性分布，土层压缩时只出现很少的侧向变形，因而它们与压缩仪中土样的受力和变形条件很接近，故地基最终沉降量的计算可直接利用侧限条件下的计算公式，即式(3-5)或式(3-7)及式(3-8)来计算。同时，地基的分层可按天然土层划分。

1. 薄压缩层地基

当基础底面以下可压缩土层的厚度 h 小于或等于基底宽度 b 的 1/2 时（图 3-8），由于基底摩阻力和岩层层面摩阻力对可压缩土层的约束作用，基底中心点下的附加应力几乎不扩散，即 $\sigma_z \approx p_0$，土层压缩时只有竖向变形而侧向变形很小，故根据侧限压缩条件，地基的最终沉降量为：

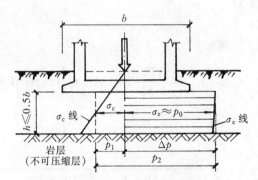

图 3-8　薄压缩层地基的沉降计算

$$s = \frac{e_1 - e_2}{1 + e_1} h = \frac{a\sigma_z}{1 + e_1} h = \frac{\sigma_z}{E_s} h \tag{3-15}$$

式中：h——薄压缩层的厚度；

σ_z——附加应力平均值，近似等于基底附加压力 p_0；

e_1、e_2——分别为根据薄压缩层的自重应力平均值 σ_c（即 p_1）、σ_c 与 σ_z 之和（即 p_2），从土的压缩曲线上得到的相应的孔隙比；

a、E_s——分别为薄压缩层的压缩系数和压缩模量。

2. 地下水位下降

上一章已讨论过，地下水位长时间下降会导致土的自重应力增大（图 2-3(a)）。新增加的这部分自重应力可视为附加应力 σ_z，在原水位与新水位之间，σ_z 呈三角形分布，在新水位以下，σ_z 为一常量。在 σ_z 的作用之下，地基将产生新的压缩变形。可用式(3-15)计算原地下水位下某一土层的压缩量，或在各土层的压缩量求出后，求其总和即为地面的下沉量。

3. 大面积地面堆载

最常见的地面堆载形式是大面积地面填土。设填土厚度为 h，重度为 γ，则作用于天然地面上的堆土荷载为 $p_0=\gamma h$。在天然地面以下，堆土荷载产生附加应力 $\sigma_z=p_0$，在填土层本身，σ_z 呈三角形分布（图 2-3(c)）。由 σ_z 所产生的地基沉降可按式（3-15）计算，但须注意，计算自重应力时应从天然地面起算。此外，由于填土的厚度和范围往往很大，沉降计算深度很深，故地面的下沉量可能是很可观的。

【例 3-3】 在天然地面上填筑大面积填土，厚度为 3m，重度 $\gamma=18\text{kN/m}^3$。天然土层为两层，第一层为粗砂，第二层为黏土，地下水位在天然地面下 1.0m 深处（例图 3-3）。试根据所给黏土层的压缩试验资料（例表 3-4），计算：（1）在填土压力作用下黏土层的沉降量是多少？（2）当上述沉降稳定后，地下水位突然下降到黏土层顶面，试问由此而产生的黏土层附加沉降是多少？

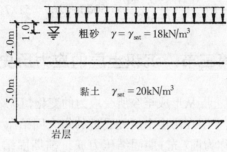

例图 3-3

例表 3-4　　　　　　　　　黏土的压缩试验资料

p(kPa)	0	50	100	200	400
e	0.852	0.758	0.711	0.651	0.635

【解】（1）填土压力：
$$p_0=\gamma h=18\times 3=54 \text{（kPa）}$$
黏土层自重应力平均值（以黏土层中部为计算点）：
$$p_1=\sigma_c=\Sigma\gamma_i h_i=18\times 1+(18-10)\times 3+(20-10)\times 2.5=67\text{（kPa）}$$
黏土层附加应力平均值：
$$\Delta p=\sigma_z=p_0=54\text{（kPa）}$$
由 $p_1=67\text{kPa}$，$p_2=p_1+\Delta p=121\text{kPa}$ 查黏土层压缩试验资料，得相应的孔隙比为：
$$e_1=0.758+\frac{67-50}{100-50}\times(0.711-0.758)=0.742$$
$$e_2=0.711+\frac{121-100}{200-100}\times(0.651-0.711)=0.698$$
黏土层的沉降量：
$$s=\frac{e_1-e_2}{1+e_1}h=\frac{0.742-0.698}{1+0.742}\times 5\,000=126\text{（mm）}$$
（2）当上述沉降稳定后，填土压力所引起的附加应力已全部转化为土的有效自重应

力,因此,水位下降前黏土层的自重应力平均值为:

$$p_1 = \sigma_c = 121 \text{ (kPa)}$$

水位下降到黏土层顶面时,黏土层的自重应力平均值 p_2 为(p_2 与 p_1 之差即为新增加的自重应力):

$$p_2 = 18 \times 3 + 18 \times 4 + (20-10) \times 2.5 = 151 \text{ (kPa)}$$

与 p_1、p_2 相应的孔隙比为:

$$e_1 = 0.698$$

$$e_2 = 0.711 + \frac{151-100}{200-100} \times (0.651 - 0.711) = 0.680$$

黏土层的附加沉降为:

$$s = \frac{e_1 - e_2}{1 + e_1} h = \frac{0.698 - 0.680}{1 + 0.698} \times (5000 - 126) = 51.7 \text{ (mm)}$$

第三节 沉积土层的应力历史

土层的应力历史是指土层从形成至今所受应力的变化情况。应力历史不同的土,其工程性质亦不相同。天然土层在历史上所经受过的最大固结压力(指土体在固结过程中所受的最大有效压力),称为前(先)期固结压力 p_c。前期固结压力 p_c 与现有自重应力 p_1 的比值(p_c/p_1)称为超固结比 OCR。根据超固结比,可将沉积土层分为正常固结土、超固结土和欠固结土三类。

(一)正常固结土(OCR=1)

天然土层逐渐沉积到现在地面,经历了漫长的地质年代,在土的自重作用下已经达到固结稳定状态,则其前期固结压力 p_c 等于现有的土自重应力 $p_1 = \gamma h$(γ 为土的重度,h 为现在地面下的计算点深度),这类土称为正常固结土,见图 3-9(a)。

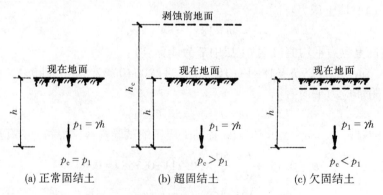

图 3-9 沉积土层按前期固结压力 p_c 分类

(二)超固结土(OCR>1)

若正常固结土受流水、冰川或人为开挖等的剥蚀作用而形成现在的地面,则前期固结压力 $p_c = \gamma h_c$(h_c 为剥蚀前地面下的计算点深度)就超过了现有的土自重应力 p_1(图 3-9

(b))。这类历史上曾经受过大于现有土自重应力的前期固结压力的土称为超固结土。与正常固结土相比,超固结土的强度较高,压缩性较低,静止侧压力系数较大(可大于1)。软弱地基处理方法之一的堆载预压法就是通过堆载预压使软弱土成为超固结土,从而提高其强度,降低其压缩性的。

(三) 欠固结土(OCR<1)

欠固结土主要有新近沉积黏性土、人工填土及地下水位下降后原水位以下的黏性土。这类土层在自重作用下还没有完全固结(图3-9(c)中虚线表示将来固结完毕后的地面),土中孔隙水压力仍在继续消散,因此,土的固结压力p_c必然小于现有土的自重应力p_1(这里p_1指的是土层固结完毕后的自重应力)。由于欠固结土层的沉降还未稳定,因此当地基主要受力层范围内有欠固结土层时,必须慎重处理。

第四节 地基沉降与时间的关系

前面已经讨论了地基最终沉降量的计算问题,但在工程实践中,还往往需要了解建筑物在施工期间或竣工以后某一时间的基础沉降量,以便控制施工速度,或确定建筑物有关部分之间的预留净空或连接方法。

无黏性土的透水性很好,其固结稳定所需的时间很短,通常在外荷载施加完毕时(如建筑物竣工),其沉降已经稳定;对于黏性土和粉土,因其透水性差,完成固结所需的时间往往很长,有的需要几年甚至几十年才能完成。因此,下面将要讨论的沉降与时间的关系是对黏性土和粉土而言的。

一、饱和土的渗透固结

在工程应用上,饱和土一般是指饱和度$S_r \geqslant 80\%$的土。此时,土中虽有少量气体存在,但大多为封闭气体,故可视为饱和土。饱和土在压力作用下,孔隙中的一部分水将随时间的推移而逐渐被挤出,同时孔隙体积随之缩小,这一过程称为饱和土的渗透固结或主固结。

现以图3-10所示的弹簧活塞模型来说明饱和土的渗透固结过程。在一个盛满水的圆筒中装着一个带有弹簧的活塞,弹簧上、下端连接着活塞和筒底,活塞上有许多透水小孔。施加外压力之前,弹簧不受力,圆筒内的水只有静水压力。在活塞上施加外压力的一瞬间,水还来不及从活塞上的小孔排出,水的体积不变,活塞不下降,因而弹簧没有变形(不受力),全部压力由圆筒内的水所承担。水受到超静水压力后开始经活塞小孔逐渐排出,受压活塞随之下降,此时弹簧长度缩短而承受压力且压力逐渐增加,直至外压力全部由弹簧承担为止。

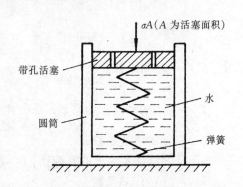

图3-10 土骨架和土中水分担应力变化的简单模型

设想以弹簧来模拟土骨架,圆筒内的水相当于孔隙水,活塞上的小孔代表土的透水性,则此模型可以用来说明饱和土在渗透固结中,土骨架和孔隙水对外压力(附加应力)的分担作用,即施加在饱和土上的外压力开始时全部由土中水承担,随着土孔隙中一些自由水的挤出,外压力逐渐转嫁给土骨架,直至全部由土骨架承担为止。

根据饱和土的有效应力原理(式(2-1)),在饱和土的固结过程中任一时间 t,土骨架承担的有效应力 σ' 与孔隙水承担的(超静)孔隙水压力 u 之和总是等于作用在土中的附加应力 σ_z,即

$$\sigma' + u = \sigma_z \tag{3-16}$$

由上式可知,在加压的那一瞬间,由于 $u = \sigma_z$,所以 $\sigma' = 0$;而在固结变形完全稳定时,$u = 0$,$\sigma' = \sigma_z$。因此,只要土中孔隙水压力还存在,就意味着土的渗透固结尚未完成。换句话说,饱和土的固结过程就是孔隙水压力的消散和有效应力相应增长的过程。

二、地基沉降与时间的关系

下面讨论地基在一维固结中的沉降与时间的关系。所谓一维固结,是指饱和黏土层在渗透固结过程中,孔隙水只沿一个方向渗流,同时土颗粒也只朝一个方向位移。例如,当荷载面积远大于压缩土层的厚度时,地基中的孔隙水主要沿竖向渗流,此即为一维固结问题。对于堤坝及其地基,孔隙水主要沿两个方向渗流,属于二维固结问题;对于房屋地基,则一般属于三维固结问题。

采用太沙基提出的一维固结理论可以求得地基在任一时间的固结沉降。此时,通常需要用到地基固结度 U 这个指标,其定义为:

$$U = \frac{s_t}{s} \tag{3-17}$$

式中:s_t——地基在某一时刻 t 的沉降量;

s——地基的最终沉降量。

地基固结度的实质是反映地基中孔隙水压力 u 的消散程度或有效应力 σ' 的增长程度。在外荷载施加的瞬间,孔隙水压力还来不及消散,$u = \sigma_z$,$\sigma' = 0$,故 $U = 0$;在地基固结过程中,$0 < U < 1$;当地基固结完成后,$u = 0$,$\sigma' = \sigma_z$,$U = 1$(或 $U = 100\%$)。

地基固结度 U 可按下式计算(推导过程略):

$$U = 1 - \frac{8}{\pi^2} \sum_{m=1,3}^{\infty} \frac{1}{m^2} e^{-\pi^2 m^2 T_v / 4} \tag{3-18}$$

式中:T_v——时间因数,$T_v = \dfrac{C_v t}{h^2}$;

C_v——土的竖向固结系数,$cm^2/$年,$C_v = \dfrac{k(1+e)}{\gamma_w a}$;

k——土的渗透系数;

e——固结开始时土的孔隙比;

a——土的压缩系数;

γ_w——水的重度;

t——固结时间;

h——压缩土层最远的排水距离,当土层为单面(上面或下面)排水时,h 取土层厚度;双面排水时,水由土层中心分别向上、下两个方向排出,此时 h 应取土层厚度的一半。

式(3-18)的级数收敛很快,当 $U>30\%$ 时,可近似地取其中第一项,即

$$U = 1 - \frac{8}{\pi^2} e^{-\pi^2 T_v/4} \tag{3-19}$$

为了便于应用,将式(3-18)绘制成如图 3-11 所示的 U-T_v 关系曲线($\alpha=1$)。该曲线适用于附加应力上下均匀分布的情况,也适用于双面排水情况。对于地基为单面排水且上下面附加应力又不相等的情况(如 σ_z 为梯形分布或三角形分布等),可由 $\alpha = \dfrac{\text{排水面附加应力}}{\text{不排水面附加应力}} = \dfrac{\sigma'_z}{\sigma''_z}$ 查图中相应的曲线。土层的排水面可以这样来判别:当土层的某一面为地面或砂层时,该面为排水面;若另一面也有砂层,则该土层为双面排水。

根据 U-T_v 关系曲线,可以求出某一时间 t 所对应的固结度,从而计算出相应的沉降 s_t;也可以按照某一固结度(相应的沉降为 s_t),推算出所需的时间 t。

【例 3-4】 某饱和黏土层的厚度为 10m,在大面积荷载 $p_0=120$kPa 作用下,设该土层的初始孔隙比 $e=1$,压缩系数 $a=0.3$MPa^{-1},渗透系数 $k=1.8$cm/a(年)。按黏土层在单面排水或双面排水条件下,分别求:(1)加荷后一年时的沉降量;(2)沉降量达 144mm 时所需的时间。

【解】 (1)求 $t=1$ 年时的沉降量:

黏土层中附加应力沿深度为均匀分布,故 $\sigma_z = p_0 = 120$ kPa。

黏土层的最终(固结)沉降量:

$$s = \frac{a\sigma_z}{1+e}h = \frac{0.3 \times 0.12}{1+1} \times 10\,000 = 180 \text{ (mm)}$$

由 $k=1.8$cm/a$=1.8 \times 10^{-2}$m/a,$a=0.3$MPa$^{-1}=3 \times 10^{-4}$kPa^{-1},$\gamma_w=10$kN/m^3 及 $e=1$ 计算土的竖向固结系数:

$$C_v = \frac{k(1+e)}{a\gamma_w} = \frac{1.8 \times 10^{-2} \times (1+1)}{3 \times 10^{-4} \times 10} = 12 \text{ (m}^2\text{/a)}$$

在单面排水条件下:$T_v = \dfrac{C_v t}{h^2} = \dfrac{12 \times 1}{10^2} = 0.12$,查图 3-11 中曲线 $\alpha=1$,得到相应的固结度 $U=39\%$,因此 $t=1$ 年时的沉降量:

$$s_t = U \cdot s = 0.39 \times 180 = 70.2 \text{ (mm)}$$

在双面排水条件下:$T_v = \dfrac{12 \times 1}{5^2} = 0.48$,查图 3-11 中曲线 $\alpha=1$,得 $U=75\%$,$t=1$a 时的沉降量为:

$$s_t = 0.75 \times 180 = 135 \text{ (mm)}$$

(2)求沉降达 144mm 时所需的时间:

固结度 $U = s_t/s = 144/180 = 80\%$

由图 3-11 查曲线 $\alpha=1$,得 $T_v=0.57$。

在单面排水条件下:

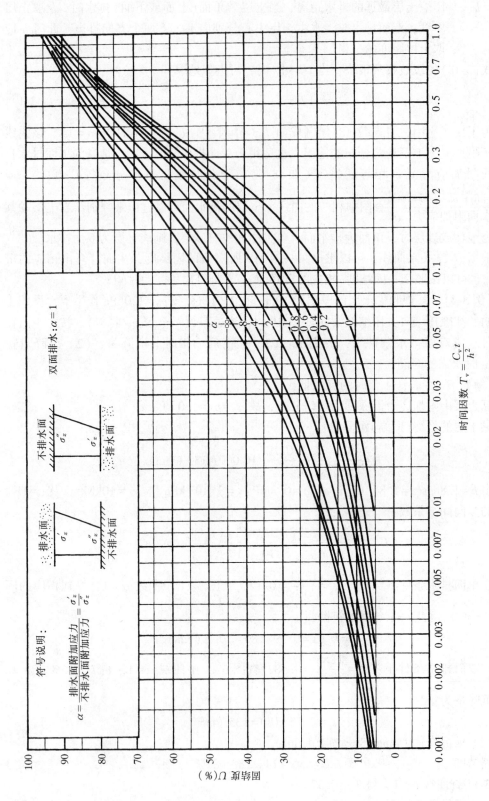

图3-11 时间因数 T_v 与固结度 U 的关系曲线

$$t = \frac{T_v h^2}{C_v} = \frac{0.57 \times 10^2}{12} = 4.75 \text{ (a)}$$

在双面排水条件下:

$$t = \frac{0.57 \times 5^2}{12} = 1.19 \text{ (a)}$$

思 考 题

3-1 室内压缩试验有何特点？如何确定土的压缩系数 a 和 a_{1-2}？
3-2 计算沉降的分层总和法与规范方法有何异同？
3-3 有效应力与孔隙水压力的物理意义是什么？在固结过程中两者是怎样变化的？
3-4 在一维固结过程中，土层厚度与排水条件对固结时间有何影响？

习 题

3-1 某矩形基础底面尺寸为 2.5m×4.0m，上部结构传到地面的竖向荷载 F = 1 500kN。土层厚度、地下水位等如附图所示，各土层的压缩试验数据见附表。要求：
(1) 计算粉土的压缩系数 a_{1-2} 及相应的压缩模量 E_{s1-2} 并评定其压缩性；
(2) 绘制黏土、粉质黏土和粉砂的压缩曲线；
(3) 用分层总和法计算基础的最终沉降量；
(4) 用规范方法计算基础的最终沉降量。

习题 3-1 附表　　　　　　　　　　　土的压缩试验资料

e　　　　　p(kPa)　　　土层	0	50	100	200	300
(1) 黏　　土	0.827	0.779	0.750	0.722	0.708
(2) 粉质黏土	0.744	0.704	0.679	0.653	0.641
(3) 粉　　砂	0.889	0.850	0.826	0.803	0.794
(4) 粉　　土	0.875	0.813	0.780	0.740	0.726

(答案：(1) a_{1-2} = 0.4MPa^{-1}，E_{s1-2} = 4.45MPa，中压缩性土；(3) z_n = 6.5m，分层厚度分别为 1，1，1，1，1.5，1m，s = 97.8mm；(4) z_n = 5.3m，s' = 97.4mm，s = 96.7mm)

3-2 某基础长 4.8m，宽 3m，基底平均压力 p = 170kPa，基础底面标高处的土自重应力 σ_{cd} = 20kPa。地基为均质黏土层，厚度为 1.2m，孔隙比 e_1 = 0.8，压缩系数 a = 0.25MPa^{-1}，黏土层下为不可压缩的岩层。试计算基础的最终沉降量。

(答案：按薄压缩层地基计算，s = 25mm)

3-3 某地基中一饱和黏土层厚度为 4m，顶面、底面均为粗砂层，黏土层的平均竖

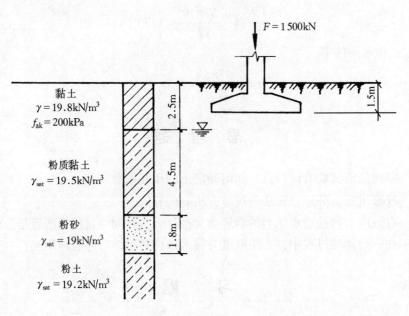

习题 3-1 附图

向固结系数 $C_v = 9.64 \times 10^3 \text{cm}^2/\text{a}$，压缩模量 $E_s = 4.82\text{MPa}$。若在地面上作用大面积均布荷载 $p_0 = 200\text{kPa}$，试求：(1) 黏土层的最终沉降量；(2) 达到最终沉降量之半所需的时间；(3) 若该黏土层下卧不透水层，则达到最终沉降量之半所需的时间又是多少？

(答案：(1) 166mm；(2) 0.81a；(3) 3.25a)

第四章 土的抗剪强度和地基承载力

第一节 概　　述

土体的破坏通常都是剪切破坏，例如，当土坡的坡度太陡时(图 4-1(a))，土坡上的一部分土体将沿着滑动面(剪切破坏面)向前滑动。地基土受过大的荷载作用时，也会出现部分土体沿着某一滑动面挤出(图 4-1(c))，导致建筑物严重下陷，甚至倾倒。这是因为土体是由固体颗粒所组成的，颗粒之间的联结强度远小于颗粒本身的强度。因此，在外力作用下，土体的破坏一般是由于一部分土体沿某一滑动面滑动而剪坏。可以说，土的强度问题实质上就是土的抗剪强度问题。抗剪强度是土的重要力学性质之一，实际工程中的地基承载力、挡土墙的土压力及土坡稳定等都受土的抗剪强度所控制。

土的抗剪强度是指土体抵抗剪切破坏的极限能力。在土体自重和外荷载作用下，土体内部将产生剪应力和剪切变形，同时也将引起抵抗这种剪切变形的剪阻力。随着剪应力的增加，剪阻力相应增大。当剪阻力增大到极限值时，土就处于剪切破坏的极限状态，此时剪应力也就达到极限。这个极限值就是土的抗剪强度。若土体内某一部分的剪应力达到土的抗剪强度，在该部分就开始出现剪切破坏。随着荷载的增加，剪切破坏的范围逐渐扩大，最终在土体中形成连续的滑动面，导致土体发生整体剪切破坏而丧失稳定性(图 4-1)。

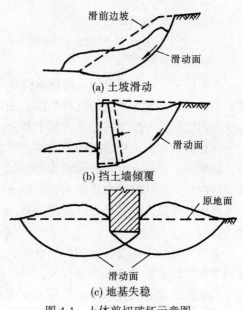

图 4-1　土体剪切破坏示意图

第二节　土的抗剪强度与极限平衡条件

一、库伦公式

库伦(C. A. Coulomb, 1773)总结了土的破坏现象和影响因素，将土的抗剪强度表达

为滑动面上法向应力的函数，即

$$\tau_f = c + \sigma \tan\varphi \tag{4-1}$$

式中：τ_f——土的抗剪强度，kPa；

σ——剪切滑动面上的法向应力（正应力），kPa；

c——土的黏聚力，kPa，对于无黏性土，$c=0$；

φ——土的内摩擦角，度。

式(4-1)称为库伦公式或库伦定律，c、φ 称为抗剪强度指标或抗剪强度参数。将库伦公式绘在 τ_f-σ 坐标中则成为一条直线（图4-2），该直线称为抗剪强度包线，φ 为直线与水平轴的夹角，c 为直线在纵轴上的截距。

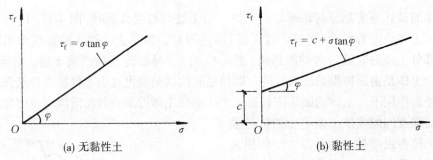

图 4-2 抗剪强度与法向应力之间的关系

由库伦公式可以看出，土的抗剪强度不是一个定值，而是随着剪切面上的法向应力的大小而变化。无黏性土的抗剪强度仅由摩擦力（与法向应力成正比）组成，而黏性土的抗剪强度包括摩擦力和黏聚力两个部分。存在于土体内部的摩擦力 $\sigma\tan\varphi$ 来源于两方面：一是剪切面上土粒之间的滑动摩擦阻力，二是凹凸面间的镶嵌作用所产生的摩擦阻力。黏聚力 c 是由土粒间的胶结作用、结合水膜以及分子引力作用等形成的。土粒愈细，塑性愈大，其黏聚力也愈大。虽然 φ、c 具有一定的物理意义，但并不能完全体现土体真正的摩擦力和黏聚力，因此将 φ、c 仅看做式(4-1)的直线方程的两个参数，似乎更为妥当。

土的抗剪强度不仅与土的性质有关，还与试验时的排水条件、剪切速率、所用的仪器类型和操作方法等许多因素有关，其中最重要的是试验时的排水条件。在第二章第一节中已指出，饱和土体承受的总应力 σ 是由土粒骨架和孔隙水分担的，即 $\sigma=\sigma'+u$。但孔隙水不能承担剪力，剪力是由土粒骨架来承担的。也就是说，土的抗剪强度不是取决于剪切面上的法向总应力 σ，而是取决于该面上的法向有效应力 σ'。因此，土的抗剪强度用有效应力来表达更为合理，即

$$\tau_f = c' + \sigma'\tan\varphi' = c' + (\sigma-u)\tan\varphi' \tag{4-2}$$

式中：c'、φ'——分别为有效黏聚力和有效内摩擦角，对于无黏性土，$c'=0$；

u——孔隙水压力。

因此，土的抗剪强度有两种表达方法，一种是以总应力 σ 表示剪切破坏面上的法向应力，抗剪强度表达式为式(4-1)，称为抗剪强度总应力法，相应的 c、φ 称为总应力强度指标或总应力强度参数；另一种则以有效应力 σ' 表示剪切破坏面上的法向应力，

其表达式为式(4-2)，称为抗剪强度有效应力法，c' 和 φ' 称为有效应力强度指标或有效应力强度参数。由于总应力法无须测定孔隙水压力，在应用上比较方便，故一般的工程问题多采用总应力法，但在选择试验的排水条件时，应尽量与现场土体的排水条件相接近。

二、土的极限平衡条件

1. 土中一点的应力状态

当土中某一点任一方向的剪应力达到土的抗剪强度 τ_f 时，称该点处于极限平衡状态，或称该点发生了剪切破坏。因此，为了研究土中某一点是否破坏，需要先了解土中该点的应力状态。

下面仅研究平面问题。在土体中取一单元微体（图4-3(a)），设竖直面和水平面为主平面，面上只作用有正应力即大主应力 σ_1 和小主应力 σ_3（$\sigma_1 > \sigma_3$），而无剪应力存在。在微体内与大主应力 σ_1 作用平面成任意角 α 的 mn 平面上有正应力 σ 和剪应力 τ。为了建立 σ、τ 与 σ_1、σ_3 之间的关系，取微棱柱体 abc 为隔离体（图4-3(b)），将各力分别在水平和垂直方向投影，根据静力平衡条件可得：

$$\sigma_3 \mathrm{d}s\sin\alpha - \sigma \mathrm{d}s\sin\alpha + \tau \mathrm{d}s\cos\alpha = 0$$

$$\sigma_1 \mathrm{d}s\cos\alpha - \sigma \mathrm{d}s\cos\alpha - \tau \mathrm{d}s\sin\alpha = 0$$

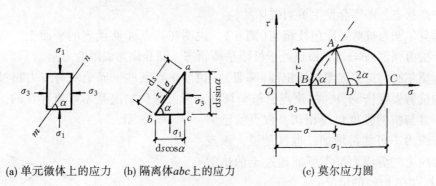

(a) 单元微体上的应力　(b) 隔离体 abc 上的应力　(c) 莫尔应力圆

图4-3　土体中任意点的应力

联立求解以上方程便得到 mn 平面上的正应力 σ 和剪应力 τ：

$$\sigma = \frac{1}{2}(\sigma_1 + \sigma_3) + \frac{1}{2}(\sigma_1 - \sigma_3)\cos 2\alpha \tag{4-3}$$

$$\tau = \frac{1}{2}(\sigma_1 - \sigma_3)\sin 2\alpha \tag{4-4}$$

由材料力学可知，土中某一点的应力状态既可用上述公式表示，也可用莫尔应力圆来描述（图4-3(c)）。即在 σ-τ 直角坐标系中，按一定的比例尺，沿 σ 轴截取 $OB = \sigma_3$，$OC = \sigma_1$，以 D 点 $\left(\dfrac{\sigma_1 + \sigma_3}{2}, 0\right)$ 为圆心，$\dfrac{\sigma_1 - \sigma_3}{2}$ 为半径作一圆，从 DC 开始逆时针旋转 2α 角，使 DA 线与圆周交于 A 点。可以证明，A 点的横坐标即为斜面 mn 上的正应力 σ，

纵坐标即为剪应力 τ。因此，莫尔圆可以表示土中某一点的应力状态，莫尔圆圆周上各点的坐标代表该点在相应平面上的正应力和剪应力，该面与大主应力作用面的夹角 α，等于 $\overset{\frown}{CA}$ 所含的圆心角的一半。由图4-3(c)可见，莫尔圆顶点所代表的平面与大主应力作用面的夹角 $\alpha = 45°$，该面上的剪应力为最大剪应力 $\tau_{max} = \frac{1}{2}(\sigma_1 - \sigma_3)$（即圆的半径），正应力 $\sigma = \frac{1}{2}(\sigma_1 + \sigma_3)$（即圆心的横坐标）。

在上述分析中，仍取压应力为正，拉应力为负，而绕单元微体逆时针转动的方向，为剪应力的正方向。从式(4-4)中可见，剪应力 τ 与 $(\sigma_1 - \sigma_3)$ 有关，$(\sigma_1 - \sigma_3)$ 称为主应力差。

2. 土的极限平衡条件

为判别土中某点的应力是否达到破坏，可以将抗剪强度包线与莫尔应力圆绘在同一坐标上并进行比较。它们之间的关系有以下三种情况（图4-4）：

①整个莫尔圆位于抗剪强度包线的下方（圆Ⅰ），说明该点在任何平面上的剪应力都

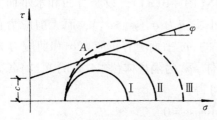

图4-4 莫尔圆与抗剪强度之间的关系

小于土所能发挥的抗剪强度（$\tau < \tau_f$），因而处于弹性平衡状态，即不会发生剪切破坏。

②莫尔圆与抗剪强度包线相切（圆Ⅱ），说明在切点 A 所代表的平面上，剪应力正好等于抗剪强度（$\tau = \tau_f$），该点处于极限平衡状态。圆Ⅱ称为极限应力圆。

③莫尔圆与抗剪强度包线相割（圆Ⅲ），说明该点某些平面上的剪应力超过了相应面上的抗剪强度（$\tau > \tau_f$），故该点已被剪坏。实际上这种情况是不可能存在的，因为莫尔圆一旦与抗剪强度包线相切，该点就已剪坏，剪应力不可能再增加。也就是说，该点任何方向上的剪应力都不可能超过土的抗剪强度（不存在 $\tau > \tau_f$ 的情况）。

根据极限应力圆与抗剪强度包线相切的几何关系（图4-5），可建立以 σ_1、σ_3 表示的土中一点的剪切破坏条件，即土的极限平衡条件。对于黏性土，由直角三角形 RAD 的几何关系得：

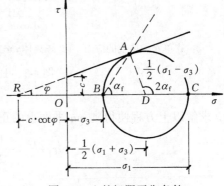

图4-5 土的极限平衡条件

$$\sin\varphi = \frac{\overline{AD}}{\overline{RD}} = \frac{\frac{1}{2}(\sigma_1 - \sigma_3)}{c\cot\varphi + \frac{1}{2}(\sigma_1 + \sigma_3)} \quad (4-5)$$

式中：cot 为余切函数符号。

利用三角函数关系转换，可得黏性土的极限平衡条件为：

第四章 土的抗剪强度和地基承载力

$$\sigma_1 = \sigma_3 \tan^2\left(45°+\frac{\varphi}{2}\right) + 2c\tan\left(45°+\frac{\varphi}{2}\right) \tag{4-6}$$

或

$$\sigma_3 = \sigma_1 \tan^2\left(45°-\frac{\varphi}{2}\right) - 2c\tan\left(45°-\frac{\varphi}{2}\right) \tag{4-7}$$

对于无黏性土，由于 $c=0$，由式(4-6)、式(4-7)可得：

$$\sigma_1 = \sigma_3 \tan^2\left(45°+\frac{\varphi}{2}\right) \tag{4-8}$$

或

$$\sigma_3 = \sigma_1 \tan^2\left(45°-\frac{\varphi}{2}\right) \tag{4-9}$$

在图4-5的三角形 RAD 中，由外角与内角的几何关系可得：

$$2\alpha_f = 90° + \varphi$$

即破裂角

$$\alpha_f = 45° + \frac{\varphi}{2} \tag{4-10}$$

上式说明破坏面与最大主应力 σ_1 作用面的夹角为 $\left(45°+\frac{\varphi}{2}\right)$。如前所述，土的抗剪强度 τ_f 实际上取决于有效应力，因此，式(4-10)中的 φ 取有效内摩擦角 φ' 时才代表实际的破裂角。

土的抗剪强度理论可归纳为如下几点：

①土的抗剪强度与该面上正应力的大小成正比。

②土的强度破坏是由于土中某点的剪应力达到土的抗剪强度所致。

③破裂面不发生在最大剪应力作用面上，而是在应力圆与抗剪强度包线相切的切点所代表的平面上，即与大主应力作用面成 $\alpha=45°+\varphi/2$ 交角的平面上。

④如果同一种土有几个试样在不同的大、小主应力组合下受剪破坏，则在 τ_f-σ 坐标图上可得几个莫尔极限应力圆，这些应力圆的公切线就是其抗剪强度包线(可视为一条直线)。

⑤土的极限平衡条件是判别土体中某点是否达到极限平衡状态的基本公式，这些公式在计算地基承载力和挡土墙上的土压力时均需用到。

【例4-1】 某黏性土地基的 $\varphi=25°$，$c=24\text{kPa}$，若地基中某点的大主应力 $\sigma_1=140\text{kPa}$，小主应力 $\sigma_3=30\text{kPa}$，问该点是否破坏？

【解】 为了加深对本节内容的理解，下面用三种方法求解。

(1) 若该点破坏，则破裂面与大主应力作用面的夹角 $\alpha=45°+\varphi/2=57.5°$，由式(4-3)和式(4-4)得破裂面上的正应力和剪应力为：

$$\sigma = \frac{1}{2}(\sigma_1+\sigma_3) + \frac{1}{2}(\sigma_1-\sigma_3)\cos 2\alpha$$

$$= \frac{1}{2}\times(140+30) + \frac{1}{2}\times(140-30)\cos(2\times 57.5°) = 61.76 \text{ (kPa)}$$

$$\tau = \frac{1}{2}(\sigma_1-\sigma_3)\sin 2\alpha$$

$$= \frac{1}{2} \times (140-30)\sin(2 \times 57.5°) = 49.85 \text{ (kPa)}$$

破裂面上土的抗剪强度为：
$$\tau_f = c + \sigma\tan\varphi = 24 + 61.76\tan25° = 52.80 \text{ (kPa)}$$

因为 $\tau_f > \tau$，所以该点未破坏。

(2) 把 σ_3、φ、c 代入式(4-6)，得

$$\sigma_{1f} = \sigma_3\tan^2\left(45° + \frac{\varphi}{2}\right) + 2c\tan\left(45° + \frac{\varphi}{2}\right)$$

$$= 30\tan^2\left(45° + \frac{25°}{2}\right) + 2 \times 24\tan\left(45° + \frac{25°}{2}\right)$$

$$= 149.26 \text{ (kPa)}$$

这表明，在 $\sigma_3 = 30\text{kPa}$ 的条件下，该点如处于极限平衡状态，则大主应力应为 $\sigma_{1f} = 149.26\text{kPa}$。根据算出的 σ_{1f} 及原来的 σ_3 作一莫尔圆，则此圆(圆Ⅱ)必与抗剪强度包线相切(例图4-1)。现将计算值 σ_{1f} 与实际值 σ_1 相比较：若 $\sigma_1 > \sigma_{1f}$，则根据 σ_1、σ_3 作出的莫尔圆(圆Ⅲ)必与强度包线相割，该点已破坏；若 $\sigma_1 < \sigma_{1f}$，则实际应力圆(圆Ⅰ)在强度包线之下，该点稳定。现在 $\sigma_1 = 140\text{kPa} < \sigma_{1f} = 149.26\text{kPa}$，故可判断该点未破坏。

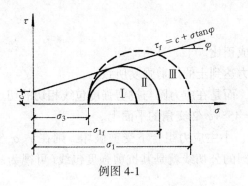

例图 4-1

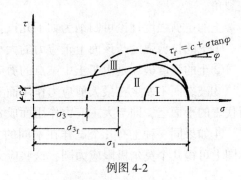

例图 4-2

(3) 把 σ_1、φ、c 代入式(4-7)，得

$$\sigma_{3f} = \sigma_1\tan^2\left(45° - \frac{\varphi}{2}\right) - 2c\tan\left(45° - \frac{\varphi}{2}\right)$$

$$= 140\tan^2\left(45° - \frac{25°}{2}\right) - 2 \times 24\tan\left(45° - \frac{25°}{2}\right)$$

$$= 26.24 \text{ (kPa)}$$

此计算值为该点达到极限平衡状态时(在 $\sigma_1 = 140\text{kPa}$ 的条件下)相应的小主应力值。σ_1 不变时，σ_3 愈小愈易破坏(例图4-2)，因为主应力差 $(\sigma_1 - \sigma_3)$ 增加。若实际值 $\sigma_3 = \sigma_{3f}$，该点处于极限平衡状态(圆Ⅱ)；若 $\sigma_3 < \sigma_{3f}$，该点已剪坏(圆Ⅲ)；若 $\sigma_3 > \sigma_{3f}$，该点稳定(圆Ⅰ)。现在 $\sigma_3 = 30\text{kPa} > \sigma_{3f} = 26.24\text{kPa}$，故该点未破坏。

除了上述三种方法外，还可用图解法等方法求解。

第三节　抗剪强度指标的测定

土的抗剪强度指标是土的重要力学性能指标之一，在计算地基承载力、评价地基的稳定性以及计算挡土墙的土压力时均需用到，因此，准确地测定土的抗剪强度指标在工程上具有重要意义。

目前已有多种用来测定土的抗剪强度指标的仪器和方法，每一种仪器都有一定的适用性，而试验方法及成果整理亦有所不同。

按常用的试验仪器分，有直接剪切试验、三轴压缩试验、无侧限抗压强度试验、十字板剪切试验等。其中除十字板剪切试验是在现场原位进行外，其他三种试验均需从现场取出试样，并通常在室内进行。

一、直接剪切试验

直接剪切试验是测定土的抗剪强度指标的一种常用方法。试验使用的仪器称为直接剪切仪(简称直剪仪)，其主要部件见图 4-6。试验时先对正上、下剪切盒(用插销固定)，再将扁圆柱形试样放在盒内上、下两块透水石之间。施力时先拔去插销，通过传压板(活塞)加垂直荷载 P，设试样的水平面积为 A，则剪切面上的正应力为 $\sigma = \dfrac{P}{A}$。然后对下盒徐徐施加水平力 Q，下盒能在滚珠上移动，此时试样在限定的剪切面上开始产生剪应力 $\tau = \dfrac{Q}{A}$，剪力的大小可通过量力环测得。当剪应力增大到使土样在剪切面发生剪切破坏时，该剪应力 τ 就是土样的抗剪强度 τ_f。

对同一种土通常取 4 个试样，分别在不同垂直压力 σ 下剪切破坏，一般可取垂直压力为 100，200，300，400kPa。将试验结果绘在以抗剪强度 τ_f 为纵坐标、垂直压力 σ 为横坐标的图上，通过各试验点绘一直线，此即为抗剪强度包线，如图 4-7 所示。该直线在纵坐标上的截距为黏聚力 c，与横坐标的夹角为内摩擦角 φ，直线方程可用库伦公式(4-1)表示。

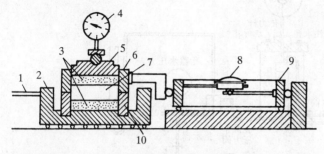

1—轮轴；2—底座；3—透水石；4—测微表；5—活塞；
6—上盒；7—土样；8—测微表；9—量力环；10—下盒

图 4-6　应变控制式直剪仪

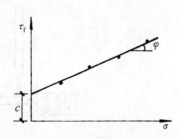

图 4-7　直接剪切试验结果

本章第二节中已指出,一般的工程问题多采用总应力法进行土的强度分析。为了模拟土体在现场可能受到的剪切条件,按剪切前的固结程度、剪切时的排水条件及加荷速率,把直接剪切试验分为快剪、固结快剪和慢剪三种试验方法。

①快剪。这是在整个试验过程中,都不让土样排水固结,亦即不让孔隙水压力消散。先将试样的上、下两面均贴以不透水薄膜,在施加垂直压力后,立即快速施加水平剪力,使试样在3~5min内剪切破坏。由于剪切速率快,可认为试样在短暂的剪切过程中来不及排水固结。得到的强度指标用c_q、φ_q表示。

②固结快剪。施加垂直压力后,让试样充分排水固结,待固结完成后,再快速施加水平剪力,使试样在3~5min内剪切破坏。得到的强度指标用c_{cq}、φ_{cq}表示。

③慢剪。施加垂直压力并待试样固结完成后,以缓慢的剪切速率施加水平剪力,使试样在剪切过程中有充分的时间排水固结,直至剪切破坏。得到的强度指标用c_s、φ_s表示。

直剪试验具有设备简单、土样制备及试验操作方便、易于掌握等优点,因而至今仍为一般工程所广泛使用。但也存在许多缺点,主要有:

①人为地限制剪切面在上、下盒之间,而不是沿土样最薄弱的面剪切破坏。

②剪切面上剪应力分布不均匀,应力条件复杂。

③在剪切过程中,土样剪切面是逐渐缩小的,而在计算抗剪强度时却是按土样的原截面积计算的。

④试验时不能严格控制排水条件和测量孔隙水压力值。

二、三轴压缩试验

三轴压缩试验所采用的三轴压缩仪,是目前测定土的抗剪强度指标的较为完善的仪器。它由压力室、轴向加荷设备、施加周围压力系统、孔隙水压力量测系统等组成,如图4-8所示。压力室为一圆形密闭容器,由金属上盖、底座和透明有机玻璃圆筒组成,是三轴压缩仪的主要组成部分。试样为圆柱形,高度和直径之比一般采用2~2.5。

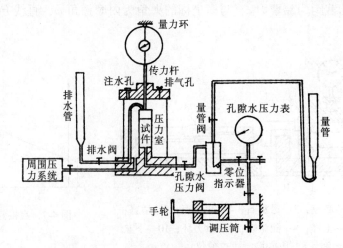

图4-8 三轴压缩仪

试验时,将试样套在橡胶膜内,放入密封的压力室中,然后向压力室压入水,使试样在各向受到周围压力 σ_3(图 4-9(a)),并使液压在整个试验过程中保持不变。此时试样处于各向等压状态,因此试样中不产生剪应力。然后再通过传力杆对试样施加竖向压力 $\Delta\sigma_1$,这样竖向主应力 $\sigma_1=\sigma_3+\Delta\sigma_1$ 就大于水平向主应力 σ_3。当 σ_3 保持不变,而 σ_1 逐渐增大时,相应的应力圆也不断增大(图 4-9(b))。当应力圆达到一定大小时,试样终于受剪而破坏,相应的应力圆即为极限应力圆。

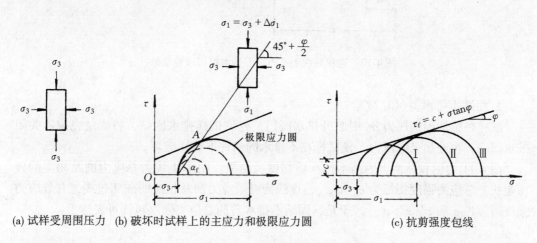

(a) 试样受周围压力　(b) 破坏时试样上的主应力和极限应力圆　(c) 抗剪强度包线

图 4-9　三轴压缩试验原理

在给定的周围压力 σ_3 作用下,一个试样的试验只能得到一个极限应力圆。为了求得强度包线,需要选用同一种土的 3~4 个试样在不同的 σ_3 作用下进行剪切,画出相应的极限应力圆。这些应力圆的公切线即为抗剪强度包线(图 4-9(c)),又称为破坏包线,一般取此包线为一直线。直线与纵轴的截距为土的黏聚力 c,与横轴的夹角为内摩擦角 φ。

对应于直接剪切试验的快剪、固结快剪和慢剪试验,三轴压缩试验亦可分为不固结不排水剪、固结不排水剪和固结排水剪三种试验方法。

1. 不固结不排水剪(UU 试验)

试样在施加周围压力和随后施加竖向压力直至剪切破坏的整个过程中都不允许排水,试验自始至终关闭排水阀门。

图 4-10 是饱和黏性土的不固结不排水剪切试验结果。图中应力圆 A、B、C 分别表示一组三个试样在不同的周围压力 σ_3 作用下的总应力圆。由于试样处在不排水的条件下,增加 σ_3 值只能引起孔隙水压力增加,而不能使试样中的有效应力增加,故在 $\tau\text{-}\sigma$ 图上表现为三个极限应力圆的直径相等,因而破坏包线是一条水平线,即

$$\varphi_u = 0$$
$$\tau_f = c_u = \frac{1}{2}(\sigma_1 - \sigma_3) \tag{4-11}$$

式中:φ_u——不排水内摩擦角,度(°);

c_u——不排水抗剪强度,kPa。

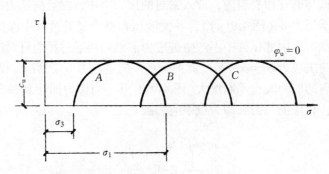

图 4-10 饱和黏性土不固结不排水剪切试验结果

2. 固结不排水剪（CU 试验）

试样在施加周围压力 σ_3 时打开排水阀门，允许试样排水固结，待固结完成后关闭排水阀门，再施加竖向压力，使试样在不排水的条件下剪切破坏。

图 4-11 为饱和黏性土固结不排水剪切试验结果。图中实线为总应力圆及相应的破坏包线，总应力强度指标为 c_{cu} 和 φ_{cu}，虚线为有效应力圆及相应的破坏包线，有效应力强度指标为 c' 和 φ'（$\varphi'>\varphi_{cu}$）。于是，固结不排水剪的总应力强度包线可表达为：

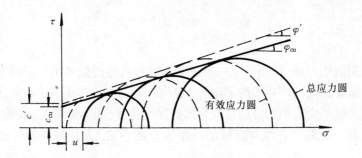

图 4-11 饱和黏性土固结不排水剪切试验结果

$$\tau_f = c_{cu} + \sigma\tan\varphi_{cu} \tag{4-12}$$

有效应力强度包线可表达为：

$$\tau_f = c' + \sigma'\tan\varphi' \tag{4-13}$$

3. 固结排水剪（CD 试验）

试样在施加周围压力 σ_3 时允许排水固结，待固结完成后，再在排水条件下施加竖向压力至试样剪切破坏。

固结排水剪在整个试验过程中，均让试样充分排水固结，故孔隙水压力始终为零（$u=0$），所施加的应力均为有效应力，总应力圆就是有效应力圆，总应力强度包线就是有效应力强度包线。试验证明，固结排水剪强度指标 c_d、φ_d 与固结不排水试验得到的 c'、φ' 很接近，由于固结排水试验所需的时间太长，故实用中常用 c'、φ' 来代替 c_d、φ_d。

三轴压缩试验的突出优点是能严格地控制排水条件以及可以量测试样中孔隙水压力的

变化。此外，试样中的应力状态也比较明确，破裂面是在最薄弱处，而不像直接剪切试验那样限定在上、下盒之间。三轴试验的缺点主要是仪器设备与试验操作步骤较为复杂。

三、无侧限抗压强度试验

无侧限抗压强度试验如同在三轴仪中进行 $\sigma_3 = 0$ 的不排水剪切试验一样。试验时，将圆柱形试样放在如图 4-12(a) 所示的无侧限压力仪中，在不加任何侧向压力的情况下施加垂直压力，直到使试样剪切破坏为止，剪切破坏时试样所能承受的最大轴向压力 q_u 称为无侧限抗压强度。这一试验只适用于饱和黏性土。

无侧限抗压强度试验宜在 $8 \sim 12 \min$ 内完成。由于试验时间较短，可以认为试样在受剪过程中处于不排水条件。由于 $\sigma_3 = 0$，试验结果只能作出一个极限应力圆（$\sigma_1 = q_u$，$\sigma_3 = 0$），如图 4-12(b) 所示。根据三轴不固结不排水剪切试验的结果，饱和黏性土的抗剪强度包线为一条水平线，即 $\varphi_u = 0$，因此，由无侧限抗压强度试验所得的极限应力圆的水平切线就是抗剪强度包线，于是有：

$$\tau_f = c_u = \frac{q_u}{2} \tag{4-14}$$

式中：c_u——土的不排水抗剪强度，kPa；

q_u——无侧限抗压强度，kPa。

无侧限抗压强度试验还可用来测定黏性土的灵敏度。黏性土的强度与其结构性有关，当土的天然结构受到破坏时，其强度将降低。黏性土的这种结构性对其强度的影响，一般用灵敏度 S_t 来表达：

$$S_t = \frac{q_u}{q_{ur}} \tag{4-15}$$

式中：q_u——原状试样（保持天然状态下土的结构和含水量不变的试样）的无侧限抗压强度，kPa；

q_{ur}——具有与原状土样相同含水量并彻底破坏其结构的重塑土样的无侧限抗压强度，kPa。

按灵敏度的大小，饱和黏性土可分为：低灵敏（$1 < S_t \leq 2$）、中灵敏（$2 < S_t \leq 4$）和高

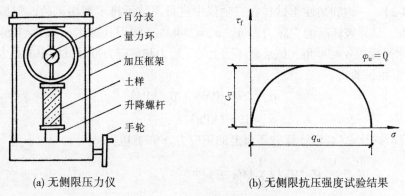

(a) 无侧限压力仪   (b) 无侧限抗压强度试验结果

图 4-12 无侧限抗压强度试验

灵敏($S_t>4$)三类。土的灵敏度愈高，其结构性愈强，受扰动后土的强度降低就愈多。所以，在高灵敏土上进行基础施工时，应注意保护槽(坑)底土体，尽量减少对土结构的扰动。

饱和黏性土的结构受到扰动，将导致强度降低，但当扰动停止后，土的强度又会随时间而逐渐增大。这是由于土粒、离子和水分子体系随时间而逐渐趋于新的平衡状态的缘故。黏性土的这种抗剪强度随时间恢复的胶体化学性质称为土的触变性。

无侧限压力仪设备简单，操作方便，工程上常用来测定饱和软黏土(指强度低、压缩性高和透水性小的黏性土，如淤泥和淤泥质土)的不排水抗剪强度和灵敏度。

四、抗剪强度指标的选择

1. 无黏性土

对于砂土，由于透水性大、排水快，通常只进行排水剪试验。

天然状态的砂土由于采取原状砂样较困难，工程上常根据标准贯入试验锤击数 N，按经验公式确定砂土的内摩擦角 φ。

试验研究表明，松砂的内摩擦角大致与干砂的天然休止角(天然休止角是指干燥砂土堆积起来所形成的自然坡角)相等，因此，松砂的内摩擦角可通过简单的天然坡角试验确定。

2. 饱和黏性土

在实际工程中，对黏性土如何选择试验方法，是一个很值得注意的问题。应当根据工程的特点、施工时的加荷速率、土的性质以及排水条件等情况加以具体确定。一般工程问题多采用总应力分析法，其指标和测试方法的选择大致如下：

如果施工进度快，而地基土的透水性差且排水条件不良(如在饱和软黏土地基上开挖基坑时的基坑稳定验算)，可采用三轴仪不固结不排水试验或直剪仪快剪试验的结果；如果加荷速率较慢，地基土的透水性较大(如低塑性的黏土)以及排水条件又较佳(如黏土层中夹砂层)，则可以采用固结排水或慢剪试验的结果；如果介于以上两种情况之间，可采用固结不排水或固结快剪试验的结果。由于实际加荷情况和土的性质是复杂的，而且在建筑物的施工和使用过程中都要经历不同的固结状态，因此，在确定强度指标时还应结合工程经验。

【例 4-2】 一饱和黏性土试样在三轴仪中进行固结不排水剪切试验，施加周围压力 $\sigma_3=196\text{kPa}$，试样破坏时的主应力差 $\sigma_1-\sigma_3=274\text{kPa}$，测得孔隙水压力 $u=176\text{kPa}$，如果破坏面与水平面成 $\alpha=58°$ 角，试求破坏面上的正应力和剪应力以及试样中的最大剪应力。

【解】 由试验得：

$$\sigma_1=274+196=470 \text{ (kPa)}$$

$$\sigma_3=196 \text{ (kPa)}$$

由式(4-3)及式(4-4)计算破坏面上的正应力 σ 和剪应力 τ：

$$\sigma=\frac{1}{2}(\sigma_1+\sigma_3)+\frac{1}{2}(\sigma_1-\sigma_3)\cos2\alpha$$

$$=\frac{1}{2}\times(470+196)+\frac{1}{2}\times(470-196)\cos116°=273 \text{ (kPa)}$$

$$\tau = \frac{1}{2}(\sigma_1 - \sigma_3)\sin 2\alpha = \frac{1}{2} \times (470 - 196)\sin 116° = 123 \text{ (kPa)}$$

在破坏面上的有效正应力为：

$$\sigma' = \sigma - u = 273 - 176 = 97 \text{ (kPa)}$$

最大剪应力发生在 $\alpha = 45°$ 的平面上，由式(4-4)得：

$$\tau_{max} = \frac{1}{2}(\sigma_1 - \sigma_3) = \frac{1}{2} \times (470 - 196) = 137 \text{ (kPa)}$$

【例 4-3】 在例题 4-2 中的饱和黏性土，已知 $\varphi' = 26°$，$c' = 75.8$ kPa，试问为什么破坏发生在 $\alpha = 58°$ 的平面上，而不在最大剪应力的作用面上？

【解】 在 $\alpha = 58°$ 的平面上，从上题已算得 $\sigma' = 97$ kPa，剪应力 $\tau = 123$ kPa。

由式(4-2)，在 $\alpha = 58°$ 的平面上的抗剪强度为：

$$\tau_f = c' + \sigma'\tan\varphi' = 75.8 + 97\tan 26° = 123 \text{ (kPa)}$$

从上面的计算知道，在 $\alpha = 58°$ 的平面上，土的抗剪强度等于该面上的剪应力，即 $\tau_f = \tau = 123$ kPa，所以在该面上发生剪切破坏。

再看在最大剪应力的作用面 ($\alpha = 45°$) 上：

$$\sigma = \frac{1}{2}(\sigma_1 + \sigma_3) + \frac{1}{2}(\sigma_1 - \sigma_3)\cos 2\alpha$$

$$= \frac{1}{2} \times (470 + 196) + \frac{1}{2} \times (470 - 196)\cos 90° = 333 \text{ (kPa)}$$

$$\sigma' = \sigma - u = 333 - 176 = 157 \text{ (kPa)}$$

$$\tau_f = c' + \sigma'\tan\varphi' = 75.8 + 157\tan 26° = 152.4 \text{ (kPa)}$$

由上题已算出在 $\alpha = 45°$ 的平面上最大剪应力 $\tau_{max} = 137$ kPa，可见该面上虽然剪应力比较大，但抗剪强度 $\tau_f (= 152.4$ kPa$)$ 更大，所以在剪应力最大的作用平面上不发生剪切破坏。

第四节 地基破坏模式和地基承载力

一、地基变形的三个阶段

对地基进行载荷试验时(参见第七章第四节二)，可以得到如图 4-13 所示的荷载 p 和沉降 s 的关系曲线。如图中 $p\text{-}s$ 曲线所示，地基的变形一般可分为三个阶段：

①线性变形阶段。相当于 $p\text{-}s$ 曲线的 Oa 段。此时荷载与沉降之间基本上成直线关系，地基中任意点的剪应力小于土的抗剪强度，地基的变形主要是压密变形。

②塑性变形阶段。相当于 $p\text{-}s$ 曲线的 ab 段。此时荷载与沉降之间不再是直线关系而呈曲线形

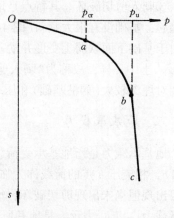

图 4-13 $p\text{-}s$ 曲线

状,地基中产生了塑性变形,土中局部范围内已发生剪切破坏。随着荷载的增加,剪切破坏区(又称塑性变形区)逐渐发展扩大。

③破坏阶段。相当于 p-s 曲线的 bc 段。随着荷载的继续增加,沉降急剧增大,塑性变形区已发展到形成一连续的滑动面,土从基础两侧挤出,地基土体因发生整体剪切破坏(见图 4-14(a))而丧失稳定。

二、地基的破坏模式

在荷载作用下,建筑物地基的破坏通常是由于承载力不足而引起的剪切破坏。地基剪切破坏的模式可分为整体剪切破坏、局部剪切破坏和刺入剪切破坏三种,如图 4-14 所示。

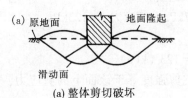
(a) 整体剪切破坏

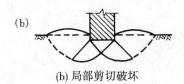
(b) 局部剪切破坏

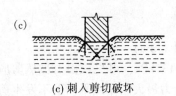
(c) 刺入剪切破坏

图 4-14 地基的破坏模式

①整体剪切破坏。这种破坏模式的 p-s 曲线可以明显地区分出如上所述的三个变形阶段。当荷载增加到某一数值时,在基础边缘处的土开始发生剪切破坏,随着荷载的不断增加,剪切破坏区不断扩大,最终在地基中形成一连续的滑动面,基础急剧下沉或向一侧倾倒,同时基础四周的地面隆起,地基发生整体剪切破坏(图 4-14(a))。对于压缩性较低的土,如密实砂土和坚硬黏土,一般都发生这种模式的破坏。这种情况也可能在承载力低、相对埋深(d/b,d 为埋深,b 为基底宽度)小的基础下出现。

②局部剪切破坏。这是一种过渡性的破坏模式,其特点介于整体剪切破坏和刺入剪切破坏之间。破坏时地基中的塑性变形区仅局限于基础下方,滑动面也不延伸到地面。地面可能有轻微的隆起,但基础不会明显倾斜或倒塌(图 4-14(b)),其 p-s 曲线的转折点也不明显。

③刺入剪切破坏。其特点是地基中没有出现明显的连续滑动面,基础四周的地面也不隆起,基础没有很大倾斜(图 4-14(c)),其 p-s 曲线也无明显的转折点。地基的破坏是由于基础下面软弱土变形并沿基础周边产生竖向剪切,导致基础连续下沉,就像基础"切入"土中一样,故称为"刺入剪切破坏",或称冲剪破坏。这种破坏模式多出现于基础相对埋深较大(如桩基础)和压缩性较高的松砂及软土中。

三、地基承载力

地基承载力是指地基承受荷载(压力)的能力。在图 4-13 中,p-s 曲线有两个转折点 a 和 b,相应于 a 点的荷载称为临塑荷载(又称为比例界限荷载),以 p_{cr} 表示,指地基中刚要出现但尚未出现剪切破坏(塑性区)时的基底压力;相应于 b 点的荷载称为地基极限承载力,以 p_u 表示,是地基所能承受的极限压力,当基底压力达到 p_u 时,地基就发生整体剪切破坏。

饱和黏性土地基的承载力分短期承载力和长期承载力两种。采用土的不排水抗剪强度 c_u 计算得到的承载力为短期承载力，一般用于分析荷载施加快、透水性低且排水条件不良的地基(如饱和软黏土地基)在施工期间的稳定性，此时作用在地基上的荷载取相应施工期的建筑物荷载，其值要小于使用期的建筑物荷载。对于具有一定透水性的地基，土体会随着荷载的施加而发生排水固结，地基承载力也相应提高，因此，这种地基在施工期间一般不会发生破坏，但可能在使用阶段受到最大荷载作用时发生破坏，这时地基的承载力即为长期承载力，相应的计算参数采用固结不排水剪强度指标 c_{cu} 和 φ_{cu}。

在保证地基稳定的条件下，使建筑物的沉降量不超过允许值的地基承载力称为地基承载力特征值，以符号 f_a 表示。可以用临塑荷载 p_{cr} 作为地基承载力特征值，但偏于保守；亦可由地基极限承载力 p_u 除以安全系数 K 确定，即 $f_a = p_u / K$(对短期承载力，$K = 1.1 \sim 1.5$；对长期承载力，$K = 2 \sim 3$)。

地基承载力的确定主要有理论公式计算、现场原位试验和查规范表格等方法。本章下面主要介绍地基极限承载力的理论计算公式。

第五节　浅基础的地基极限承载力

目前极限承载力的计算理论仅限于整体剪切破坏模式。这是因为，这种破坏模式比较明确，有完整连续的滑动面，且已被试验和工程实践证实。对于局部剪切破坏及刺入剪切破坏，尚无可靠的计算方法，通常是先按整体剪切破坏模式进行计算，再作某种修正。下面介绍几种有代表性的极限承载力公式。

一、太沙基公式

太沙基公式适用于均质地基上基底粗糙的条形基础，一般用于计算地基长期承载力。

设条形基础宽度为 b，埋深为 d，地基土的抗剪强度指标为 c、φ，基底极限压力(即地基极限承载力)为 p_u。忽略基底以上基础两侧土体的抗剪强度，将其重力以均布超载 $q = \gamma_m d$ 代替。太沙基假设地基中滑动面的形状如图 4-15 所示，滑动土体共分为五个区(左右对称)：

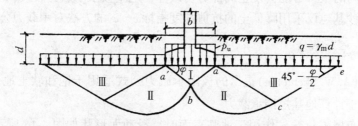

图 4-15　太沙基公式假设的滑动面

Ⅰ区——基础下的楔形压密区($\triangle aa'b$)。太沙基假设基底与土之间的摩擦力阻止了在基底处剪切位移的发生，因此直接在基底以下的土不发生破坏而处于弹性平衡状态。

破坏时，它像一"弹性核"随着基础一起向下移动。

Ⅱ区——滑动面按对数螺线变化，b 点处螺线的切线垂直，c 点处螺线的切线与水平线成 $\left(45°-\dfrac{\varphi}{2}\right)$ 角。

Ⅲ区——被动朗肯区，即该区处于被动极限平衡状态（详见第五章）。在该区内任一点的最大主应力 σ_1 均是水平向的，故滑动面与水平面的夹角为 $45°-\dfrac{\varphi}{2}$。

根据弹性土楔 $aa'b$ 的静力平衡条件，可求得地基的极限承载力 p_u 为：

$$p_u = cN_c + qN_q + \dfrac{1}{2}\gamma bN_\gamma \tag{4-16}$$

式中：c——地基土的黏聚力，kPa；

　　　q——基底水平面以上基础两侧土的重力，$q=\gamma_m d$，kPa；

　　　γ_m——基础埋深范围内土的加权平均重度，地下水位以下的土层取有效重度，kN/m³；

　　　γ——地基土的重度，地下水位以下的土层取有效重度，kN/m³；

　　　d——基础埋深，m；

　　　b——基底宽度，m；

　　　N_c、N_q、N_γ——无量纲的承载力系数，仅与土的内摩擦角 φ 有关，由表4-1查得。

表4-1　　　　　　　　　　　太沙基公式承载力系数表

φ	0°	5°	10°	15°	20°	25°	30°	35°	40°
N_γ	0	0.51	1.20	1.80	4.0	11.0	21.8	45.4	125
N_q	1.0	1.64	2.69	4.45	7.44	12.7	22.5	41.4	81.3
N_c	5.71	7.34	9.61	12.9	17.7	25.1	37.2	57.8	95.7

上述公式是在整体剪切破坏的条件下推导得到的，适用于压缩性较低的土。对疏松的或压缩性较高的土，可能会发生局部剪切破坏，地基极限承载力较式(4-16)为小。对这种情况，太沙基建议采用降低土的抗剪强度指标 c、φ 的方法对承载力公式作修正。

二、斯肯普顿公式

斯肯普顿（A. W. Skempton）提出的极限承载力公式适用于饱和软土地基（$\varphi_u = 0$）上的浅基础，用于计算地基短期承载力。

当条形均布极限荷载 p_u 作用于地基表面时，滑动面形状如图4-16所示。Ⅰ区为主动朗肯区，Ⅲ区为被动朗肯区（详见第五章第四节），由于 $\varphi_u = 0$，该两区的滑动面与水平面成45°角。Ⅱ区的 bc 面为圆弧面。根据隔离体 $Obce$ 的静力平衡条件可得：

$$p_u = (\pi+2)c_u = 5.14c_u \tag{4-17}$$

对于埋深为 d 的条形基础，其极限承载力为：

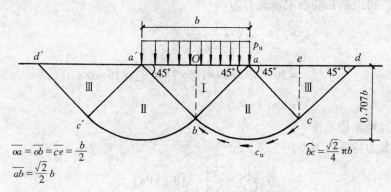

图 4-16 斯肯普顿公式假设的滑动面

$$p_u = 5.14c_u + \gamma_m d \quad (4-18)$$

参考前人的研究成果,斯肯普顿给出如下的矩形基础下地基极限承载力公式:

$$p_u = 5c_u\left(1 + 0.2\frac{b}{l}\right)\left(1 + 0.2\frac{d}{b}\right) + \gamma_m d \quad (4-19)$$

式中:c_u——地基土的不排水抗剪强度,取基底以下 $0.707b$ 深度范围内的平均值,kPa;

b、l——分别为基础的宽度和长度,m;

γ_m——基础埋深范围内土的加权平均重度,kN/m³;

d——基础埋置深度,m。

三、影响地基极限承载力的因素

由太沙基公式和斯肯普顿公式可以得出如下结论:

①土的内摩擦角 φ、黏聚力 c 和重度 γ 愈大,极限承载力 p_u 也愈大。

②基础底面宽度 b 增加,长期承载力将增大,特别是当土的 φ 值较大时影响会较显著,但短期承载力与 b 无关。

③基础埋深 d 增加,p_u 值亦随之提高。

【例 4-4】 一长条形筏形基础,宽度 $b = 6\text{m}$,埋深 $d = 1.5\text{m}$,其上作用着轴心线荷载 $F = 1\,500\text{kN/m}$。自地表起的土质均匀,重度 $\gamma = 19\text{kN/m}^3$,抗剪强度指标为 $c_u = 28\text{kPa}$,$\varphi_u = 0$;$c_{cu} = 20\text{kPa}$,$\varphi_{cu} = 20°$。试分别计算地基的短期和长期极限承载力。若取安全系数 $K = 2.5$,试验算地基的长期稳定性。

【解】 (1) 求基底压力:

$$p = \frac{F}{b} + 20d = \frac{1\,500}{6} + 20 \times 1.5 = 280 \text{ (kPa)}$$

(2) 求地基短期极限承载力:

采用斯肯普顿公式计算,由式(4-18),得

$$p_u = 5.14c_u + \gamma_m d = 5.14 \times 28 + 19 \times 1.5 = 172 \text{(kPa)}$$

(3) 求地基长期极限承载力:

采用太沙基公式计算,由 $\varphi_{cu} = 20°$ 查表 4-1 得:$N_\gamma = 4.0$,$N_q = 7.44$,$N_c = 17.7$,代

入式(4-16)，得地基长期极限承载力为：

$$p_u = c_{cu}N_c + qN_q + \frac{1}{2}\gamma bN_\gamma$$

$$= 20\times17.7 + 19\times1.5\times7.44 + \frac{1}{2}\times19\times6\times4.0$$

$$= 794 \text{ (kPa)}$$

(4) 验算地基稳定性：

地基承载力特征值为：

$$f_a = \frac{p_u}{K} = \frac{794}{2.5} = 318 \text{ (kPa)}$$

因为 $p = 280\text{kPa} < f_a$，所以地基是稳定的。

思 考 题

4-1 为什么同一土样的抗剪强度不是一个定值？

4-2 莫尔应力圆与抗剪强度包线之间存在着什么关系？

4-3 为什么剪切破坏面一般不发生在最大剪应力面？

4-4 在工程应用中，应如何根据地基土的排水条件来选择抗剪强度指标？

4-5 如何理解地基的短期承载力和长期承载力？

4-6 地基极限承载力与哪些因素有关？

习 题

4-1 已知地基中某点的大主应力 $\sigma_1 = 600\text{kPa}$，小主应力 $\sigma_3 = 100\text{kPa}$，试：

(1) 绘制莫尔应力圆；

(2) 求最大剪应力值及最大剪应力作用面与大主应力面的夹角；

(3) 计算作用在与小主应力面成 30°的面上的正应力和剪应力。

(答案：(2) $\tau_{max} = 250\text{kPa}$，$\alpha = 45°$；(3) $\sigma = 225\text{kPa}$，$\tau = 217\text{kPa}$)

4-2 已知地基土的抗剪强度指标 $c = 10\text{kPa}$，$\varphi = 30°$，问当地基中某点的小主应力 $\sigma_3 = 200\text{kPa}$，而大主应力 σ_1 为多少时该点刚好发生剪切破坏？

(答案：634.6kPa)

4-3 已知土样的一组直剪试验成果，在正应力分别为 $\sigma = 100$，200，300 和 400kPa 时，测得的抗剪强度分别为 $\tau_f = 67$，119，161 和 215kPa。试作图求该土的抗剪强度指标 c、φ 值。若作用在此土中某平面上的正应力和剪应力分别是 220kPa 和 100kPa，试问是否会剪切破坏？

(答案：15kPa，27°；不会剪切破坏)

4-4 对某饱和黏土进行三轴固结不排水剪切试验，测得三个试样剪损时的最大、最小主应力和孔隙水压力如下表，试用总应力法和有效应力法确定土的抗剪强度指标。

(答案：$\varphi_{cu} = 18°$，$c_{cu} = 10\text{kPa}$；$\varphi' = 27°$，$c' = 6\text{kPa}$)

试　　样	1	2	3
σ_1(kPa)	142	220	314
σ_3(kPa)	50	100	150
u(kPa)	23	40	67

4-5　对某砂土试样作三轴固结排水剪切试验，测得试样破坏时的主应力差 $\sigma_1-\sigma_3 = 400$kPa，周围压力 $\sigma_3 = 100$kPa，试求该砂土的抗剪强度指标。

（答案：$c=0$，$\varphi=41.8°$）

4-6　一条形筏形基础，基宽 $b=12$m，埋深 $d=2$m，建于均匀黏土地基上，黏土的 $\gamma=18$kN/m³，$\varphi=15°$，$c=15$kPa，试按太沙基公式计算地基极限承载力。

（答案：$N_c=12.9$，$N_q=4.45$，$N_\gamma=1.80$，$p_u=548.1$kPa）

4-7　一矩形基础，宽度 $b=3$m，长度 $l=4$m，埋深 $d=2$m，置于饱和软黏土地基上，地基土的 $\varphi=0$，$c_u=12$kPa，$\gamma=18$kN/m³，试按斯肯普顿承载力公式求该地基的短期极限承载力。

（答案：$p_u=114.2$kPa）

第五章 土坡稳定和土压力理论

第一节 概 述

本章讨论土坡稳定性及挡土墙上土压力两方面的问题。这些问题都可根据上一章介绍过的强度理论，按土的抗剪强度指标，采用极限平衡原理进行分析，以达到满足对土体和地基稳定可靠的要求。

建设场地和建筑物地基的稳定是头等重要的事情。如果场地或地基丧失稳定，往往造成重大的损失，甚至人员伤亡。

岩土斜坡的稳定性是力学的研究课题，也与地质学科有关。岩土斜坡失稳，包括崩塌和滑坡。产生滑坡时，土(岩)体在重力和其他力(如堆载、水压力和动水力等)的作用下，发生剪切破坏而沿着某一破裂面产生整体滑动。在滑坡体的后(上)方出现裂缝，前(下)方隆起或前推。大滑坡可能遍及较为广阔的场地，而小滑坡则只存在于斜坡的局部。滑动的发生，一般经历一段缓慢的进程，然后在瞬间显现。滑坡的形成与土质岩性、地层中的软弱结构面、地形等内部条件和水的作用、不合理的开挖和加荷、震动的影响等外部条件都有关。软弱结构面是指地层中软弱夹层的层面、节理面和断层面等。这些结构面的风化程度强、吸水性强、易软化，遇水后抗剪强度降低。工程中遇到的滑坡，还往往与不合理的挖方、填方和暴雨等外部因素有着密切的关系。

在房屋建筑、道路、桥梁和水利工程中，常修筑挡土墙以支挡土体或粒状材料。例如，支挡建筑物周围填土的挡土墙、地下室侧墙和桥台等(图5-1)，它们都必须符合稳定的要求。

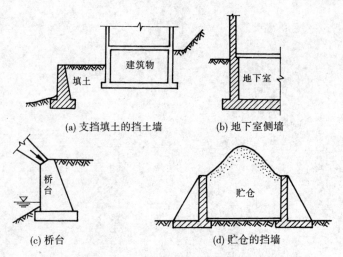

图5-1 挡土墙应用举例

设计挡土墙时首先要确定作用在挡土墙上的土压力。土压力是挡土墙背后的填土作用在墙背上的侧向压力。挡土墙上土压力可按朗肯(Rankine,1857)理论、库伦(1773)理论或其他原理进行分析、计算。经过长期的研究和实践,说明朗肯、库伦这两个古典理论不失为可行的实用计算方法。在这些理论的基础上,国内外又提出一些考虑各种具体情况的计算公式。

第二节　土坡的稳定分析

土坡包括天然土坡和人工土坡。天然土坡是指自然形成的山坡和江河岸坡,而人工土坡则是指在平整场地、开挖基坑和修筑道路等工程中经过开挖、填筑而成的斜坡。对于天然土坡,必要时需要评价其稳定性;对于人工土坡,需要确定其坡度。如果坡度太陡,容易发生滑坡和崩塌;而边坡太平缓,则又会增加土方量,或超出建筑界限,或影响邻近建筑物和场地的使用。

土坡的失稳常常是在外界的不利因素影响下触发和加剧的,一般有以下几种原因:

①土坡作用力发生变化。例如,由于在坡顶堆放材料或建造建筑物使坡顶受荷,或由于打桩、车辆行驶、爆破、地震等引起的振动改变了原来的平衡状态。

②土体抗剪强度的降低。例如,土体中含水量或孔隙水压力的增加。

③静水压力的作用。例如,雨水或地面水流入土坡中的竖向裂缝,对土坡产生侧向压力,从而促进土坡的滑动。

④地下水在土坝或基坑等边坡中的渗流常是边坡失稳的重要因素。这是因为渗流会引起动水力,同时土中的细小颗粒会穿过粗颗粒之间的孔隙被渗流挟带而去,使土体的密实度下降。

⑤因坡脚挖方而导致土坡高度或坡角增大。

本节将介绍简单土坡的稳定分析方法。所谓简单土坡系指土坡的顶面和底面都是水平的,且土坡由均质土所组成。对于不是简单土坡的情况,也可按类似的方法处理。图5-2 表示简单土坡各部位的名称。

一、无黏性土坡的稳定分析

砂土(或碎石土,下同)的颗粒之间没有黏聚力,只有摩擦力。只要位于砂土坡面上各个土粒能够保持稳定、不会下滑,则这个土坡就是稳定的。砂土土坡稳定的平衡条件可由图 5-3 所示的力系来说明。

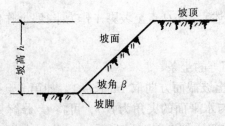

图 5-2　土坡各部位名称

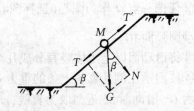

图 5-3　砂土土坡的稳定分析

设土坡的坡角为 β，斜坡上土颗粒 M 的重力为 G，G 在垂直和平行坡面的分力分别为：

$$N = G\cos\beta$$
$$T = G\sin\beta$$

分力 T 使土颗粒 M 向下滑动，是滑动力，而阻止土颗粒下滑的抗滑力则是由 N 引起的摩擦力 T'：

$$T' = N\tan\varphi = G\cos\beta\tan\varphi$$

稳定安全系数为：

$$K = \frac{T'}{T} = \frac{G\cos\beta\tan\varphi}{G\sin\beta} = \frac{\tan\varphi}{\tan\beta} \tag{5-1}$$

由上式可见，当坡角 β 等于土的内摩擦角 φ 时，$K=1$，即土坡处于极限平衡状态。只要坡角 $\beta<\varphi(K>1)$，土坡就稳定，而且与坡高无关。一般取 $K=1.1\sim1.5$ 已能满足砂土土坡稳定的要求。砂土堆积成的土坡，在自然稳定状态下的极限坡角，称为自然休止角。砂土的自然休止角数值等于或接近其内摩擦角。人工临时堆放的砂土，常比较疏松，其自然休止角略小于同一级配砂土的内摩擦角。

二、黏性土坡的稳定分析

黏性土坡稳定分析的方法有多种，这里只介绍瑞典条分法。

瑞典条分法是瑞典工程师费兰纽斯（Fellenius，1922）提出来的。其基本原理是：假定土坡沿着圆弧面滑动，将圆弧滑动体分成若干竖直的土条，计算各土条力系对圆弧圆心的抗滑动力矩与滑动力矩，由抗滑力矩与滑动力矩之比（稳定安全系数）来判别土坡的稳定性。

具体分析步骤如下：

① 按比例绘出土坡截面图，如图 5-4(a) 所示。

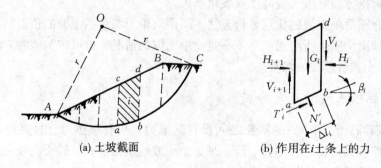

(a) 土坡截面 (b) 作用在 i 土条上的力

图 5-4 分析土坡稳定的条分法

② 任选一点 O 作为圆心（选择圆心方法后述），以 O 点至坡脚 A 作为半径 r，作假设的滑动圆弧面 $\overset{\frown}{AC}$。

③ 将滑动面以上土体竖直分成几个宽度相等的土条。

④ 按图示比例计算各土条的重力 G（垂直土坡截面方向取 1m 长度），如第 i 土条的重力为 G_i（滑动面 ab 近似取为直线，ab 直线与水平面的夹角为 β_i），可将 G_i 分解为 ab 面上的法向（垂直 ab 方向）分力 N_i 和切向分力 T_i，如图 5-4(b) 所示。N_i 及 T_i 与图中 N'_i

和 T_i' 大小相等,方向相反:

$$N_i = G_i\cos\beta_i \tag{5-2}$$
$$T_i = G_i\sin\beta_i$$

假定 bd 侧面上的法向力(沿水平方向)H_i 和切向力(沿竖直方向)V_i 的合力与 ac 侧面上的法向力 H_{i+1} 和切向力 V_{i+1} 的合力互相平衡抵消(由此引起的误差一般在 10% ~ 15%),可以不计。

⑤计算各土条底面切向分力 T_i 对圆心的滑动力矩(注意:通过 O 点的竖直线左边的土条所产生的力矩为负值):

$$M_s = \sum_{i=1}^{n} T_i r = r\sum_{i=1}^{n} G_i\sin\beta_i \tag{5-3}$$

⑥计算各土条底面处法向分力引起的摩擦力($N_i \cdot \tan\varphi$)和黏聚力($c \cdot \Delta l_i$)所产生的抗滑力矩:

$$M_r = \sum_{i=1}^{n} N_i\tan\varphi \cdot r + \sum_{i=1}^{n} c \cdot \Delta l_i \cdot r = r\left(\tan\varphi\sum_{i=1}^{n} G_i\cos\beta_i + c\sum_{i=1}^{n} \Delta l_i\right) \tag{5-4}$$

式中:φ、c 为土的内摩擦角和黏聚力,Δl_i 为各土条在滑动面处的长度,可按比例量出其直线距离(也可计算出它的弧长)。

⑦稳定安全系数为:

$$K = \frac{M_r}{M_s} = \frac{r\left(\tan\varphi\sum G_i\cos\beta_i + c\sum\Delta l_i\right)}{r\sum G_i\sin\beta_i}$$

或

$$K = \frac{\tan\varphi\sum G_i\cos\beta_i + c\sum\Delta l_i}{\sum G_i\sin\beta_i} \tag{5-5}$$

⑧假定几个可能的滑动面,分别计算相应的安全系数 K,其中 $K_{\min}$(最小安全系数)所对应的滑动面为最危险的滑动面,一般要求 $K_{\min}$ 大于 1.1 ~ 1.5(重要工程取高值)。

根据大量的试算经验,简单土坡的最危险滑动面的圆心在图 5-5 中确定的 $\overline{DE}$ 线上

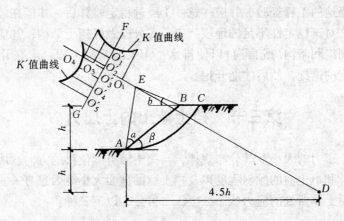

图 5-5 简单土坡滑动圆弧中心的确定

的 E 点附近。D 点的位置在坡脚 A 点下面 h 再向右取 $4.5h$ 处（h 为坡高）；E 点的位置为与坡角 β 有关的两个角度 a 和 b 的边线的交点，角 a 和 b 的数值见表 5-1。当土的内摩擦角 $\varphi=0$ 时，圆弧的圆心在 E 点；$\varphi>0$ 时，圆心在 E 点的上方。试算时可在 $\overline{DE}$ 的延长线上取几个圆心 O_1，O_2，$\cdots$，计算相应的稳定安全系数。在垂直 $\overline{DE}$ 的方向按比例绘出各线段来代表各安全系数的数值，然后连成 K 值曲线。在该线最小的 K 值处作垂直线 $\overline{FG}$，然后在 $\overline{FG}$ 线上另取若干个圆心 O_1'，O_2'，$\cdots$，计算出相应的稳定安全系数，同样可作出 K' 值曲线，并以 K' 值曲线上的最小值作为 $K_{\min}$，而相应的 O' 为最危险滑动面的圆心。

表 5-1 a 和 b 角的数值

土坡坡度	坡角 β	角 a	角 b
1:0.58	60°	29°	40°
1:1.0	45°	28°	37°
1:1.5	33°41′	26°	35°
1:2.0	26°34′	25°	35°
1:3.0	18°26′	25°	35°
1:4.0	14°02′	25°	36°
1:5.0	11°19′	25°	37°

采用条分法进行分析，实际上是假定滑动弧的圆心来进行试算。由于手算比较繁琐费时，故宜编成程序利用电子计算机计算。

根据上述简单土坡条分法稳定计算的原理，也可计算坡顶上有荷载、滑弧不通过坡脚以及成层土的土坡等比较复杂的情况。压实填土边坡和其他边坡，可参照有关规范所列的坡度允许值选定。对黏性土来说，高度大的边坡应比高度小的边坡平缓。

上面的讨论，是根据土的抗剪强度指标进行力学方面的稳定分析。实际上，边坡稳定问题与地质学科密切相关。有些地区，土的抗剪强度指标高，地质条件良好，较陡的边坡也能长期维持稳定；而有些地区，较平缓的边坡也难以保持稳定。遇到后一种情况时，必须重视当地的工程经验，并应注意：①经过稳定验算后，才能在坡顶上加载以及在坡脚挖方；②对于稳定性不足的地段，应事先分段做好挡土结构；③应在坡顶和填土体内分别做好明沟和暗沟（或盲沟）以便排水；④大型基础工程，应在开挖基坑之前做好保证坑壁稳定的措施，然后才能开挖。

第三节 挡土墙上的土压力

挡土墙上土压力的大小及其分布规律，与挡土墙可能位移的方向、墙后填土的物理力学性质、墙背和填土面的倾斜程度以及挡土墙的截面大小等因素有关。根据挡土墙的位移情况和墙后土体所处的应力状态，土压力可分为以下三种：

1. 静止土压力

如果挡土墙在土压力作用下不向任何方向移动或转动而保持原来的位置，则作用在墙背上的土压力为静止土压力。由于楼面的支撑作用，房屋地下室的外墙几乎不发生位移，作用在外墙面上的填土侧压力可按静止土压力计算。静止土压力 p(kPa)等于土在自重作用下无侧向变形时的水平向应力 σ_x(图5-6(a))，即

$$p = \sigma_x = K_0 \sigma_z = K_0 \gamma z \tag{5-6}$$

式中：K_0——静止土压力系数，或如前所述称为土的静止侧压力系数；

γ——填土的重度，kN/m^3；

z——计算土压力点的深度，从填土表面算起，m。

静止土压力系数 K_0 与土的种类和密实程度等因素有关，可通过试验确定，对正常固结土可近似按 $K_0 = 1-\sin\varphi'$（φ' 为土的有效内摩擦角）计算或取表2-1所列的经验值。

静止土压力沿墙高呈三角形分布。对挡土墙纵向可取单位长度(1m)来计算，则静止土压力的合力 E_0(kN/m)作用在距墙底为三分之一墙高 h(m)处，大小为：

$$E_0 = \frac{1}{2}\gamma h^2 K_0 \tag{5-7}$$

2. 主动土压力

对挡土墙进行试验研究发现，挡土墙向前移动或转动时(图5-6(b))，墙后土体向墙一侧伸展，使土压力减小(图5-6(d)中左边部分，取墙的位移方向为负)。当位移量达某一定值时，土体处于极限平衡状态，墙背填土开始出现连续的滑动面，墙背与滑动面之间的土楔有跟随挡土墙一起向下滑动的趋势。在这个土楔即将滑动时，作用在挡土墙上的土压力为最小，这就是主动土压力。沿墙高方向单位面积上的主动土压力(强度)用 p_a(kPa)表示，沿墙长方向单位长度上土压力合力为 E_a(kN/m)。这时，土楔体内的应力处于极限平衡状态，称为主动极限平衡状态。

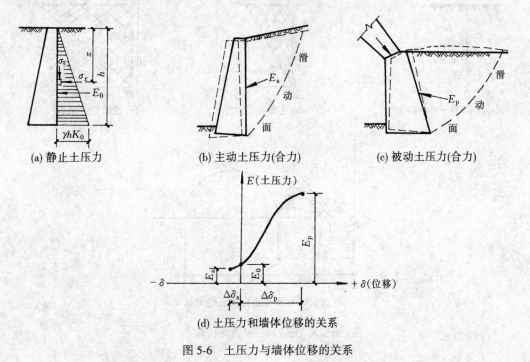

图 5-6 土压力与墙体位移的关系

3. 被动土压力

当挡土墙在外力作用下(如拱桥的桥台受到拱桥的推力作用)向墙背填土方向转动或移动时(如图5-6(c)所示),墙背挤压土体,使土压力逐渐增大。当位移量达一定值时,土体也开始出现连续的滑动面,形成的土楔随挡土墙一起向上滑动。在这个土楔即将滑动时,作用在挡土墙上的土压力增至最大,这就是被动土压力,用 p_p 表示。而被动土压力的合力就以 E_p 表示。这时,土楔内的应力处于被动极限平衡状态。

如图5-6(d)所示,在相同条件下,主动土压力小于静止土压力,而静止土压力小于被动土压力。

目前工程上常用朗肯理论或库伦理论对挡土墙上的土压力进行分析和计算。本章仅介绍朗肯土压力理论。

第四节 朗肯土压力理论

朗肯土压力理论是根据土的应力状态和极限平衡条件建立的。分析时假设:①墙后填土面水平;②墙背垂直于填土面;③墙背光滑。

从这些假设出发,墙背处没有摩擦力,土体的竖直面和水平面没有剪应力,故竖直方向和水平方向的应力为主应力。而竖直方向的应力即为土的竖向自重应力。如果挡土墙在施工阶段和使用阶段没有发生任何侧移或转动,那么水平向的应力就是静止土压力,也即土的侧向自重应力。这时距离填土面为 z 深度处的一点 M 的应力状态(图5-7(a))可由图5-7(d)中的应力圆Ⅰ表示。显然,M 点未到达极限平衡状态。

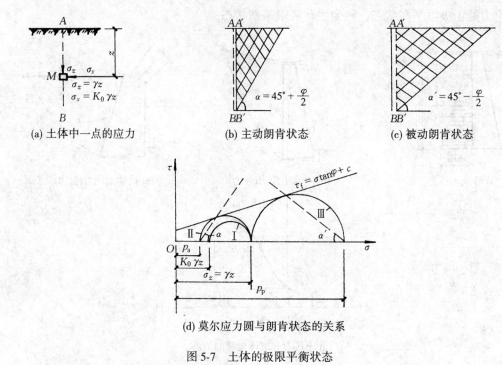

(a) 土体中一点的应力 (b) 主动朗肯状态 (c) 被动朗肯状态

(d) 莫尔应力圆与朗肯状态的关系

图5-7 土体的极限平衡状态

如果挡土墙向离开土体的方向移动，则土体向水平方向伸展，因而使水平向的应力（小主应力）减小，而竖向应力（大主应力）不变。当挡土墙的位移使墙后某一点的小主应力减小而到达极限平衡状态时，该点的应力圆就与抗剪强度包线相切（图 5-7(d)中圆Ⅱ），此圆即为极限应力圆。如果挡土墙的位移使墙高度范围内的土体每一点都处于极限平衡状态，并形成一系列平行的破裂面（滑动面）（图 5-7(b)），则称此状态为主动朗肯状态。这时，作用在墙背上的小主应力就是主动土压力。由于墙背处任一点的大、小主应力方向相同，故破裂面为平面，且与水平面（大主应力面）成 $45°+\dfrac{\varphi}{2}$ 的角度。

如果挡土墙向挤压土体的方向移动，则水平向的应力增加。当水平向应力的数值超过竖向应力时，水平向应力成为大主应力。当挡土墙的位移使墙高度范围内每一点的大主应力增加而达到极限平衡状态时，则各点的应力圆（极限应力圆）与抗剪强度包线相切（图 5-7(d)中圆Ⅲ），并使墙后形成一系列破裂面（滑动面）（图 5-7(c)），此状态称为被动朗肯状态。这时，作用在墙背上的大主应力，就是被动土压力，而滑裂面与水平面（小主应力面）成 $45°-\dfrac{\varphi}{2}$ 的角度。

一、主动土压力

根据上一章对极限平衡条件的讨论，土中一点的大、小主应力的关系是：
黏性土（式（4-7））：

$$\sigma_3 = \sigma_1 \tan^2\left(45° - \dfrac{\varphi}{2}\right) - 2c\tan\left(45° - \dfrac{\varphi}{2}\right)$$

砂土（式（4-9））：

$$\sigma_3 = \sigma_1 \tan^2\left(45° - \dfrac{\varphi}{2}\right)$$

计算主动土压力时，$\sigma_1 = \gamma z$，$p_a = \sigma_3$，于是得：
黏性土：

$$p_a = \gamma z \tan^2\left(45° - \dfrac{\varphi}{2}\right) - 2c\tan\left(45° - \dfrac{\varphi}{2}\right) \tag{5-8a}$$

或

$$p_a = \gamma z K_a - 2c\sqrt{K_a} \tag{5-8b}$$

砂土：

$$p_a = \gamma z \tan^2\left(45° - \dfrac{\varphi}{2}\right) \tag{5-9a}$$

或

$$p_a = \gamma z K_a \tag{5-9b}$$

式中：p_a——沿深度方向分布的主动土压力，kPa；

$K_a = \tan^2\left(45° - \dfrac{\varphi}{2}\right) \leq 1$，为主动土压力系数；

γ——填土的重度，kN/m^3；

z——计算点离填土表面的距离，m；

c——填土的黏聚力，kPa；

φ——填土的内摩擦角。

对砂土来说，土压力与深度成正比，土压力分布图呈三角形（如图5-8(b)所示），主动土压力的合力 E_a 为：

$$E_a = \frac{1}{2}\gamma h^2 \tan^2\left(45° - \frac{\varphi}{2}\right) \tag{5-10a}$$

或

$$E_a = \frac{1}{2}\gamma h^2 K_a \tag{5-10b}$$

式中：E_a——主动土压力的合力，kN/m；

h——挡土墙的高度。

合力作用点通过三角形的形心，即在距墙底 $h/3$ 处。

而黏性土的主动土压力由两部分所组成，由式(5-8a)可知：一部分是由土的自重引起的土压力 $\gamma z K_a$，另一部分是因黏聚力 c 的存在而引起的负侧压力 $2c\sqrt{K_a}$（其实质是抵抗滑动的抗力）。这两部分土压力叠加的结果如图5-8(c)所示。其中 ade 部分是负侧压力（拉应力），它表示存在于土体内部的抗滑潜力使 ea 段土体对墙背无作用力。因此，黏性土的土压力分布仅是 abc 部分。

a 点离填土面的深度 ea 用 z_0 表示，称为临界深度。在填土面无荷载的条件下，可令式(5-8b)为零，求得 z_0 值为：

$$z_0 = \frac{2c}{\gamma\sqrt{K_a}} \tag{5-11}$$

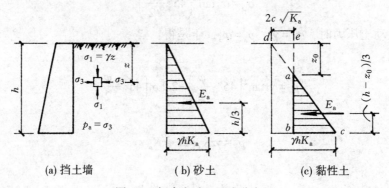

(a) 挡土墙　　　　(b) 砂土　　　　(c) 黏性土

图5-8　朗肯主动土压力分布图

单位墙长主动土压力的合力 E_a 为：

$$E_a = \frac{1}{2}(h - z_0)(\gamma h K_a - 2c\sqrt{K_a}) \tag{5-12a}$$

将 z_0 代入式(5-12a)后，得

$$E_a = \frac{1}{2}\gamma h^2 K_a - 2ch\sqrt{K_a} + \frac{2c^2}{\gamma} \tag{5-12b}$$

E_a 的作用点通过三角形 abc 的形心,即作用在离墙底 $(h-z_0)/3$ 处。

二、被动土压力

这时,作用在墙背上的被动土压力 p_p 是大主应力,而竖向的 $\sigma_3 = \gamma z$ 为小主应力。从第四章已知:

砂土(式(4-8)):

$$\sigma_1 = \sigma_3 \tan^2\left(45° + \frac{\varphi}{2}\right)$$

黏性土(式(4-6)):

$$\sigma_1 = \sigma_3 \tan^2\left(45° + \frac{\varphi}{2}\right) + 2c\tan\left(45° + \frac{\varphi}{2}\right)$$

于是得

砂土:

$$p_p = \gamma z \tan^2\left(45° + \frac{\varphi}{2}\right) \tag{5-13a}$$

或

$$p_p = \gamma z K_p \tag{5-13b}$$

黏性土:

$$p_p = \gamma z \tan^2\left(45° + \frac{\varphi}{2}\right) + 2c\tan\left(45° + \frac{\varphi}{2}\right) \tag{5-14a}$$

或

$$p_p = \gamma z K_p + 2c\sqrt{K_p} \tag{5-14b}$$

式中:p_p——沿深度方向分布的被动土压力,kPa;

$K_p = \tan^2\left(45° + \frac{\varphi}{2}\right) \geqslant 1$,被动土压力系数;

其余符号同前。

被动土压力分布如图 5-9 所示。单位墙长被动土压力的合力(即土压力分布图的面积)为:

砂土:

$$E_p = \frac{1}{2}\gamma h^2 K_p \tag{5-15}$$

黏性土:

$$E_p = \frac{1}{2}\gamma h^2 K_p + 2ch\sqrt{K_p} \tag{5-16}$$

E_p 的作用点通过三角形(对砂土而言)或梯形(对黏性土而言)压力分布图的形心。

以上介绍的朗肯土压力理论,从土的应力状态和极限平衡条件导出计算公式,其概念明确,公式简单。但由于假定墙背垂直、光滑和填土面水平,使适用范围受到限制。一般的墙背并非光滑,而墙背与填土之间存在的摩擦力将使主动土压力减小和被动土压力增大。所以用朗肯土压力理论计算是偏于安全的。采用被动土压力作为结构物的支承

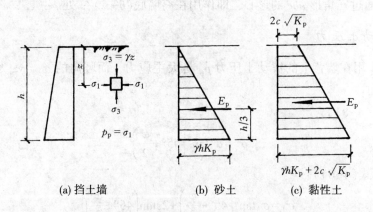

(a) 挡土墙　　　　(b) 砂土　　　　(c) 黏性土

图 5-9　朗肯被动土压力分布图

力时,产生被动土压力所需要的位移量较大,可能超过结构物的允许值。如实际工程的位移量小,则被动土压力只能发挥一部分。此外,从上述计算公式可以看出,提高墙后填土的质量,使其抗剪强度指标 φ 和 c 值增加,有助于减小主动土压力和增大被动土压力。

对于墙背粗糙或倾斜、墙后填土面非水平的情况,可采用库伦土压力理论计算土压力。

三、几种常见情况的土压力计算

墙后填土表面有连续均布荷载、填土中存在地下水以及填土为成层土等情况常在工程中遇到。下面介绍利用朗肯土压力的基本公式来计算这些情况下的主动土压力的方法。

1. 填土面上有均布荷载(超载)

当填土面上作用有均布荷载 q 时(图 5-10),参照式(5-8)的推导方法,墙后距填土面为 z 深度处一点的大主应力(竖向) $\sigma_1 = q + \gamma z$,小主应力(水平向) $\sigma_3 = p_a$,于是根据土的极限平衡条件,有

黏性土:

$$p_a = (q + \gamma z) K_a - 2c \sqrt{K_a} \quad (5\text{-}17)$$

砂土:

$$p_a = (q + \gamma z) K_a \quad (5\text{-}18)$$

当填土为黏性土时,令 $z = z_0$, $p_a = 0$,代入式(5-17),可得临界深度计算公式如下:

$$z_0 = \frac{2c}{\gamma \sqrt{K_a}} - \frac{q}{\gamma} \quad (5\text{-}19)$$

若超载 q 较大,则按上式计算的 z_0 值会出现负值,此时说明在墙顶处存在有土压力,其值可通过令 $z = 0$ 由式(5-17)求得:

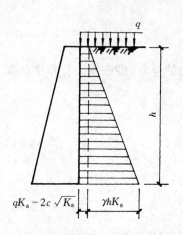

图 5-10　填土面上有均布荷载作用

$$p_a = qK_a - 2c\sqrt{K_a} \tag{5-20}$$

2. 分层填土

当墙背由明显的分层填土组成时，可按各层的土质情况，分别确定每一层土作用于墙背的土压力。以图 5-11 为例，上层土按其指标 γ_1、φ_1 和 c_1 计算土压力，而第二层土的压力就可将上层土视做第二层土上的均布荷载，用第二层土的指标 γ_2、φ_2 和 c_2 来进行计算。其余土层同样可按第二层土的方法来计算。具体的做法可参考例 5-3。

3. 填土中有地下水

填土中如有地下水存在，如图 5-12 所示，则墙背同时受到主动土压力和静水压力的作用。地下水位以上的土压力可按前述方法计算。对地下水位以下的土层，应采用土的有效重度 γ' 和有效应力强度指标 c'、φ' 来计算土压力。但一般的工程多采用总应力法，并假定浸水前后土体的 c、φ 值不变（对重要工程应考虑适当降低 c、φ 值），即以有效重度 γ' 和浸水前土的强度指标 c 和 φ 值来计算土压力。总侧压力为主动土压力和静水压力之和。显然，由于地下水的存在，作用在挡土墙上的总侧压力增大了。因此，挡土墙应该有良好的排水措施。

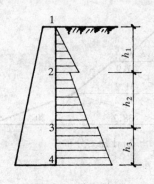

图 5-11 分层填土

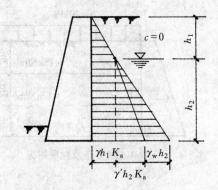

图 5-12 填土中有地下水

【例 5-1】 已知一挡土墙高度为 5.2m，墙背垂直，填土面水平，墙背按光滑考虑，填土面上作用有均布荷载 $q=8$kPa，墙后填土重度 $\gamma=18$kN/m³，内摩擦角 $\varphi=20°$，黏聚力 $c=12$kPa（例图 5-1），试计算作用在墙背的主动土压力及其合力。

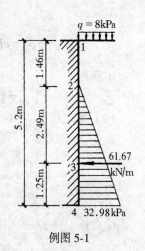

例图 5-1

【解】 按朗肯理论计算：

$$K_a = \tan^2\left(45° - \frac{20°}{2}\right) = 0.49$$

$$\sqrt{K_a} = 0.70$$

土压力为零处的临界深度：

$$z_0 = \frac{2c}{\gamma\sqrt{K_a}} - \frac{q}{\gamma} = \frac{2 \times 12}{18 \times 0.7} - \frac{8}{18}$$

$$= 1.90 - 0.44 = 1.46 \text{ (m)}$$

墙底处(点4)的土压力为:
$$p_{a4} = (q+\gamma h)K_a - 2c\sqrt{K_a}$$
$$= (8+18\times 5.2)\times 0.49 - 2\times 12\times 0.7$$
$$= 49.78 - 16.8 = 32.98 \text{ (kPa)}$$

土压力按三角形分布,其合力为:
$$E_a = \frac{1}{2}(h-z_0)\times p_{a4}$$
$$= \frac{1}{2}\times(5.2-1.46)\times 32.98$$
$$= 61.67 \text{ (kN/m)}$$

E_a 作用点离墙底为: $\frac{1}{3}(h-z_0) = \frac{1}{3}\times(5.2-1.46) = 1.25 \text{ (m)}$

【例5-2】 求作用在例图5-2(a)所示挡土墙(墙背光滑,墙后填土为砂土)上的总侧压力(包括主动土压力和水压力)。

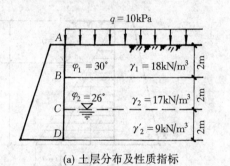
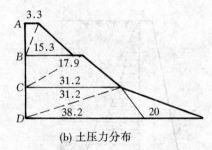

(a) 土层分布及性质指标　　(b) 土压力分布

例图5-2

【解】 (1)第一层土
A 点:
$$p_{aA} = qK_{a1} = 10\tan^2\left(45°-\frac{30°}{2}\right) = 10\times 0.333 = 3.3 \text{ (kPa)}$$

B 点:
$$p_{aB1} = (q+\gamma_1 h_1)K_{a1} = (10+18\times 2)\times 0.333 = 15.3 \text{ (kPa)}$$

(2) 第二层土
B 点:
$$p_{aB2} = (q+\gamma_1 h_1)K_{a2} = (10+18\times 2)\tan^2\left(45°-\frac{26°}{2}\right)$$
$$= 46\times 0.39 = 17.9 \text{ (kPa)}$$

C 点:
$$p_{aC} = (q+\gamma_1 h_1+\gamma_2 h_2)K_{a2}$$
$$= (10+18\times 2+17\times 2)\times 0.39 = 31.2 \text{ (kPa)}$$

D 点：

水压力：
$$p_{wD} = \gamma_w h_3 = 10 \times 2 = 20 \text{ (kPa)}$$

土压力：
$$\begin{aligned}p_{aD} &= (q+\gamma_1 h_1+\gamma_2 h_2+\gamma'_2 h_3)K_{a2}\\&= (10+18\times 2+17\times 2+9\times 2)\times 0.39\\&= 38.2 \text{ (kPa)}\end{aligned}$$

主动土压力和水压力分布如例图 5-2(b)所示，主动土压力的合力(即图形面积)为：

$$E_a = \frac{1}{2}\times(3.3+15.3)\times 2 + \frac{1}{2}\times(17.9+31.2)\times 2 + \frac{1}{2}\times(31.2+38.2)\times 2$$
$$= 137.1 \text{ (kN/m)}$$

水压力合力为：
$$E_w = \frac{1}{2}\gamma_w h_3^2 = \frac{1}{2}\times 10 \times 2^2 = 20 \text{ (kN/m)}$$

总压力为：
$$E = E_a + E_w = 137.1 + 20 = 157.1 \text{ (kN/m)}$$

为了求得合力 E 的作用位置，按材料力学求截面形心的方法，将例图 5-2(b)所示的压力分布图用虚线分成 6 个小三角形，各三角形的面积为 E_i，其形心距 D 点的垂直距离为 y_i，则

$$\begin{aligned}\sum E_i y_i &= \frac{1}{2}\times 2 \times 3.3 \times \left(\frac{2}{3}\times 2 + 4\right) + \frac{1}{2}\times 2 \times 15.3 \times \left(\frac{1}{3}\times 2 + 4\right)\\&+ \frac{1}{2}\times 2 \times 17.9 \times \left(\frac{2}{3}\times 2 + 2\right) + \frac{1}{2}\times 2 \times 31.2 \times \left(\frac{1}{3}\times 2 + 2\right)\\&+ \frac{1}{2}\times 2 \times 31.2 \times \left(\frac{2}{3}\times 2\right) + \frac{1}{2}\times 2 \times 58.2 \times \left(\frac{1}{3}\times 2\right)\\&= 312.3 \text{ (kN)}\end{aligned}$$

设合力 E 作用点距 D 点的垂直距离为 y，有

$$y = \frac{\sum E_i y_i}{E} = \frac{312.3}{157.1} = 1.99 \text{ (m)}$$

第五节　挡土墙设计

一、挡土墙的类型

挡土墙的应用很广，随着工程建设(如高速公路和深基坑开挖等)的发展，出现了不少新型的挡土墙。

挡土墙有重力式、悬臂式、扶壁式和锚杆挡土墙、锚定板挡土墙、加筋土挡土墙以及板桩墙等多种形式(图 5-13)。

重力式挡土墙由块石、毛石砌筑而成，它靠自身的重力来抵抗土压力。由于其结构

简单、施工方便、取材容易而得到广泛应用,适用于高度小于6m、地层稳定、开挖土石方时不会危及相邻建筑物安全的地段。

悬臂式挡土墙一般用钢筋混凝土建造,它的竖壁和底板的悬臂拉应力由钢筋来承受。因此墙高可大于5m,而截面可以小些。当墙高大于8m时,竖壁所受的弯矩和产生的位移都较大,因此必须沿墙长纵向,每隔一定距离(0.8~1.0倍墙高)设置一道扶壁,成为扶臂式挡土墙。

锚杆挡土墙由钢筋混凝土墙板及锚固于稳定土(岩)层中的地锚(锚杆)组成。锚杆可通过钻孔灌浆、开挖预埋或拧入等方法设置。其作用是将墙体所承受的土压力传递到土(岩)层内部,从而维持挡土墙的稳定。

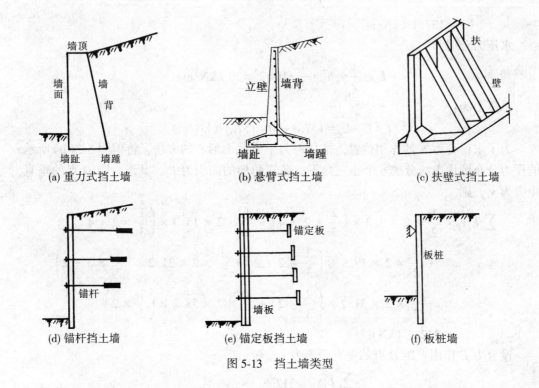

图 5-13 挡土墙类型

锚定板挡土墙由钢筋混凝土墙板、钢拉杆和锚定板连接而成,然后在墙板和锚定板之间填土。作用在墙板上的土压力通过拉杆传至锚定板,再由锚定板的抗拔力来平衡。我国太焦铁路的锚定板挡土墙高度达24m。

板桩墙常采用钢板桩,并由打桩机械打入设置。用作深基坑开挖的临时土壁支护时,随着挖方的进行,可加单支撑、多支撑或无支撑,并在用毕拔起或留在原地。

本节着重介绍重力式挡土墙的设计。

二、重力式挡土墙的构造

根据墙背倾角的不同,重力式挡土墙可分为仰斜、竖直和俯斜三种,如图5-14所示。作用在墙背的主动土压力,以仰斜式最小,俯斜式最大,墙背竖直的则介于前二者之间。仰斜式的墙后填土较困难,常用于开挖边坡时设置的挡土墙。

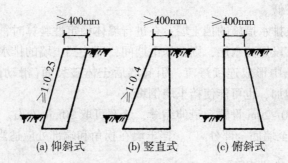

图 5-14 重力式挡土墙的型式

如图 5-14 所示,重力式挡土墙的顶宽不宜小于 400mm。通常底宽为墙高的 1/3~1/2。墙高较小且填土质量好的墙,初算时底宽可取墙高的 1/3。为了施工的方便,仰斜式墙背的坡度不宜缓于 1:0.25,墙面与墙背平行。竖直式的墙面坡度不宜缓于 1:0.4,以减少墙身材料。墙体在地面以下部分可做成台阶形(图 5-15),以增加墙体抗倾覆的稳定性。墙底埋深应不小于 500mm。为了增大墙底的抗滑能力,基底可做成逆坡(见图 5-18)。对土质地基,逆坡坡度不大于 1:10(即基底与水平面的夹角 α_0 不宜大于 6°),岩质地基则不大于 1:5。

根据调查,没有采取排水措施,或者排水措施失效,是挡土墙倒塌的主要原因之一。因为地表水流入填土中,使填土的抗剪强度降低,并产生水压力的作用,因此墙身设置泄水孔是至关重要的(图 5-16)。泄水孔的孔径不宜小于 100mm,外斜坡度为 5%,间距为 2~3m。一般常在墙后做宽约 500mm 的碎石滤水层,以利排水和防止填土中细粒土流失。墙身高度大的,还应在中部设置盲沟。

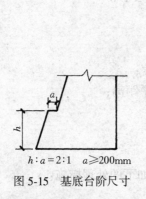

图 5-15 基底台阶尺寸

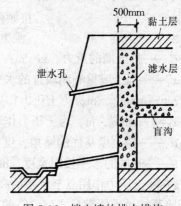

图 5-16 挡土墙的排水措施

墙后填土宜选择透水性较强的填料。当采用黏性土作为填料时,宜掺入碎石,以增大土的透水性。在季节性冻土地区,宜选用炉渣、粗砂等非冻胀性材料。墙后填土应分层夯实。

在墙顶和墙底标高处宜铺设黏土防水层。墙顶处的防水层,可阻止或减少地表水渗入填土中,设置于墙底标高上的防水层,可避免水流进墙底地基土而造成地基承载力和挡土墙抗滑移能力降低。

对不能采取有效排水措施的挡土墙,在进行墙体稳定性验算时,应考虑水的影响。

如墙顶地面没有设置防水层,则在暴雨期间,即使挡土墙的排水措施生效,但由于大量雨水渗入墙后土中形成连续渗流,引起墙后土体破裂面(滑动面)上产生水压力,同时使主动土压力增加,也可能使挡土墙倒塌。

挡土墙应每隔 10~20m 设置一道伸缩缝,缝宽可取 20mm 左右。当地基有变化时宜加设沉降缝(自墙顶至墙底全部分离)。挡土墙在拐角和端部处应适当加强。

三、挡土墙的稳定验算

挡土墙的稳定验算包括抗倾覆验算和抗滑移验算。

作用在挡土墙上的荷载有:墙体所受的重力 G、主动土压力 E_a 以及墙底反力。墙面埋入土中部分的被动土压力,一般忽略不计(由于墙趾的水平位移一般较小,被动土压力发挥不出来)。G 按墙的实际重度计算。计算土压力时,计算方法按前述方法进行。

1. 抗倾覆稳定验算

挡土墙在主动土压力作用下产生倾覆时,一般绕墙趾 O 点(图 5-17)转动。下面说明其验算方法。

若挡土墙的墙背不是垂直、光滑的,那么作用在墙背上的主动土压力的作用方向就不是水平的,这时可先将主动土压力 E_a 分解成竖直分力 E_{az} 和水平分力 E_{ax}:

$$E_{az} = E_a \sin(\alpha+\delta)$$
$$E_{ax} = E_a \cos(\alpha+\delta)$$

式中:δ——土对墙背的摩擦角;
  α——墙背的倾斜角。

要求抗倾覆的安全系数为:

$$K_t = \frac{\text{抗倾覆力矩}}{\text{倾覆力矩}} = \frac{Gx_0 + E_{az}x_f}{E_{ax}z_f} \geqslant 1.6 \tag{5-21}$$

式中:G——挡土墙的重力,kN/m;
  x_0——挡土墙重心离墙趾的水平距离,m;
  $z_f = z - b\tan\alpha_0$,m,为土压力作用点至墙趾的高度;
  $x_f = b - z\tan\alpha_0$,m,为土压力作用点至墙趾的水平距离;
  α_0——挡土墙基底的倾角,度(°);
  b——基底的水平投影宽度,m;
  z——土压力作用点至墙踵的高度,m。

当验算结果不能满足式(5-21)的要求时,可采取如下的处理措施:
①将墙趾做成台阶形,从而加大 x_f 及 x_0;
②加大墙体宽度,以增加墙体自重 G 及 x_f、x_0;
③条件许可时优先选择仰斜式挡土墙,以减小主动土压力 E_a;
④提高墙后填土质量(增大其 φ 值),以减小 E_a;
⑤做好排水措施。

2. 抗滑移稳定验算

将重力 G 和主动土压力 E_a 分解为垂直和平行基底方向的分力(见图 5-18):

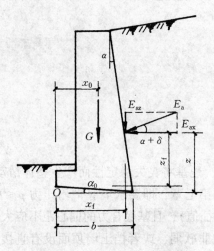

图 5-17 挡土墙的抗倾覆验算

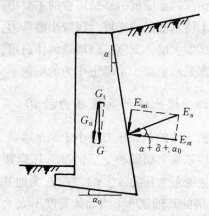

图 5-18 挡土墙的抗滑移验算

垂直基底分力:

$$G_n = G\cos\alpha_0$$
$$E_{an} = E_a\sin(\alpha+\delta+\alpha_0)$$

平行基底分力:

$$G_t = G\sin\alpha_0$$
$$E_{at} = E_a\cos(\alpha+\delta+\alpha_0)$$

要求抗滑移的稳定安全系数为:

$$K_s = \frac{抗滑移力}{滑移力} = \frac{(G_n+E_{an})\mu}{E_{at}-G_t} \geqslant 1.3 \tag{5-22}$$

式中:μ——土对墙底的摩擦系数,见表 5-2。

表 5-2 土对挡土墙基底的摩擦系数

土 的 类 别		摩擦系数 μ
黏 性 土	可 塑	0.25~0.30
	硬 塑	0.30~0.35
	坚 硬	0.35~0.45
粉 土		0.30~0.40
中砂、粗砂、砾砂		0.40~0.50
碎 石 土		0.40~0.60
软 质 岩		0.40~0.60
表面粗糙的硬质岩		0.65~0.75

注:①对易于风化的软质岩和塑性指数 I_p 大于 22 的黏性土,基底摩擦系数应通过试验确定。
②对碎石土,可根据其密实度、填充物状况和风化程度等确定。

式(5-22)适用于荷载长期作用或土层处于排水条件下的情况。对饱和黏性土和粉土来说,在不排水条件下,式(5-22)中抗滑移力应为:墙底接触面积乘以土的不排水抗剪强度 c_u。

提高挡土墙抗滑移稳定性的主要措施有:
①将基底做成逆坡,以减小滑移力;
②加大墙体宽度,以增加墙体自重;
③采取能减少主动土压力的措施。

四、挡土墙的基底压力验算

挡土墙的基底压力应小于地基承载力,否则,地基将丧失稳定性而产生整体滑动。挡土墙基底常属偏心受压情况,其验算方法可见第七章,即要求墙底平均压力 $p \leqslant f_a$,墙底边缘最大压力 $p_{max} \leqslant 1.2 f_a$($f_a$ 为地基承载力特征值),且基底合力的偏心距不应大于 0.25 倍的基础宽度。当墙体高度不太大而地基并非软弱,或者挡土墙顶面没有直接承受竖向荷载时,基底压力的验算一般均能满足要求。

五、挡土墙的墙身强度验算

墙身强度的验算,一般选在墙截面突变处,如墙底台阶的上截面。验算时,先计算此截面以上的墙体的重力和相应该高度的主动土压力,求得该截面的内力,然后按《砌体结构设计规范》(GB 50003—2011)进行受压和受剪承载力验算。

应当指出,一些满足截面强度验算的挡土墙,由于施工质量差,石缝的砂浆不饱满,因而造成墙体破坏。因此,挡土墙的施工质量也不容忽视。

【例5-3】 试对例5-1的挡土墙进行稳定验算。初选墙体截面如例图5-3,墙身砌体重度为 $22kN/m^3$,$\mu = 0.5$。

【解】 先计算墙体重力,如图分为三部分:

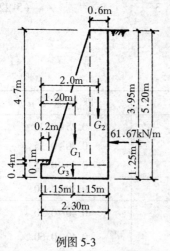

例图5-3

$$G_1 = \frac{1}{2} \times 4.8 \times (2.3-0.2-0.6) \times 22 = 79.2 \text{ (kN/m)}$$

$$G_2 = 0.6 \times 4.8 \times 22 = 63.36 \text{ (kN/m)}$$

$$G_3 = 0.4 \times 2.3 \times 22 = 20.24 \text{ (kN/m)}$$

$$\sum G = G_1 + G_2 + G_3 = 79.2 + 63.36 + 20.24 = 162.8 \text{ (kN/m)}$$

抗滑移稳定安全系数:

$$K_s = \frac{\sum G \cdot \mu}{E_a} = \frac{162.8 \times 0.5}{61.67} = 1.32 > 1.3$$

可以。

抗倾覆稳定安全系数:

$$K_t = \frac{G_1 \times 1.2 + G_2 \times 2.0 + G_3 \times 1.15}{E_a \times 1.25}$$

$$= \frac{79.2 \times 1.2 + 63.36 \times 2.0 + 20.24 \times 1.15}{61.67 \times 1.25}$$

$$= 3.18 > 1.6$$

合适。

思 考 题

5-1 影响土坡稳定的主要因素有哪些？

5-2 试阐述主动土压力、静止土压力、被动土压力的定义和产生的条件，并比较三者数值的大小。

5-3 朗肯土压力理论的假设有哪些？

5-4 重力式挡土墙按墙背倾斜形式可分为哪几种？如何选择？

5-5 提高挡土墙抗倾覆、抗滑移稳定性的措施有哪些？

习 题

5-1 某砂土场地需放坡开挖基坑，已知砂土的自然休止角 $\varphi=30°$，试求：

(1) 放坡时的极限坡角 β_{cr}；

(2) 若取安全系数 $K=1.2$，求稳定坡角 β。

(答案：$\beta_{cr}=30°$，$\beta=25.7°$)

5-2 某挡土墙高 5m，假定墙背垂直和光滑，墙后填土面水平，填土的黏聚力 $c=11$kPa，内摩擦角 $\varphi=20°$，重度 $\gamma=18$kN/m³，试求出墙背主动土压力（强度）分布图形和主动土压力的合力。

(答案：临界深度 $z_0=1.75$m，墙底处 $p_a=28.7$kPa，$E_a=46.6$kN/m，其作用点离墙底为 1.08m)

5-3 高度为 6m 的挡土墙，墙背直立和光滑，墙后填土面水平，填土面上有均布荷载 $q=20$kPa，填土情况见附图。试作出墙背主动土压力分布图及计算主动土压力合力的大小和作用点。

(答案：第一层土，$p_{a1}=6.7$kPa，$p_{a2}=18.7$kPa；第二层土，$p_{a2}=13.4$kPa，$p_{a3}=49.7$kPa；$E_a=151.6$kN/m，$y=2.16$m)

5-4 对 5-2 题的挡土墙，采用如附图所示的毛石砌体截面，砌体重度为 22kN/m³，挡土墙下方为坚硬的黏性土，摩擦系数 $\mu=0.45$。试对该挡土墙进行抗滑移和抗倾覆验算。

(答案：$K_s=1.24$，$K_t=3.18$)

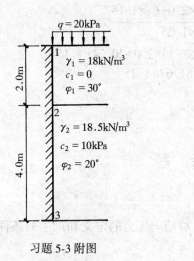 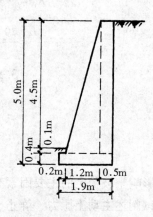

习题 5-3 附图　　　　　习题 5-4 附图

第六章 岩土工程勘察

第一节 概 述

岩土工程勘察是工程设计和施工的基础工作,任何工程建设必须进行岩土工程勘察工作,在必要的基础地质资料的基础上,才能进行工程设计和施工工作。它是运用地质、工程地质及有关学科的理论知识和各种技术方法,在建设场地及其附近进行的各种调查研究工作。其目的是通过岩土工程勘察,查明工程建设场地的岩土工程条件,分析存在的岩土工程问题,对建筑场地作出岩土工程评价,为工程建设的正确规划、设计、施工和运行提供可靠的地质资料。

工程建设中的很多事故都是由于不重视勘察工作,忽视地质资料,盲目进行设计、施工造成的。大量工程实践经验说明,没有高质量的岩土工程勘察,就不可能制定与选择最优的设计和施工方案,就谈不上工程的经济与安全。工程设计人员只有具有扎实的岩土工程知识,才能充分应用地质资料,正确分析主要岩土工程问题,制定合理的规划和最优的设计方案,保证工程经济合理、施工顺利和运营安全。因此,从事建设工程的设计与施工的技术人员,必须重视场地与地基的勘察工作,对勘察内容和方法要有所了解,以便正确地向勘察部门提出勘察任务和要求,并学会分析和使用岩土工程勘察报告。

岩土工程勘察工作通常为了取得下列资料(具体内容可参考第一章):

①查明建筑场地地层分布的情况,鉴别岩石或土层的类别和成因类型。

②调查场地的地质构造:岩层的产状,褶曲类型以及裂隙和断层情况,并查明岩层的风化程度和相互关系。

③在现场或室内进行岩石和土的试验,以便测定岩石和土的物理和力学性质指标。

④查明场地内地下水的类型、埋藏深度、动态,必要时还需测定地下水的流向、流量及其补给情况,采集水样进行水质分析,以便判断其对混凝土的腐蚀性。

⑤在地质条件较复杂的地区,必须查明场地内有无危及建筑物安全的地质现象,判断其对场地和地基的危害程度。

工程上常把危害建筑物安全的地质现象,如滑坡、岩溶、土洞、发震断裂等称为不良地质现象。岩溶一般是可溶性岩石(如石灰岩、白云岩等)在地下水作用下,形成溶洞、溶沟、漏斗等地面和地下形态的总称。而土洞是岩溶地区上覆土层在地下水作用下形成的洞穴。

岩土工程勘察工作必须与工程实际需要相结合。勘察内容的拟定、各种岩土工程条件研究的详细程度,应取决于建筑物的类别和设计要求,以及场地的复杂程度和过去对该地区了解的程度。因此，不是对所有地区或对所有的建筑物的勘察工作，都需要取得上述的勘察资料，而应根据实际情况分清主次、有所侧重地进行。例如，有些工程需要对场地内软弱土层的分布、厚度、性质加以仔细的勘察，而有些地区则需要查明场地内有无危害建筑物安全的不良地质现象。

在布置和从事岩土工程勘察工作时，应综合考虑场地的地质、地貌(指地壳表面由于内力和外力地质作用形成各种不同成因、类型和规模的起伏形态，按地形的成因和形态类型等的不同，可划分为不同的地貌单元)和地下水等场地条件、地基土质条件以及工程条件。这三方面条件的具体内容是：

①场地条件：包括抗震设防烈度和可能发生的震害异常、不良地质作用的存在和人类对场地地质环境的破坏、地貌特征以及获得当地已有建筑经验和资料的可能性。

②地基土质条件：指是否存在极软弱的或非均质的需要采取特别处理措施的地层、极不稳定的地基或需要进行专门分析和研究的特殊土类，对可借鉴的成功建筑经验是否仍需进行地基土的补充性验证工作。

③工程条件：指地基基础设计等级(见表7-1)、建筑类型(超高层建筑、公共建筑、工业厂房等)、建筑物的重要性(具有重大意义和影响的，或属于纪念性、艺术性、附属性或补充性的建筑物)、基础工程的特殊性(进行深基坑开挖、超长桩基、精密设备或有特殊工艺要求的基础、高填斜坡、高挡土墙、基础托换或补强工程)。

国家标准《岩土工程勘察规范》(GB 50021—2002)根据上述三方面的情况，将岩土工程勘察等级划分为甲级、乙级和丙级三个等级。其中，甲级岩土工程的自然条件复杂，技术难度和要求高，且工作环境最为不利。

对岩土工程进行等级划分，将有利于对岩土工程各个工作环节按等级区别对待，确保工程质量和安全。因此它也是确定各个勘察阶段的工作内容、方法以及详细程度所应遵循的准绳。

岩土工程勘察是分阶段进行的。

工业与民用建筑工程的设计分为可行性研究、初步设计和施工图设计三个阶段，因而岩土工程勘察相应地也分为：可行性研究勘察(选址勘察)、初步勘察(初勘)和详细勘察(详勘)三个阶段。对于岩土工程条件复杂或有特殊施工要求的高重建筑地基，尚应进行施工勘察。而对面积不大、岩土工程条件简单的建筑场地，其勘察阶段可以适当简化。不同的勘察阶段，其勘察任务和内容不同。总的说来，勘察工作的基本程序是：

①在开始勘察工作以前，由设计单位和建设单位按工程要求向勘察单位提出《岩土工程勘察任务(委托)书》，以便制定勘察工作计划。

②对岩土工程条件复杂和范围较大的建筑场地，在选址或初勘阶段，应先到现场踏勘观察，并以地质学方法进行工程地质测绘(用罗盘仪确定勘察点的位置，以文字描述、素描图和照片来说明该处的地质构造和地质现象)。

③布置勘探点以及由相邻勘探点组成的勘探线，采用坑探、钻探、触探、地球物理勘探等手段，探明地下的地质情况，取得岩、土及地下水等试样。

④在室内或现场原位进行土的物理力学性质测试和水质分析试验。

⑤整理分析所取得的勘察成果，对场地的岩土工程条件作出评价，并以文字和图表等形式编制成"岩土工程勘察报告书"。

第二节 岩土工程勘察的任务和内容

一、可行性研究勘察

在可行性研究阶段，勘察的主要任务是取得几个场址方案的主要岩土工程资料，作为比较和选择场址的依据。因此，本阶段应对各个场址的稳定性和建筑的适宜性作出正确的评价。

可行性研究阶段的勘察工作，主要侧重于搜集和分析区域地质、地形地貌、地震、矿产和附近地区的岩土工程资料及当地的建筑经验，并在搜集和分析已有资料的基础上，抓住主要问题，通过踏勘，了解场地的地层岩性、地质构造、岩石和土的性质、地下水情况以及不良地质现象等岩土工程条件。对于岩土工程条件复杂而现有资料尚未能满足要求，但已具备基本条件且可供选取的场地，仍应根据具体情况，进行工程地质测绘以及继续完成其他必要的勘探工作。

二、初步勘察

初勘是在场址确定后进行的。为了对场地内各建筑地段的稳定性作出评价，初勘的任务之一就在于查明建筑场地不良地质现象的成因、分布范围、危害程度及其发展趋势，以便使场地主要建筑物的布置避开不良地质现象发育的地段，为建筑总平面布置提供依据。

初勘的工作是在已有资料和进行地质测绘与调查的基础上，对场址进行勘探和测试。勘探线的布置应垂直于地貌单元边界线、地质构造线和地层界线，勘探点应该布置在这些界线上，并在变化最大的地段予以加密。在地形平坦地区，可按方格网布置勘探点。勘探线和勘探点间距、勘探孔深度应根据岩土工程勘察等级、勘探孔种类选定。在井、孔中取试样或进行原位测试的间距应按地层特点、土的均匀性和建筑要求来确定。

三、详细勘察

经过可行性研究和初步勘察之后，场地岩土工程条件已基本查明，详勘任务就在于针对具体建筑物地基或具体的地质问题，为进行施工图设计和施工提供设计计算参数和可靠的依据。对于单项工程或现有项目扩建工程，勘察工作一开始便应按详勘阶段进行。

详勘工作主要以勘探、原位测试和室内土工试验为主。详勘勘探点宜按建筑物周边及角点布置，对无特殊要求的其他建筑物可按建筑物或建筑群的范围布置勘探点。勘探点的间距视场地条件、地基土质条件按《岩土工程勘察规范》确定。

详勘勘探孔的深度以能控制地基主要受力层为原则。当基础的宽度不大于 5m，且在地基沉降计算深度内又无软弱下卧层存在时，勘探孔深度对条形基础不应小于 $3b$，对独立柱基不应小于 $1.5b$（b 为基础宽度），且不应小于 5m。对高层建筑和需进行变形验算的地基，部分勘探孔（控制性勘探孔）深度应超过地基沉降计算深度（应考虑相邻基础的影响）。

详细勘察采取试样和进行原位测试的勘探孔数量，应根据地层结构、地基土的均匀性和工程特点确定，且不应少于勘探孔总数的1/2，钻探取土试样孔的数量不应少于勘察孔总数的 1/3；每个场地每一主要土层的原状土试样或原位测试数据不应少于 6 件（组），当采用连续记录的静力触探或动力触探为主要勘察手段时，每个场地不应少于 3 个孔；在地基主要受力层内，对厚度大于 0.5m 的夹层或透镜体，应采取土试样或进行原位测试。

四、勘察任务书

设计人员在拟定岩土工程勘察任务书时，应该把地基、基础与上部结构作为互相影响的整体来考虑，并在初步调查研究场地岩土工程资料的基础上，下达岩土工程勘察任务书。

提交给勘察单位的岩土工程勘察任务书应说明工程的意图、设计阶段、要求提交勘察报告书的内容和现场、室内的测试项目以及提出勘察技术要求等。同时应提供为勘察工作所需要的各种图表资料。这些资料可视设计阶段的不同而有所差异。

为配合初步设计阶段进行的勘察，在任务书中应说明工程的类别、规模、建筑面积及建筑物的特殊要求、主要建筑物的名称、最大荷载、最大高度、基础最大埋深和重要设备的有关资料等，并向勘察单位提供附有坐标的、比例为 1∶1 000～1∶2 000 的地形图，图上应标出勘察范围。

对详细设计阶段，在勘察任务书中应说明需要勘察的各建筑物的具体情况。如建筑物上部结构特点、层数、高度、跨度及地下设施情况、地面整平标高、采取的基础形式、尺寸和埋深、单位荷重或总荷重以及有特殊要求的地基基础设计和施工方案等，并提供经上级部门批准附有坐标及地形的建筑总平面布置图(1∶500～1∶200)或单幢建筑物平面布置图。如有挡土墙，还应在图中注明挡土墙位置、设计标高以及建筑物周围边坡开挖线等。

第三节　岩土工程勘察方法

一、测绘与调查

工程地质测绘的基本方法，是在地形图上布置一定数量的观察点和观测线，以便按点和线进行观测和描绘。

工程地质测绘与调查的目的是通过对场地的地形地貌、地层岩性、地质构造、地下水、地表水、不良地质现象进行调查研究和测绘，为评价场地岩土工程条件及合理确定勘探工程提供依据。而对建筑场地的稳定性进行研究，则是工程地质调查和测绘的重点。

在可行性研究阶段进行工程地质测绘与调查时，应搜集、研究已有的地质资料，进行现场踏勘；在初勘阶段，当地质条件较复杂时，应继续进行工程地质测绘；在详勘阶段，仅在初勘测绘的基础上，对某些专门地质问题作必要的补充。测绘与调查的范围，应包括场地及其附近与研究内容有关的地段。

二、勘探方法

常用的勘探方法有坑探、钻探和触探。地球物理勘探只在弄清某些地质问题时才采用。

勘探是岩土工程勘察过程中查明地下地质情况的一种必要手段，它是在地面的工程地质测绘和调查所取得的各项定性资料的基础上，进一步对场地的岩土工程条件进行定量的评价。

1. 坑探

坑探是一种不必使用专门机具的勘探方法。通过探坑的开挖可以取得直观资料和原状土样。特别是在场地地质条件比较复杂时，坑探能直接观察地层的结构和变化，但坑探的深度较浅，不能了解深层的情况。

坑探是一种挖掘探井（槽）（图6-1(a)）的简单勘探方法。探井的平面形状一般采用1.5m×1.0m的矩形或直径为0.8~1.0m的圆形，其深度视地层的土质和地下水埋藏深度等条件而定，较深的探坑须进行坑壁支护。

在探井中取样可按下列步骤进行（图6-1(b)）：先在井底或井壁的指定深度处挖一土柱，土柱的直径必须稍大于取土筒的直径。将土柱顶面削平，放上两端开口的金属筒并削去筒外多余的土，一面削土一面将筒压入，直到筒已完全套入土柱后切断土柱。削平筒两端的土体，盖上筒盖，用熔蜡密封后贴上标签，注明土样的上下方向，如图6-1(c)所示。坑探的取土质量常较好。

2. 钻探

钻探是用钻机在地层中钻孔，以鉴别和划分地层，也可沿孔深取样，用以测定岩石和土层的物理力学性质，同时也可直接在孔内进行某些原位测试。

钻机一般分回转式与冲击式两种。回转式钻机是利用钻机的回转器带动钻具旋转，磨削孔底的地层而钻进，这种钻机通常使用管状钻具，能取柱状岩样。冲击式钻机则利用卷扬机钢丝绳带动钻具，利用钻具的重力上下反复冲击，使钻头冲击孔底，破碎地层形成钻孔。在成孔过程中，它只能取出岩石碎块或扰动土样。

原状土样的采取常用取土器。实践证明，取土器的结构和规格决定了土样保持原状的程度，影响着试样的质量和随后土工试验的可靠性。按不同的土质条件，取土器可分别采用击入取土或压进取土两种方式，以便从钻孔中取出原状土样。

在一些地质条件简单（丙级岩土工程）的小型工程的简易勘探中，可采用小型麻花（螺旋）钻头，以人力回转钻进（图6-2）。这种钻孔直径较小，深度只达10m，且只能取扰动黏性土样，仅用于在现场鉴别土的性质。简易勘探常与坑探和轻便触探（见后）配合使用。

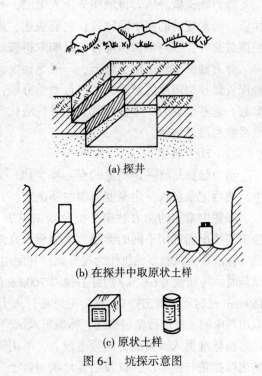

(a) 探井

(b) 在探井中取原状土样

(c) 原状土样

图6-1 坑探示意图

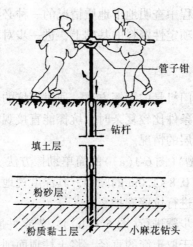

图 6-2 手摇麻花钻钻进示意图

3. 触探

触探是用静力或动力将金属探头贯入土层，根据土对触探头的贯入阻力或锤击数来间接判断土层及其性质。触探是一种勘探方法，又是一种原位测试技术。作为勘探方法，触探可用于划分土层，了解地层的均匀性；作为测试技术，则可估计土的某些特性指标或估计地基承载力。触探按其贯入方式的不同，分为静力触探和动力触探。

(1) 静力触探

静力触探借静压力将触探头压入土层，利用电测技术测得贯入阻力来判定土的力学性质。与常规的勘探手段比较，它能快速、连续地探测土层及其性质的变化。采用静力触探试验时，宜与钻探相配合，以期取得较好的结果。

静力触探试验适用于软土、一般黏性土、粉土、砂土和含少量碎石的土。根据静力触探资料并利用地区经验，可进行力学分层，估算土的软硬状态或密实度、强度与变形参数、地基承载力、单桩承载力，进行液化判别等。根据孔压消散曲线，可估算土的固结系数和渗透系数。

(2) 动力触探

动力触探是将一定质量的穿心锤，以一定的高度（落距）自由下落，将探头贯入土中，然后记录贯入一定深度所需的锤击数，并以此判断土的性质。

勘探中常用的动力触探类型及规格见表 6-1，触探前可根据所测土层种类、软硬、松密等情况而选用不同的类型。下面重点介绍标准贯入试验（SPT）和轻便触探试验。

标准贯入试验以钻机作为提升架，并配用标准贯入器、钻杆和穿心锤等设备（图6-3）。试验时，将质量为 63.5kg 的穿心锤以 760mm 的落距自由下落，先将贯入器竖直打入土中 150mm（此时不计锤击数），然后记录每打入土中 300mm 的锤击数。在拔出贯入器后，可取出其中的土样进行鉴别描述。标准贯入试验适用于砂土、粉土和一般黏性土。

由标准贯入试验测得的锤击数 N，可用于估计黏性土的变形指标与软硬状态、砂土的内摩擦角与密实度，以及估计地震时砂土、粉土液化的可能性和地基承载力等，因而被广泛采用。

表 6-1　　国内常用的动力触探类型及规格

类	型	锤的质量(kg)	落距(mm)	探头或贯入器	贯入指标	触探杆外径(mm)
圆锥动力触探试验	轻型	10	500	圆锥头，规格详见图6-4，锥底面积为12.6cm²	贯入300mm的锤击数 N_{10}	25
	重型	63.5	760	圆锥头，锥角为60°，锥底直径为7.4cm，锥底面积为43cm²	贯入100mm的锤击数 $N_{63.5}$	42
	超重型	120	1000	圆锥头，锥角为60°，锥底直径为7.4cm，锥底面积为43cm²	贯入100mm的锤击数 N_{120}	50~60
标准贯入试验		63.5	760	管式贯入器，规格详见图6-3	贯入300mm的锤击数 N	42

轻便触探试验的设备简单(图6-4)，操作方便，适用于黏性土和黏性素填土地基的勘探，其触探深度只限于4m以内。试验时，先用轻便钻具开孔至被测试的土层，然后提升质量为10kg的穿心锤，使其以500mm的落距自由下落，把尖锥头竖直打入土中。每贯入300mm的锤击数以 N_{10} 表示。

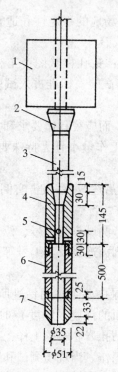

1—穿心锤；2—锤垫；3—钻杆；
4—贯入器头；5—出水孔；6—由两
个半圆形管并合而成的贯入器身；
7—贯入器靴

图 6-3　标准贯入试验设备
(单位：mm)

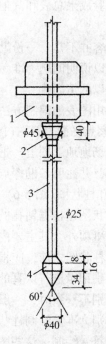

1—穿心锤；2—锤垫；
3—触探杆；4—尖锥头

图 6-4　轻便触探设备

根据轻便触探锤击数 N_{10}，可确定黏性土和素填土的地基承载力，也可按不同位置的 N_{10} 值的变化情况判定地基持力层的均匀程度。

第四节　岩土工程勘察报告

一、勘察报告书的编制

在建筑场地勘察工作结束以后，由直接和间接得到的各种岩土工程资料，经分析整理、检查校对、归纳总结后，便可用简明的文字和图表编成勘察报告书。

勘察报告书的内容应根据勘察阶段、任务要求和岩土工程条件编制。单项工程的勘察报告书一般包括如下部分：

① 任务要求及勘察工作概况。
② 场地位置、地形地貌、地质构造、不良地质现象及地震基本烈度。
③ 场地的地层分布、岩石和土的均匀性、物理力学性质、地基承载力和其他设计计算指标。
④ 地下水的埋藏条件和腐蚀性以及土层的冻结深度。
⑤ 对建筑场地及地基进行综合的岩土工程评价，对场地的稳定性和适宜性作出结论，指出可能存在的问题，提出有关地基基础方案的建议。

报告书所附的图表，常见的有：勘察点平面位置图；钻孔柱状图；工程地质剖面图；土工试验成果总表和其他测试成果图表（如现场载荷试验、标准贯入试验、静力触探试验等）。

上列内容并不是每一份勘察报告都必须全部具备的，而应视具体要求和实际情况有所侧重，并以说明问题为准。对于地质条件简单和勘察工作量小且无特殊要求的工程，勘察报告可以酌情简化。

现将常用图表的编制方法简述如下（常用图表可参见后述"勘察报告实例"）：

(1) 勘察点平面位置图（图 6-5）

在建筑场地地形图上，把建筑物的位置，各类勘探、测试点的编号、位置用不同图例表示出来，并注明各勘探点、测试点的标高和深度、剖面连线及其编号等。

(2) 钻孔柱状图（图 6-6）

钻孔柱状图是根据钻孔的现场记录整理出来的。记录中除了注明钻进所用的工具、方法和具体事项外，其主要内容是关于地层的分布（层面的深度、厚度）和地层特征的描述。绘制柱状图之前，应根据土工试验成果及保存在钻孔岩芯箱的土样，对其分层情况和野外鉴别记录进行认真的校核，并做好分层和并层工作。当现场测试和室内试验成果与野外鉴别不一致时，一般应以测试试验成果为主，只有当样本太少且缺乏代表性时才以野外鉴别为准。绘制柱状图时，应自上而下对地层进行编号和描述，并按一定的比例、图例和符号绘制。这些图例和符号应符合有关勘察规范的规定。在柱状图中还应同时标出取土深度、标准贯入试验位置、地下水位等资料。

(3) 工程地质剖面图（图 6-7）

柱状图只反映场地某一勘探点地层的竖向分布情况；剖面图则反映某一勘探线上地

层沿竖向和水平向的分布情况。由于勘探线的布置常与主要地貌单元或地质构造轴线相垂直，或与建筑物的轴线相一致，故工程地质剖面图是勘察报告的最基本的图件。

剖面图（见后面实例）的垂直距离和水平距离可采用不同的比例尺。绘图时，首先将勘探线的地形剖面线画出，然后标出勘探线上各钻孔中的地层层面，并在钻孔的两侧分别标出层面的高程和深度，再将相邻钻孔中相同的土层分界点以直线相连。当某地层在邻近钻孔中缺失时，该层可假定于相邻两孔中间消失。剖面图中应标出原状土样的取样位置和地下水的深度。各土层应用一定的图例表示，也可以只绘出某一地段的图例，该层未绘出图例的部分，可用地层编号来识别，这样可使图面更为清晰。

在柱状图和剖面图上，也可同时附上土的主要物理力学性质指标及某些试验曲线（如触探和标准贯入试验曲线等）。

(4) 土工试验成果总表（表6-2）

土的物理力学性质指标是地基基础设计的重要数据。应该将土工试验和原位测试所得的成果汇总列表示出。由于土层固有的不均匀性、取样及运送过程的扰动、试验仪器及操作方法上的差异等原因，同一土层测得的任一指标，其数值可能比较分散。因此试验资料应该按地段及层次分别进行统计整理，以便求得具有代表性的指标，统计整理应在合理分层的基础上进行。对物理力学性质指标、标准贯入试验、轻便触探锤击数，每项参加统计的数据不宜少于6个。统计分析后的指标可分为平均值与标准值。

二、勘察报告实例

某单位拟在××市东区建设"××花苑"，现将该建设项目的《岩土工程勘察报告》摘录如下，以作为学习的参考。

(1) 勘察的任务、要求及工作概况

根据岩土工程勘察任务书，某花苑工程包括兴建两幢28层塔楼及4层裙楼。场地整平高程为30.00m。塔楼底面积73m×40m，设一层地下室，拟采用钢筋混凝土框剪结构，最大柱荷载为17 000kN，采用桩基方案。裙楼底面积73m×60m，钢筋混凝土框架结构，采用天然地基浅基础或沉管灌注桩基础方案。

(2) 场地描述

拟建场地位于河流西岸一级阶地上，由于场地基岩受河水冲刷，松散覆盖层下为坚硬的微风化砾岩。阶地上冲积层呈"二元结构"：上部颗粒细，为黏土或粉土层；下层颗粒粗，为砂砾或卵石层。根据场地岩、土样剪切波速测量结果，地表下15m范围内剪切波速平均值$v_{sm}=324.4$m/s，属中硬土类型。又据有关地震烈度区划图资料，场地一带地震基本烈度为6度。

(3) 地层分布

据钻探显示，场地的地层自上而下分为六层：

① 人工填土：浅黄色，松散。以中、粗砂和粉质黏土为主。有混凝土块、碎砖、瓦片。厚约3m。

② 黏土：冲积，硬塑，压缩系数$a_{1-2}=0.29$MPa^{-1}，具中等的压缩性。地基承载力特征值$f_{ak}=288.5$kPa，桩侧土侧阻力特征值$q_{sia}=40$kPa，厚度为4~5m。

③ 淤泥：灰黑色，冲积，流塑，具高压缩性，底夹薄粉砂层。厚度为0~3.70m，

场地西部较厚，东部缺失。

④ 砾石：褐黄色，冲积，稍密，饱和，层中含卵石和粉粒，透水性强，厚度为 3.70~8.20m。

⑤ 粉质黏土：褐黄色，残积，硬塑至坚硬，为砾岩风化产物。压缩系数 a_{1-2} = 0.22 MPa^{-1}，具中偏低压缩性。桩侧土侧阻力特征值 q_{sia} = 53kPa，桩端土端阻力特征值 q_{pa} = 3 200kPa，厚度为 5~6m。

⑥ 砾岩：褐红色，岩质坚硬，岩样单轴抗压强度标准值 f_{rk} = 58.5MPa，场地东部的基岩埋藏浅，而西部较深，埋深一般为 24~26m。

(4) 地下水情况

本区地下水为潜水，埋深约 2.10m。表层黏土层为隔水层，渗透系数 k = 1.28×10^{-7}cm/s，砾石层为强透水层，渗透系数 k = 2.07×10^{-1}cm/s，砾石层地下水量丰富。经水质分析，地下水化学成分对混凝土无腐蚀性。场地一带的地下水与邻近的河水有水力联系。

(5) 岩土工程条件评价

① 本场地地层建筑条件评价：

a. 人工填土层物质成分复杂，含有分布不均的混凝土块和砖瓦等杂物，呈松散状，承载力低；

b. 黏土层呈硬塑状，具中等的压缩性，场地内厚度变化不大，一般为 4~5m。地基承载力特征值 f_{ak} = 288.5kPa，可直接作为 5~6 层建筑物的天然地基；

c. 淤泥层，含水量高，孔隙比大，具有高压缩性，厚度变化大，不宜作为建筑物地基的持力层；

d. 砾石层，呈稍密状态，厚度变化颇大，土的承载能力不高；

e. 粉质黏土，硬塑至坚硬，桩侧土侧阻力特征值 q_{sia} = 53kPa，桩端土端阻力特征值 q_{pa} = 3 200kPa，可作为沉管灌注桩的地基持力层；

f. 微风化砾岩，岩样的单轴抗压强度标准值 f_{rk} = 58.5MPa，呈整体块状结构，是理想的高层建筑桩基持力层。

② 对 4 层高裙楼可采用天然地基上的浅基础方案，以硬塑黏土作为持力层。由于裙楼上部荷载较小，黏土层相对来说承载力较高，并有一定厚度，其下又没有软弱淤泥层。

③ 塔楼层数高，荷载大，宜选择砾岩岩层作桩基持力层。由于砾石层地下水量丰富，透水性强，因而不宜采用人工挖孔桩，而应选用钻孔灌注桩，并以微风化砾岩作为桩端持力层。

本工程的钻孔平面位置图、钻孔柱状图、工程地质剖面图和土工试验成果总表分别见图 6-5、图 6-6、图 6-7 和表 6-2。

三、勘察报告的阅读和使用

为了充分发挥勘察报告在设计和施工工作中的作用，必须重视对勘察报告的阅读和使用。阅读时应先熟悉勘察报告的主要内容，了解勘察结构和计算指标的可靠程度，进而判断报告中的建议对该项工程的适用性，做到正确使用勘察报告。这里，需要把场地

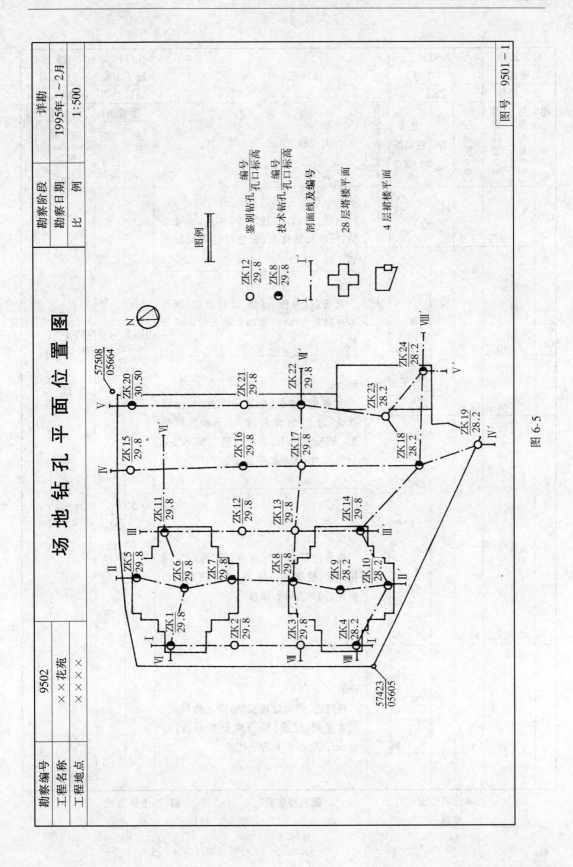

图 6-5

勘察编号	9502				钻 孔 柱 状 图	孔口标高	29.8m
工程名称	××花苑					地下水位	27.6m
钻孔编号	ZK1					钻探日期	1995年2月7日

地质代号	层底标高(m)	层底深度(m)	分层厚度(m)	层序号	地质柱状图 1:200	岩芯采取率(%)	工 程 地 质 简 述	标贯N 深度(m)	实际击数 校正击数	岩土样 编号 深度(m)	备注
Q^{ml}		3.0	3.0	①	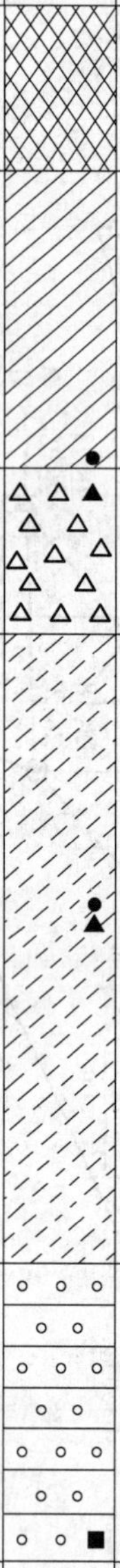	75	填土： 杂色、松散，内有碎砖、瓦片、混凝土块、粗砂及黏性土，钻进时常遇混凝土板				
Q^{al}		10.7	7.7	②		90	黏土： 黄褐色、冲积、可塑，具黏滑感，顶部为灰黑色耕作层，底部土中含较多粗颗粒	10.85 / 11.15	31 / 25.7	ZK1-1 / 10.5~10.7	
		14.3	3.6	④		70	砾石： 土黄色、冲积、松散—稍密，上部以砾、砂为主，含泥量较大，下部颗粒变粗，含砾石、卵石，粒径一般为20~50mm，个别达70~90mm，磨圆度好				
Q^{el}		27.3	13.0	⑤		85	粉质黏土： 褐黄色带白色斑点，残积，为砾岩风化产物，硬塑—坚硬，土中含较多粗石英粒，局部为砾石颗粒	20.55 / 20.85	42 / 29.8	ZK1-2 / 20.2~20.4	
γ_5^3		32.4	5.1	⑥		80	砾岩： 褐红色，铁质硅质胶结，中—微风化，岩质坚硬、性脆，砾石成分有石英、砂岩、石灰岩块，岩芯呈柱状			ZK1-3 / 31.2~31.3	图号 9502-7

▲标贯位置　　■岩样位置　　●砂、土样位置

拟编：　　　　　　　　　　审核：

图 6-6

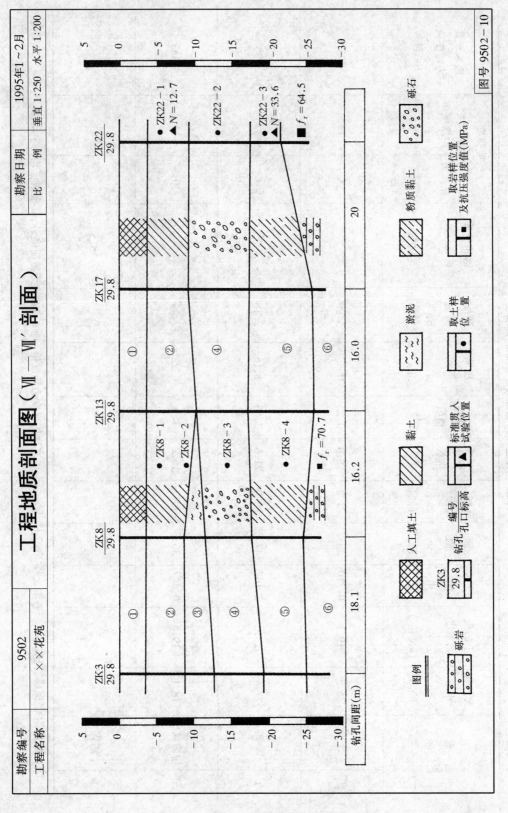

图 6-7

表6-2 ××花苑土(岩)物理力学指标的标准值

主要指标		天然含水量 w (%)	土的天然重度 γ (kN/m³)	孔隙比 e	液限 w_L (%)	塑限 w_p (%)	塑性指数 I_p	液性指数 I_L	压缩系数 a_{1-2} (MPa⁻¹)	压缩模量 E_{s1-2} (MPa)	饱和单轴抗压强度 f_{rk} (MPa)	抗剪强度		地基承载力特征值 f_{ak} (kPa)
												粘聚力 c_{cu} (kPa)	内摩擦角 φ_{cu} (°)	
②	黏土	25.3	19.1	0.710	39.2	21.2	18.0	0.23	0.29	5.90		25.7	14.8	288.5
③	淤泥	77.4	15.3	2.107	47.3	26.0	21.3	2.55	1.16	2.18		6	6	35
⑤	粉质黏土	18.1	19.5	0.647	36.5	20.3	16.2	<0	0.22	7.49		30.8	17.2	355
⑥	砾岩										58.5			

注：黏土层、淤泥层、粉质黏土层各取土样6～7件，除 c、φ、岩石抗压强度为标准值，地基承载力为特征值外，其余指标均为平均值。

的岩土工程条件与拟建建筑物具体情况和要求联系起来进行综合分析。工程设计与施工，既要从场地和地基的岩土工程条件出发，也要充分利用有利的岩土工程条件。下面通过一些实例来说明建筑场地和地基岩土工程条件综合分析的主要内容及其重要性。

1. 地基持力层的选择

对不存在可能威胁场地稳定性的不良地质现象的地段，地基基础设计应在满足地基承载力和沉降这两个基本要求的前提下，尽量采用比较经济的天然地基上的浅基础。这时，地基持力层的选择应该从地基、基础和上部结构的整体性出发，综合考虑场地的土层分布情况和土层的物理力学性质，以及建筑物的体型、结构类型和荷载的性质与大小等情况。

通过勘察报告的阅读，在熟悉场地各土层的分布和性质（层次、状态、压缩性和抗剪强度、土层厚度、埋深及其均匀程度等）的基础上，初步选择适合上部结构特点和要求的土层作为持力层，经过试算或方案比较后作出最后决定。

在上述实例中，四层高裙楼选择黏土层作为持力层是适宜的。因为考虑到该层具有下列的有利因素：①地基承载力完全可以满足设计要求（其地基承载力特征值达288.5kPa）；②该层具有一定厚度，在本场地内的厚度为4~5m，分布稳定，且其下方不存在淤泥等软弱土层；③黏土层呈硬塑状，是场地内的隔水层，预计基坑开挖后的涌水量较少，基坑边坡易于维持稳定状态；④上部结构荷载不大。若柱基的埋深和宽度加大，黏土层承载力还可提高。

对28层塔楼来说，情况与裙楼完全不同，塔楼荷载大且集中，其柱荷载为17 000kN；黏土层虽有一定承载力和厚度，但该地段下方分布有厚薄不均的软弱淤泥土层，加之塔楼设置有一层地下室，部分黏土层被挖去后，将使基底更接近软弱淤泥层顶面，其不均匀沉降可能更大；场地内基岩强度高，埋藏深度又不大，故选择砾岩作为桩基持力层合理可靠。从地下室底面起算的桩长，一般为20m左右，施工难度不大。

根据勘察资料的分析，合理地确定地基土的承载力（详见第七章）是选择地基持力层的关键。而地基承载力实际上取决于许多因素，单纯依靠某种方法确定承载力值未必十分合理。必要时，可以通过多种测试手段，并结合实践经验适当予以增减。这样做，有时会取得很好的实际效果。

某地区拟建12层商业大厦，上部采用框架结构，设有地下室，建筑场地位于丘陵地区，地质条件并不复杂，表土层是花岗岩残积土，厚14~25m不等，覆盖层下为强风化花岗岩。

场地勘探采用钻探和标准贯入试验进行，在不同深度处采取原状试样进行室内岩石和土的物理力学性质指标试验。试验结果表明：残积土的天然孔隙比$e>1.0$，压缩模量$E_s<5.0$MPa，属中等偏高压缩性土。而标准贯入试验N值变化很大：10~25击。据土的物理性质指标查得，地基土的承载力特征值为$f_{ak}=120~140$kPa。如果上述意见成立，该建筑物须采用桩基础，桩端应支承在强风化花岗岩上。

根据当地建筑经验，对于花岗岩残积土，由室内测试成果所得的f_{ak}值常偏低。为了检验室内成果的可靠程度，以便对建筑场地作出符合实际的岩土工程评价，又在现场进行3次载荷试验，并按不同深度进行15次旁压试验，各次试验算出的f_{ak}值均在200kPa以上。此外，考虑到该建筑物可能采用筏形基础，基础的埋深和宽度都较大，地基承载力还可提高。于是决定采用天然地基浅基础方案,并在建筑、结构和施工各方面采取了某些减轻不均匀沉降影响的措施,终于使该商业大厦顺利建成。

由这个实例中可以看出,在阅读和使用勘察报告时,应该注意所提供资料的可靠性。有时,由于勘察工作不够详细,地基土特殊工程性质不明以及勘探方法本身的局限性,勘察报告不可能充分地或准确地反映场地的主要特征。或者,在测试工作中,由于人为的和仪器设备的影响,也可能造成勘察成果的失真而影响报告的可靠性。因此,在编写和使用报告过程中,应该注意分析、发现问题,并对有疑问的关键性问题进一步查清,以便少出差错。但对于一般中小型工程,可用室内试验指标作为主要依据,不一定都要进行现场载荷试验或更多的工作。

2. 场地稳定性评价

岩土工程条件复杂的地区,综合分析的首要任务是评价场地的稳定性,其次才是地基的强度和沉降问题。

场地的地质构造(断层、褶皱等)、不良的地质现象(如滑坡、崩塌、岩溶、塌陷和泥石流等)、地层的成层条件和地震的发生都可能影响场地的稳定性。在这些场地进行勘察,必须查明其分布规律、条件和危害程度,从而在场地之内划分出稳定、较稳定和危险的地段,作为选址的依据。

在断层、向斜、背斜等构造地带和地震区修建建筑物,必须慎重对待。在选址勘察中指明应予避开的危险场地,不应进行建设。但对已经判明属相对稳定的构造断裂地带,也可以进行工程建设。实际上,有的厂房的大直径钻孔桩就直接支承在相对稳定的断裂带岩层上。

在不良地质现象发育且对场地稳定性有直接危害或潜在威胁的地区,如不得不在其中较为稳定的地段进行建筑,必须事先采取有力措施,防患于未然,以免因中途改变场址或需要处理而花费极高的费用。

思 考 题

6-1 在详细勘察阶段,勘探孔的深度如何控制?
6-2 常用的勘探方法有哪几种?
6-3 勘察报告中常用的图表有哪几种?

第七章 天然地基上的浅基础

第一节 概 述

从本章起,我们将讨论各种类型地基基础的特点、设计和施工。

绪论中已经指出,建筑物地基可分为天然地基和人工地基,基础可分为浅基础和深基础。浅基础不同于深基础:从施工的角度来看,开挖基坑(槽)过程中降低地下水位(当地下水位较高时)和维护坑壁(或边坡)稳定的问题比较容易解决,只是在少数开挖深度较大时才比较复杂;从设计的角度来看,只考虑基础底面以下土层的承载能力,而忽略基础侧面土的摩擦力。

工程设计都是从选择方案开始的。地基基础方案有:天然地基或人工地基上的浅基础;深基础(采用深基础而又对天然土层进行处理者较少采用);深浅结合的基础(如桩-筏基础、桩-箱基础和地下连续墙-箱形基础等)。上述每种方案中各有多种基础类型和做法,可根据实际情况加以选择。

地基基础设计是建筑物结构设计的重要组成部分。基础的形式和布置,要合理地配合上部结构的设计,满足建筑物整体的要求,同时要做到便于施工、降低造价。天然地基上结构较简单的浅基础最为经济,如能满足要求,宜优先选用。

本章将讨论天然地基上浅基础设计各方面的问题。这些问题与土力学、工程地质学、砌体结构和混凝土结构以及建筑施工课程关系密切。天然地基上浅基础设计的原则和方法,也适用于人工地基上的浅基础,只是采用后一方案时,尚需对所选择的地基处理方法进行设计,并处理好人工地基与浅基础的相互影响。

一、浅基础设计的内容

天然地基上浅基础的设计,包括下述各项内容:
① 选择基础的材料、类型,进行基础平面布置。
② 选择基础的埋置深度。
③ 确定地基承载力特征值。
④ 确定基础的底面尺寸。
⑤ 必要时进行地基沉降与稳定性验算。
⑥ 进行基础结构设计(按基础布置进行内力分析、截面计算和满足构造要求)。
⑦ 绘制基础施工图,提出施工说明。

基础施工图应清楚表明基础的布置、各部分的平面尺寸和剖面,注明设计地面(或基础底面)的标高。如果基础的中线与建筑物的轴线不一致,应加以标明。如建筑物在地下有暖气沟等设施,也应标示清楚。至于所用材料及其强度等级等方面的要求和规定,应在施工说明中提出。

上述浅基础设计的各项内容是互相关联的。设计时可按上列顺序,首先选择基础材料、类型和埋深,然后逐项进行计算。如发现前面的选择不妥,则须修改设计,直至各项计算均符合要求且各数据前后一致为止。

如果地基软弱,为了减轻不均匀沉降的危害,在进行基础设计的同时,尚需从整体上对建筑设计和结构设计采取相应的措施,并对施工提出具体(或特殊)要求(见本章第十一节)。

二、基础设计方法

基础的上方为上部结构的墙、柱,而基础底面以下则为地基土(岩)体。基础承受上部结构的作用并对地基表面施加压力(基底压力),同时,地基表面对基础产生反力(地基反力)。两者大小相等,方向相反。基础所承受的上部荷载和地基反力应满足平衡条件。地基土体在基底压力作用下产生附加应力和变形,而基础在上部结构和地基的作用下则产生内力和位移,地基与基础互相影响、互相制约。进一步说,地基与基础两者之间,除了荷载的作用外,还与它们抵抗变形或位移的能力(刚度)有着密切的关系。而且,基础及地基也与上部结构的荷载和刚度有关,即地基、基础和上部结构都是互相影响、互相制约的。它们原来互相连接或接触的部位,在各部分荷载、位移和刚度的综合影响下,一般仍然保持连接或接触:墙柱底端的位移、该处基础的变位和地基表面的沉降相一致,满足变形协调条件。上述概念,可称为地基—基础—上部结构的相互作用。

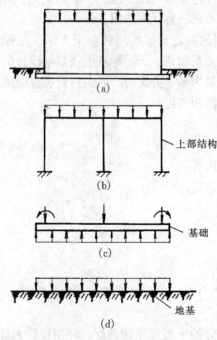

图 7-1 常规设计法计算简图

为了简化,在工程设计中,通常把上部结构、基础和地基三者分离开来,分别对三者进行计算:视上部结构底端为固定支座或固定铰支座,不考虑荷载作用下各墙柱端部的相对位移,并按此进行内力分析(图7-1(b));而对基础与地基,则假定地基反力与基底压力呈直线分布,分别计算基础的内力与地基的沉降,见图7-1(c)、(d)。这种传统(习惯)的分析与设计方法,可称为常规设计法。这种设计方法,对于良好均质地基上刚度大的基础和墙柱布置均匀、作用荷载对称且大小相近的上部结构来说是可行的。在这些情况下,按常规设计法计算的结果,与进行地基—基础—上部结构相互作用分析的结果差别不大,可满足结构设计可靠度的要求,并已经过大量工程实践的检验。本章第五至九节所讨论的浅基础,将采用这种简便实用的设计方法。

基底压力一般并非呈直线(或平面)分布,它与土的类别性质、基础尺寸和刚度以及荷载大小等因素有关。在地基软弱、基础平面尺寸大、上部结构的荷载分布不均等情况下,地基的沉降和反力将受到基础和上部结构的影响,而基础和上部结构的内力和变位也将调整。如按常规方法计算,墙柱底端的位移、基础的挠曲和地基的沉降将各不相同,三者变形不协调,且不符合实际。而且,地基不均匀沉降所引起的上部结构附加内力和基础内力的变化,未能在结构设计中加以考虑,因而也不够安全。只有进行地基—基础—上部结构的相互作用分析,才能合理进行设计,做到既降低造价又能防止建筑物遭受损坏。目前,这方面的研究工作已取得进展,人们可以根据某些实测资料和借助电子计算机,进行某些结构类型、基础形式和地基条件的相互作用分析,并在工程实践中运用相互作用分析的成果或概念。

三、对地基计算的要求

根据地基复杂程度、建筑物规模和功能特征以及由于地基问题可能造成建筑物破坏或影响正常使用的程度,《建筑地基基础设计规范》(GB 50007—2012)将地基基础设计分为三个设计等级(表 7-1)。

表 7-1　　　　　　　　　　　　　　地基基础设计等级

设计等级	建筑和地基类型
甲级	重要的工业与民用建筑物 30 层以上的高层建筑 体型复杂,层数相差超过 10 层的高低层连成一体的建筑物 大面积的多层地下建筑物(如地下车库、商场、运动场等) 对地基变形有特殊要求的建筑物 复杂地质条件下的坡上建筑物(包括高边坡) 对原有工程影响较大的新建筑物 场地和地基条件复杂的一般建筑物 位于复杂地质条件及软土地区的二层及二层以上地下室的基坑工程 开挖深度大于 15m 的基坑工程 周边环境条件复杂、环境保护要求高的基坑工程
乙级	除甲级、丙级以外的工业与民用建筑物 除甲级、丙级以外的基坑工程
丙级	场地和地基条件简单、荷载分布均匀的 7 层及 7 层以下民用建筑及一般工业建筑 次要的轻型建筑物 非软土地区且场地地质条件简单、基坑周边环境条件简单、环境保护要求不高且开挖深度小于 5m 的基坑工程

根据建筑物地基基础设计等级及长期荷载作用下地基沉降对上部结构的影响程度,地基基础设计应符合下列规定:

①所有建筑物的地基计算均应满足承载力计算的有关规定。

②设计等级为甲、乙级的建筑物，均应按地基沉降设计(即应验算地基沉降)。

③表 7-2 所列范围内设计等级为丙级的建筑物可不作地基沉降验算，如有下列情况之一者，仍应作地基沉降验算：

　　a. 地基承载力特征值小于 130kPa，且体型复杂的建筑；

　　b. 在基础上及其附近有地面堆载或相邻基础荷载差异较大，可能引起地基产生过大的不均匀沉降时；

表 7-2　　**可不作地基沉降计算设计等级为丙级的建筑物范围**

地基主要受力层情况	地基承载力特征值 f_{ak}(kPa)	$80 \leqslant f_{ak}$ <100	$100 \leqslant f_{ak}$ <130	$130 \leqslant f_{ak}$ <160	$160 \leqslant f_{ak}$ <200	$200 \leqslant f_{ak}$ <300
	各土层坡度(%)	≤5	≤10	≤10	≤10	≤10
建筑类型	砌体承重结构、框架结构(层数)	≤5	≤5	≤6	≤6	≤7
	单层排架结构(6m柱距) 单跨 吊车额定起重量(t)	10~15	15~20	20~30	30~50	50~100
	单层排架结构(6m柱距) 单跨 厂房跨度(m)	≤18	≤24	≤30	≤30	≤30
	单层排架结构(6m柱距) 多跨 吊车额定起重量(t)	5~10	10~15	15~20	20~30	30~75
	单层排架结构(6m柱距) 多跨 厂房跨度(m)	≤18	≤24	≤30	≤30	≤30
	烟囱 高度(m)	≤40	≤50		≤75	≤100
	水塔 高度(m)	≤20	≤30		≤30	≤30
	水塔 容积(m³)	50~100	100~200	200~300	300~500	500~1000

注：① 地基主要受力层系指条形基础底面下深度为 $3b$(b 为基础底面宽度)，独立基础下为 $1.5b$，且厚度均不小于 $5m$ 的范围(二层以下一般的民用建筑除外)。

② 地基主要受力层中如有承载力特征值小于 130kPa 的土层，表中砌体承重结构的设计应符合《建筑地基基础设计规范》第七章的有关要求。

③ 表中砌体承重结构和框架结构均指民用建筑，对于工业建筑，可按厂房高度、荷载情况折合成与其相当的民用建筑层数。

④ 表中吊车额定起重量、烟囱高度和水塔容积的数值系指最大值。

c. 软弱地基上的建筑物存在偏心荷载时;

d. 相邻建筑距离过近,可能发生倾斜时;

e. 地基内有厚度较大或厚薄不均的填土,其自重固结未完成时。

④对经常受水平荷载作用的高层建筑、高耸结构和挡土墙等,以及建造在斜坡上或边坡附近的建筑物和构筑物,尚应验算其稳定性。

⑤基坑工程应进行稳定性验算。

⑥建筑地下室或地下构筑物存在上浮问题时,尚应进行抗浮验算。

四、关于荷载取值的规定

地基基础设计时,所采用的作用效应与相应的抗力限值应按下列规定采用:

①按地基承载力确定基础底面积及埋深时,传至基础底面上的作用效应应按正常使用极限状态下作用的标准组合。相应的抗力应采用地基承载力特征值。

②计算地基沉降时,传至基础底面上的作用效应应按正常使用极限状态下作用的准永久组合,不应计入风荷载和地震作用,相应的限值应为地基沉降允许值。

③计算挡土墙、地基或滑坡稳定以及基础抗浮稳定时,作用效应应按承载能力极限状态下作用的基本组合,但其分项系数均为1.0。

④在确定基础高度、支挡结构截面、计算基础或支挡结构内力、确定配筋和验算材料强度时,上部结构传来的作用效应和相应的基底反力、挡土墙土压力以及滑坡推力,应按承载能力极限状态下作用的基本组合,采用相应的分项系数。

当需要验算基础裂缝宽度时,应按正常使用极限状态下作用的标准组合。

⑤由永久作用控制的基本组合值可取标准组合值的1.35倍。

第二节　浅基础分类

一、按基础材料分类

基础应具有承受荷载、抵抗变形和适应环境影响(如地下水侵蚀和低温冻胀等)的能力,即要求基础具有足够的强度、刚度和耐久性。选择基础材料,首先要满足这些技术要求,并与上部结构相适应。

常用的基础材料有砖、毛石、灰土、三合土、混凝土和钢筋混凝土等。下面简单介绍这些基础的性能和适用性。

(1) 砖基础

砖砌体具有一定的抗压强度,但抗拉强度和抗剪强度低。砖基础所用的砖,强度等级不低于MU10,砂浆不低于M5。在地下水位以下或当地基土潮湿时,应采用水泥砂浆砌筑。在砖基础底面,一般应先做100mm厚的C10混凝土垫层(图7-2(a))。砖基础取材容易,应用广泛,一般可用于6层及6层以下的民用建筑和砖墙承重的厂房。

(2) 毛石基础

毛石是指未经加工凿平的石料。毛石基础所采用的是未风化的硬质岩石,禁用风化毛石。由于毛石之间间隙较大,如果砂浆黏结的性能较差,则不能用于多层建筑,且不

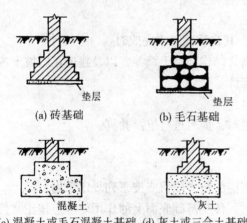

图7-2 墙下无筋条形基础
(a) 砖基础 (b) 毛石基础
(c) 混凝土或毛石混凝土基础 (d) 灰土或三合土基础

宜用于地下水位以下。但由于毛石基础的抗冻性能较好，北方也有用来作为7层以下的建筑物基础（图7-2(b)）。

（3）灰土基础

灰土是用石灰和土料配制而成的。石灰以块状为宜，经熟化（加水化开）1~2天后过5mm筛立即使用。土料应用塑性指数较低的粉土和黏性土为宜，土料团粒应过筛，粒径不得大于15mm。石灰和土料按体积配合比为3：7或2：8拌和均匀后，在基槽内分层夯实（每层虚铺220~250mm，夯实至150mm）。灰土基础宜在比较干燥的土层中使用，其本身具有一定的抗冻性。在我国华北和西北地区，广泛用于5层和5层以下的民用房屋。

（4）三合土基础

三合土由石灰、砂和骨料（矿渣、碎砖或碎石）加水混合而成。施工时石灰、砂、骨料按体积配合比为1：2：4或1：3：6拌和均匀后再分层夯实（每层虚铺约220mm，夯至150mm）。三合土的强度较低，一般只用于4层及4层以下的民用建筑。

南方有的地区习惯使用水泥、石灰、砂、骨料的四合土作为基础。所用材料的体积配合比分别为1：1：5：10或1：1：6：12。

（5）混凝土基础

混凝土基础（图7-2(c)）的抗压强度、耐久性和抗冻性比较好，其混凝土强度等级一般为C15。这种基础常用在荷载较大的墙柱处。如在混凝土基础中埋入体积占25%~30%的毛石（石块尺寸不宜超过300mm），即做成毛石混凝土基础，可节省水泥用量。

（6）钢筋混凝土基础

钢筋混凝土是基础的良好材料，其强度、耐久性和抗冻性都较理想。由于它承受力矩和剪力的能力较好，故在相同的基底面积下可减少基础高度，因此常在荷载较大或地基较差的情况下使用。

除钢筋混凝土基础外，上述其他各种基础均属无筋基础。无筋基础的材料都具有较好的抗压性能，但抗拉、抗剪强度都不高，为了使基础内产生的拉应力和剪应力不大，设计时需要加大基础的高度。因此，这种基础几乎不会发生挠曲变形，故习惯上把无筋基础称为刚性基础。

二、按结构形式分类

（1）墙下条形基础

墙下条形基础有无筋条形基础（图7-2）和钢筋混凝土条形基础（图7-3）两种。无筋条形基础在砌体结构中得到广泛的应用。有时，基础上的荷载较大而地基承载力较低，需要加大基础的宽度，但又不想增加基础的高度和埋置深度，那么可考虑采用钢筋混凝土条形基础。这种基础，底面宽度可达2m以上，而底板厚度可以小至300mm，适宜在需要"宽基浅埋"的情况下采用。有时，地基不均匀，为了增强基础的整体性和抗弯能力，可以采用有肋的钢筋混凝土条形基础(图7-3(b))，肋部配置纵向钢筋和箍筋，以承受由不均匀沉降引起的弯曲应力。

（2）柱下独立基础（单独基础）

柱下独立基础也分为柱下无筋基础(图7-4)和柱下钢筋混凝土独立基础(图7-5)。砌体柱可采用无筋基础。钢筋混凝土独立基础的底部应配置双向受力钢筋。

现浇柱的独立基础可做成阶梯形或锥形，分别如图7-5(a)、(b)所示；预制柱则采用杯口基础，如图7-5(c)所示。杯口基础常用于装配式单层工业厂房。

墙下条形基础和柱下独立基础统称为扩展基础，其作用是把墙或柱的荷载侧向扩展到土中，使之满足地基承载力和沉降的要求。

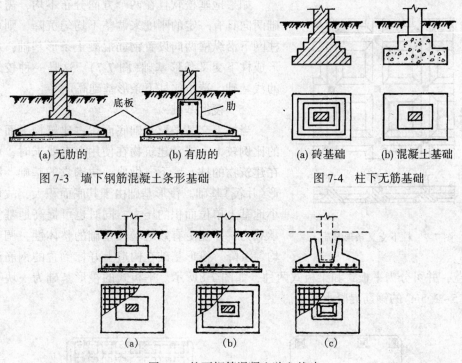

图7-3　墙下钢筋混凝土条形基础　　图7-4　柱下无筋基础

图7-5　柱下钢筋混凝土独立基础

（3）柱下条形基础

支承同一方向（或同一轴线）上若干根柱的长条形连续基础（图7-6）称为柱下条形基础。这种基础采用钢筋混凝土作材料，它将建筑物所有各层的荷载传递到地基处，故本身应有一定的尺寸和配筋量，造价较高。但这种基础的抗弯刚度较大，因而具有调整不均匀沉降的能力，可使各柱的竖向位移较为均匀。柱下条形基础是常用于软弱地基上框架或排架结构的一种基础形式。

（4）柱下交叉条形基础

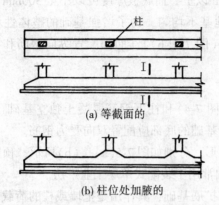
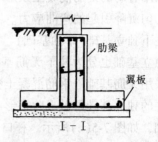

图 7-6 柱下条形基础

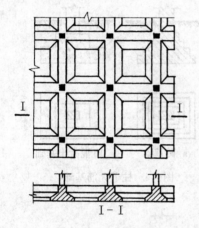

图 7-7 柱下交叉条形基础

如果地基松软且在两个方向分布不均,需要基础两向具有一定的刚度来调整不均匀沉降,则可在柱网下沿纵横两向设置钢筋混凝土条形基础,从而形成柱下交叉条形基础(图 7-7)。这是一种较复杂的浅基础,造价比柱下条形基础高。

(5) 筏形基础

当柱下交叉条形基础底面积占建筑物平面面积的比例较大,或者建筑物在使用上有要求时,可以在建筑物的柱、墙下方做成一块满堂的基础,即筏形(片筏)基础。筏形基础由于其底面积大,故可减小地基上单位面积的压力,同时也可提高地基土的承载力,并能更有效地增强基础的整体性,调整不均匀沉降。筏形基础在构造上好像倒置的钢筋混凝土楼盖,并可分为平板式和梁板式两种,如图 7-8 所示。平板式的筏形基础为一块等厚度(0.5~2.5m)的钢筋混凝土平板。

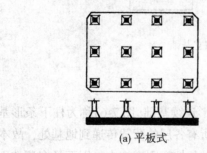
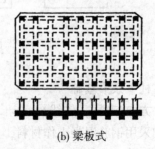

图 7-8 筏形基础

(6) 箱形基础

箱形基础是由钢筋混凝土底板、顶板和纵横内外墙组成的整体空间结构,如图 7-9

所示。箱形基础具有很大的抗弯刚度，只能产生大致均匀的沉降或整体倾斜，从而基本上消除了因地基沉降而使建筑物开裂的可能性。

箱形基础内的空间常用做地下室。这一空间的存在，减少了基础底面的压力；如不必降低基底压力，则相应可增加建筑物的层数。箱形基础的钢筋、水泥用量很大，施工技术要求也高。

除了上述各种类型外，还有联合基础、壳体基础等形式，这里不再赘述。

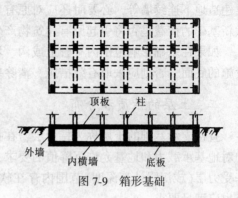

图 7-9　箱形基础

第三节　基础埋置深度的选择

基础埋置深度是指基础底面至地面（一般指室外地面）的距离。基础埋深的选择关系到地基基础方案的优劣、施工的难易和造价的高低。影响基础埋深选择的因素可归纳为如下四方面，其中后三方面主要是从地基条件出发的。对于一项具体工程来说，基础埋深的选择往往取决于下述某一方面中的决定性因素。一般来说，在满足地基稳定和沉降要求及有关条件的前提下，基础应尽量浅埋。

一、与建筑物及场地环境有关的条件

确定基础的埋深时，首先要考虑的是建筑物在使用功能和用途方面的要求，例如必须设置地下室、带有地下设施、属于半埋式结构物等。

对位于土质地基上的高层建筑，基础埋深应满足地基承载力、沉降和稳定性要求。为了满足稳定性要求，其基础埋深应随建筑物高度适当增大。在抗震设防区，筏形和箱形基础的埋深不宜小于建筑物高度的 1/15；桩筏或桩箱基础的埋深（不计桩长）不宜小于建筑物高度的1/18。对位于岩石地基上的高层建筑，其基础埋深应满足抗滑要求；受有上拔力的基础如输电塔基础，也要求有较大的埋深以满足抗拔要求。烟囱、水塔等高耸结构均应满足抗倾覆稳定性的要求。

气候变化、树木生长及生物活动会对基础带来不利影响，因此，基础应埋置于地表以下，其埋深不宜小于 0.5m（岩石地基除外）；基础顶面一般应至少低于设计地面 0.1m。

靠近原有建筑物修建新基础时，为了不影响原有基础的安全，新基础最好不低于原有的基础。当必须超过时，则两基础间的净距应不小于其底面高差的 1~2 倍（土质好时可取低值），如图 7-10 所示。如果不能满足这一要求，施工期间应采取措施。例如，新建条形基础应分段开挖修筑；基坑（槽）壁应设置临时加固支撑，或事先打入板桩。

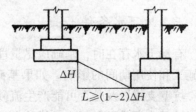

图 7-10　不同埋深的相邻基础

或建造地下连续墙等,必要时还应对原有建筑物进行加固。此外,在使用期间,还要注意新基础的荷载是否将引起原有建筑物产生不均匀沉降。

如果在基础影响范围内有管道或沟、坑等地下设施通过,基础底面一般应低于这些设施的底面,否则应采取有效措施,消除基础对地下设施的不利影响。

二、土层的性质和分布

直接支承基础的土层称为持力层,在持力层下方的土层称为下卧层。为了满足建筑物对地基承载力和地基允许沉降值的要求,基础应尽可能埋置在良好的持力层上。当地基受力层(或沉降计算深度)范围内存在软弱下卧层时,软弱下卧层的承载力和地基沉降也应满足要求。

在选择持力层和基础埋深时,应通过工程地质勘察报告详细了解拟建场地的地层分布、各土层的物理力学性质和地基承载力等资料。为了便于讨论,对于中小型建筑物,不妨把处于坚硬、硬塑或可塑状态的黏性土层,密实或中密状态的砂土层和碎石土层,以及属于低、中压缩性的其他土层视作良好土层;而把处于软塑、流塑状态的黏性土层,处于松散状态的砂土层,以及未经处理的填土和其他高压缩性土层视作软弱土层。下面针对工程中常遇到的四种土层分布情况,说明基础埋深的确定原则。

①在地基受力层范围内,自上而下都是良好土层。这时基础埋深由其他条件和最小埋深确定。

②自上而下都是软弱土层。对于轻型建筑,仍可考虑按情况①处理。如果地基承载力或地基沉降不能满足要求,则应考虑采用连续基础、人工地基或深基础方案。哪一种方案较好,需要从安全可靠、施工难易、造价高低等方面综合确定。

③上部为软弱土层而下部为良好土层。这时,持力层的选择取决于上部软弱土层的厚度。一般来说,软弱土层厚度小于2m者,应选取下部良好土层作为持力层;若软弱土层较厚,可按情况②处理。

④上部为良好土层而下部为软弱土层。这种情况在我国沿海地区较为常见,地表普遍存在一层厚度为2~3m的"硬壳层",硬壳层以下为孔隙比大、压缩性高、强度低的软土层。对于一般中小型建筑物,或6层以下的住宅,宜选这一硬壳层作为持力层,基础尽量浅埋,即采用"宽基浅埋"方案,以便加大基底至软弱土层的距离。此时,最好采用钢筋混凝土基础(基础截面高度较小)。

当地基持力层顶面倾斜时,同一建筑物的基础可以采用不同的埋深。为保证基础的整体性,墙下无筋基础应沿倾斜方向做成台阶形,并由深到浅逐渐过渡。台阶的做法见图7-11。

三、地下水条件

有地下水存在时,基础应尽量埋置于地下水位以上,以避免地下水对基坑开挖、基础施工和使用期间的影响。如果基础埋深低于地下水位,则应考虑施工期间的基坑降水、坑壁支撑以及是否可能产生流砂、涌土等问题。对于具有侵蚀性的地下水,应采用抗侵蚀的水泥品种和相应的措施(详见有关勘察规范)。对于具有地下室的厂房、民用建筑和地下贮罐,设计时还应考虑地下水的浮托力和静水压力的作用以及地下结构抗渗漏的问题。

当持力层为隔水层而其下方存在承压水时,为了避免开挖基坑时隔水层被承压水冲破,坑底隔水层应有一定的厚度。这时,坑底隔水层的重力应大于其下面承压水的压力(图7-12),即

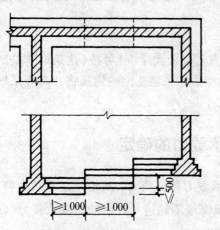

图 7-11　墙基础埋深变化时台阶做法(单位:mm)

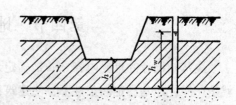

图 7-12　有承压水时的基坑开挖深度

$$\gamma h > \gamma_w h_w \tag{7-1}$$

式中:γ——土的重度,对潜水位以下的土取饱和重度;
γ_w——水的重度;
h——基坑底至隔水层底面的距离;
h_w——承压水的上升高度(从隔水层底面起算)。

如式(7-1)无法得到满足,则应设法降低承压水头或减小基础埋深。对于平面尺寸较大的基础,在满足式(7-1)的要求时,还应有不小于 1.1 的安全系数。

四、土的冻胀影响

当地基土的温度低于 0℃ 时,土中部分孔隙水将冻结而形成冻土。冻土可分为季节性冻土和多年冻土两类。季节性冻土在冬季冻结而夏季融化,每年冻融交替一次。我国东北、华北和西北地区的季节性冻土层厚度在 0.5m 以上,最大的可达 3m 左右。

如果季节性冻土由细粒土(粉砂、粉土、黏性土)组成,冻结前的含水量较高且冻结期间的地下水位低于冻结深度不足 1.5~2.0m,那么不仅处于冻结深度范围内的土中水将被冻结形成冰晶体,而且未冻结区的自由水和部分结合水会不断地向冻结区迁移、聚集,使冰晶体逐渐扩大,引起土体发生膨胀和隆起,形成冻胀现象。位于冻胀区的基础所受到的冻胀力如大于基底压力,基础就有被抬起的可能。到了夏季,土体因温度升高而解冻,造成含水量增加,使土体处于饱和及软化状态,强度降低,建筑物下陷,这种现象称为融陷。地基土的冻胀与融陷一般是不均匀的,容易导致建筑物开裂损坏。

土冻结后是否会产生冻胀现象,主要与土的粒径大小、含水量的多少及地下水位高低等条件有关。对于结合水含量极少的粗粒土,因不发生水分迁移,故一般不存在冻胀

问题。处于坚硬状态的黏性土,因为结合水的含量很少,冻胀作用也很微弱。此外,若地下水位高或通过毛细水能使水分向冻结区补充,则冻胀会较严重。《建筑地基基础设计规范》根据冻胀对建筑物的危害程度,把地基土的冻胀性分为不冻胀、弱冻胀、冻胀、强冻胀和特强冻胀五类。

不冻胀土的基础埋深可不考虑冻结深度。对于埋置于可冻胀土中的基础,其最小埋深 d_{min} 可按下式确定:

$$d_{min} = z_d - h_{max} \tag{7-2}$$

式中:z_d(场地冻结深度)和 h_{max}(基底下允许冻土层最大厚度)可按《建筑地基基础设计规范》的有关规定确定。对于冻胀、强冻胀和特强冻胀地基上的建筑物,尚应采取相应的防冻害措施。

第四节 地基承载力的确定

浅基础设计的重要内容之一是确定地基承载力特征值 f_a。所谓地基承载力特征值,就是在保证地基稳定的条件下,使建筑物的沉降量不超过允许值的地基承载力(参见第四章第四节)。

确定地基承载力特征值的方法主要有三类:① 根据土的抗剪强度指标以理论公式计算;② 由现场载荷试验的 $p\text{-}s$ 曲线确定;③ 按工程经验确定。在具体工程中,应根据地基基础的设计等级、地基岩土条件并结合当地工程经验选择确定地基承载力的适当方法,必要时可以按多种方法综合确定。

一、按土的抗剪强度指标计算

对于轴心受压或荷载偏心距 $e \leq l/30$(l 为偏心方向基础边长)的基础,根据土的抗剪强度指标标准值 φ_k、c_k,按下式确定地基承载力的特征值 f_a(kPa):

$$f_a = M_b \gamma b + M_d \gamma_m d + M_c c_k \tag{7-3}$$

式中:M_b、M_d、M_c——承载力系数,由土的内摩擦角标准值 φ_k 查表 7-3 确定;

表 7-3　　　　　　　　　　承载力系数 M_b、M_d、M_c

土的内摩擦角标准值 φ_k(°)	M_b	M_d	M_c
0	0	1.00	3.14
2	0.03	1.12	3.32
4	0.06	1.25	3.51
6	0.10	1.39	3.71
8	0.14	1.55	3.93
10	0.18	1.73	4.17
12	0.23	1.94	4.42
14	0.29	2.17	4.69

续表

土的内摩擦角标准值 φ_k(°)	M_b	M_d	M_c
16	0.36	2.43	5.00
18	0.43	2.72	5.31
20	0.51	3.06	5.66
22	0.61	3.44	6.04
24	0.80	3.87	6.45
26	1.10	4.37	6.90
28	1.40	4.93	7.40
30	1.90	5.59	7.95
32	2.60	6.35	8.55
34	3.40	7.21	9.22
36	4.20	8.25	9.97
38	5.00	9.44	10.80
40	5.80	10.84	11.73

γ——基底以下土的重度,地下水位以下取土的有效重度,kN/m^3;

b——基础底面宽度,m,大于 6m 时按 6m 取值,对于砂土,小于 3m 时按 3m 取值;

γ_m——基础底面以上土的加权平均重度,位于地下水位以下的土层取有效重度,kN/m^3;

d——基础埋置深度,取值方法与式(7-4)同,见后,m;

c_k——基底下一倍基础宽度的深度范围内土的黏聚力标准值,kPa。

土的抗剪强度指标标准值 φ_k、c_k 的计算方法见《建筑地基基础设计规范》附录 E。

按土体强度理论计算,除式(7-3)外,也可用地基极限承载力除以安全系数来确定地基承载力特征值。

二、按地基载荷试验确定

进行载荷试验前,先在现场挖掘一试坑,试坑宽度不应小于承压板宽度或直径的 3 倍。承压板的底面积宜为 $0.25\sim0.50m^2$。

图 7-13 为油压千斤顶加载装置示意图。载荷架一般由加荷稳压装置、反力装置及观测装置三部分组成。试验的加荷标准应符合下列要求:加荷等级应不少于 8 级,最大加载量不应少于设计荷载的 2 倍。

根据试验资料,可作出荷载-沉降(p-s)曲线,并按下述方法确定承载力特征值 f_{ak}:

①当 p-s 曲线有比较明显的起始直线段时(这种情况多在低压缩性土中出现),以直线段末点对应的荷载 p_1(比例界限荷载,图 7-14(a))作为地基承载力特征值。

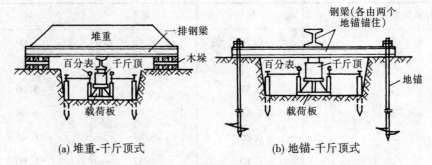

图 7-13 地基载荷试验载荷架示例

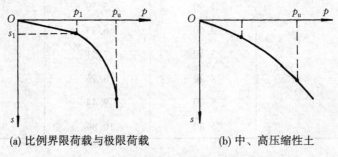

图 7-14 按 p-s 曲线确定地基承载力特征值

②当荷载加至地基明显破坏时,取破坏时的前一级荷载作为地基极限荷载 p_u,当 p_u 小于比例界限荷载 p_1 的 2 倍时,取 p_u 的一半作为承载力特征值。

③当 p-s 曲线没有明显的 p_1 和 p_u 而压板面积为 $0.25\sim0.50m^2$ 时(图 7-14(b)),可取沉降 $s=(0.01\sim0.015)b$(b 为承压板宽度或直径)所对应的荷载(此值不应大于最大加载量的一半)作为承载力特征值。

进行载荷试验时,同一土层参加统计的试验点不应少于 3 点。当试验实测值的极差(最大值与最小值之差)不超过其平均值的 30% 时,取其平均值作为该土层的地基承载力特征值 f_{ak}。

【例 7-1】 在某一粉土层上进行三个载荷试验,整理得地基承载力特征值分别为 238,280,225kPa,试求该粉土层的承载力特征值。

【解】 实测值的平均值为:

$$\frac{1}{3}\times(280+238+225)=247.67\ (kPa)$$

极差为: $280-225=55\ (kPa)$

$$\frac{55}{247.67}=22\%<30\%$$

故该粉土层承载力的特征值为:

$$f_{ak}=247.67\ kPa$$

三、按工程经验确定

1. 按规范承载力表确定

我国各地区规范给出了按野外鉴别结果,室内物理、力学指标,或现场动力触探试验锤击数查取地基承载力特征值 f_{ak} 的表格,这些表格是将各地区载荷试验资料经回归分析并结合经验编制的。表 7-4 是砂土按标准贯入试验锤击数 N 查取承载力特征值的表格。

表 7-4　　　　　　　　　砂土承载力特征值 f_{ak}(kPa)

土类 \ N	10	15	30	50
中砂、粗砂	180	250	340	500
粉砂、细砂	140	180	250	340

2. 按建筑经验确定

在拟建场地附近,常有不同时期建造的各类建筑物。调查这些建筑物的结构类型、基础形式、地基条件和使用现状,对于确定拟建场地的地基承载力具有一定的参考价值。

在按建筑经验确定承载力时,需要了解拟建场地是否存在人工填土、暗浜或暗沟、土洞、软弱夹层等不利情况。对于地基持力层,可以通过现场开挖,根据土的名称和所处的状态估计地基承载力。这些工作还需在基坑开挖验槽时进行验证。

由式(7-3)可知,地基承载力特征值与基础的宽度和埋置深度有关,因此,当基础宽度大于3m或埋置深度大于0.5m时,从载荷试验或其他原位测试、规范表格等方法确定的地基承载力特征值,应按下式进行修正:

$$f_a = f_{ak} + \eta_b \gamma (b-3) + \eta_d \gamma_m (d-0.5) \tag{7-4}$$

式中:f_a——修正后的地基承载力特征值;

f_{ak}——地基承载力特征值;

η_b、η_d——基础宽度和埋深的地基承载力修正系数,按基底下土的类别查表 7-5;

γ——基础底面以下土的重度,地下水位以下取有效重度;

b——基础底面宽度,当基底宽度小于 3m 时按 3m 取值,大于 6m 时按 6m 取值;

γ_m——基础底面以上土的加权平均重度,位于地下水位以下的土层取有效重度;

d——基础埋置深度,一般自室外地面标高算起。在填方整平地区,可自填土地面标高算起,但填土在上部结构施工后完成时,应从天然地面标高算起。对于地下室,如采用箱形基础或筏基时,基础埋置深度自室外地面标高算起;当采用独立基础或条形基础时,应从室内地面标高算起。

表 7-5　　　　　　　　　　　承载力修正系数

土 的 类 别		η_b	η_d
淤泥和淤泥质土		0	1.0
人工填土 e 或 $I_L \geq 0.85$ 的黏性土		0	1.0
红黏土	含水比 $a_w > 0.8$	0	1.2
	含水比 $a_w \leq 0.8$	0.15	1.4
大面积压实填土	压实系数大于 0.95、黏粒含量 $\rho_c \geq 10\%$ 的粉土	0	1.5
	最大干密度大于 $2.1\text{t}/\text{m}^3$ 的级配砂石	0	2.0
粉土	黏粒含量 $\rho_c \geq 10\%$ 的粉土	0.3	1.5
	黏粒含量 $\rho_c < 10\%$ 的粉土	0.5	2.0
e 或 I_L 均小于 0.85 的黏性土		0.3	1.6
粉砂、细砂(不包括很湿与饱和时的稍密状态)		2.0	3.0
中砂、粗砂、砾砂和碎石土		3.0	4.4

注：① 强风化和全风化的岩石，可参照所风化成的相应土类取值，其他状态下的岩石不修正；
② 地基承载力特征值按深层平板载荷试验确定时，η_d 取 0。

【例 7-2】　某场地地表土层为中砂，厚度 2m，$\gamma = 18.7\text{kN}/\text{m}^3$，标准贯入试验锤击数 $N = 13$；中砂层之下为粉质黏土，$\gamma = 18.2\text{kN}/\text{m}^3$，$\gamma_{\text{sat}} = 19.1\text{kN}/\text{m}^3$，抗剪强度指标标准值 $\varphi_k = 21°$，$c_k = 10\text{kPa}$，地下水位在地表下 2.1m 处。若修建的基础底面尺寸为 2m×2.8m，试确定基础埋深分别为 1m 和 2.1m 时持力层的承载力特征值。

【解】　(1) 基础埋深为 1m

这时地基持力层为中砂，根据标贯击数 $N = 13$ 查表 7-4，得

$$f_{ak} = 180 + \frac{13-10}{15-10} \times (250-180) = 222(\text{kPa})$$

因为埋深 $d = 1\text{m} > 0.5\text{m}$，故还需对 f_{ak} 进行修正。查表 7-5，得承载力修正系数 $\eta_b = 3.0$，$\eta_d = 4.4$，代入式(7-4)，得修正后的地基承载力特征值为：

$$\begin{aligned} f_a &= f_{ak} + \eta_b \gamma (b-3) + \eta_d \gamma_m (d-0.5) \\ &= 222 + 3.0 \times 18.7 \times (3-3) + 4.4 \times 18.7 \times (1-0.5) \\ &= 263(\text{kPa}) \end{aligned}$$

(2) 基础埋深为 2.1m

这时地基持力层为粉质黏土，根据题给条件，可以采用规范推荐的理论公式来确定地基承载力特征值。由 $\varphi_k = 21°$ 查表 7-3，得 $M_b = 0.56$，$M_d = 3.25$，$M_c = 5.85$。因基底与地下水位平齐，故 γ 取有效重度 γ'，即

$$\gamma' = \gamma_{\text{sat}} - \gamma_w = 19.1 - 10 = 9.1(\text{kPa})$$

此外

$$\gamma_m = \frac{18.7 \times 2 + 18.2 \times 0.1}{2.1} = 18.7(\text{kN}/\text{m}^3)$$

按公式(7-3)，地基持力层的承载力特征值为：

$$f_a = M_b\gamma b + M_d\gamma_m d + M_c c_k = 0.56 \times 9.1 \times 2 + 3.25 \times 18.7 \times 2.1 + 5.85 \times 10$$
$$= 196(\text{kPa})$$

第五节　基础底面尺寸的确定

在初步选择基础类型和埋置深度后，就可以根据持力层的承载力特征值计算基础的底面尺寸。如果地基受力层范围内存在着承载力明显低于持力层的下卧层，则所选择的基底尺寸尚需满足对软弱下卧层验算的要求。此外，必要时还应对地基沉降或地基稳定性进行验算(见本章第六节)。

一、按地基持力层承载力计算基底尺寸

除烟囱等圆形结构物常采用圆形(或环形)基础外，一般柱、墙的基础通常为矩形基础或条形基础，且采用对称布置。按荷载对基底形心的偏心情况，上部结构作用在基础顶面处的荷载可以分为轴心荷载和偏心荷载两种(图7-15)。

1. 轴心荷载作用

在轴心荷载作用下，按地基持力层承载力计算基底尺寸时，要求基础底面压力满足下式要求：

$$p_k \leqslant f_a \tag{7-5}$$

式中：f_a——修正后的地基持力层承载力特征值；

p_k——相应于作用的标准组合时，基础底面处的平均压力值，按下式计算：

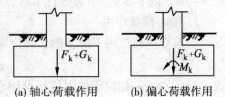

图7-15　作用在基础底面上的荷载
(a) 轴心荷载作用　(b) 偏心荷载作用

$$p_k = \frac{F_k + G_k}{A} \tag{7-6}$$

A——基础底面面积；

F_k——相应于作用的标准组合时，上部结构传至基础顶面的竖向力值；

G_k——基础自重和基础上的土重，对一般实体基础，可近似地取 $G_k = \gamma_G A d$ (γ_G 为基础及回填土的平均重度，可取 $\gamma_G = 20\text{kN/m}^3$，$d$ 为基础平均埋深)，但在地下水位以下部分应扣去浮托力，即 $G_k = \gamma_G A d - \gamma_w A h_w$ (h_w 为地下水位至基础底面的距离)。

将式(7-6)代入式(7-5)，得基础底面积计算公式如下：

$$A \geqslant \frac{F_k}{f_a - \gamma_G d + \gamma_w h_w} \tag{7-7}$$

在轴心荷载作用下，柱下独立基础一般采用方形，其边长为：

$$b \geqslant \sqrt{\frac{F_k}{f_a - \gamma_G d + \gamma_w h_w}} \tag{7-8}$$

对于墙下条形基础，可沿基础长方向取单位长度1m进行计算，荷载也为相应的线荷载(kN/m)，则条形基础宽度为：

$$b \geqslant \frac{F_k}{f_a - \gamma_G d + \gamma_w h_w} \tag{7-9}$$

在上面的计算中，一般先要对地基承载力特征值 f_{ak} 进行深度修正，然后按计算得到的基底宽度 b，考虑是否需要对 f_{ak} 进行宽度修正。如需要，修正后重新计算基底宽度，如此反复计算一两次即可。最后确定的基底尺寸 b 和 l 均应为 100mm 的倍数。

【例 7-3】 某黏性土重度 γ_m 为 18.2kN/m^3，孔隙比 $e=0.7$，液性指数 $I_L=0.75$，地基承载力特征值 f_{ak} 为 220kPa。现修建一外柱基础，作用在基础顶面的轴心荷载 $F_k=830\text{kN}$，基础埋深（自室外地面起算）为 1.0m，室内地面高出室外地面 0.3m，试确定方形基础底面宽度。

【解】 先进行地基承载力深度修正。自室外地面起算的基础埋深 $d=1.0\text{m}$，查表 7-5，得 $\eta_d=1.6$，由式(7-4)得修正后的地基承载力特征值为：

$$f_a = f_{ak} + \eta_d \gamma_m (d-0.5) = 220+1.6\times18.2\times(1.0-0.5) = 235(\text{kPa})$$

计算基础及其上土的重力 G_k 时的基础埋深为：$d=(1.0+1.3)/2=1.15\text{m}$。由于埋深范围内没有地下水，$h_w=0$，由式(7-8)得基础底面宽度为：

$$b \geqslant \sqrt{\frac{F_k}{f_a-\gamma_G d}} = \sqrt{\frac{830}{235-20\times1.15}} = 1.98(\text{m})$$

取 $b=2\text{m}$。因 $b<3\text{m}$，不必进行承载力宽度修正。

2. 偏心荷载作用

对偏心荷载作用下的基础，除应满足式(7-5)的要求外，尚应满足以下附加条件：

$$p_{k,\max} \leqslant 1.2f_a \tag{7-10}$$

式中：$p_{k,\max}$——相应于作用的标准组合时，按直线分布假设计算的基底边缘处的最大压力值；

f_a——修正后的地基承载力特征值。

对常见的单向偏心矩形基础，当偏心距 $e \leqslant l/6$ 时，基底最大、最小压力可按下式计算：

$$\begin{matrix} p_{k,\max} \\ p_{k,\min} \end{matrix} = \frac{F_k}{bl} + \gamma_G d - \gamma_w h_w \pm \frac{6M_k}{bl^2} \tag{7-11}$$

或

$$\begin{matrix} p_{k,\max} \\ p_{k,\min} \end{matrix} = p_k\left(1 \pm \frac{6e}{l}\right) \tag{7-12}$$

式中：l——偏心方向的基础边长，一般为基础长边边长；

b——垂直于偏心方向的基础边长，一般为基础短边边长；

M_k——相应于作用的标准组合时，基础所有荷载对基底形心的合力矩（图 7-15 (b)）；

e——偏心距，$e=\dfrac{M_k}{F_k+G_k}$；

其余符号意义同前。

为了保证基础不致过分倾斜，通常还要求偏心距 e 宜满足下列条件：

$$e \leqslant \frac{l}{6} \quad （或 p_{k,\min} \geqslant 0） \tag{7-13}$$

一般认为，在中、高压缩性地基上的基础，或有吊车的厂房柱基础，e 不宜大于 $l/6$；对低压缩性地基上的基础，当考虑短暂作用的偏心荷载时，e 可放宽至 $l/4$。

确定矩形基础底面尺寸时,为了同时满足式(7-5)、式(7-10)和式(7-13)的条件,一般可按下述步骤进行:

①进行深度修正,初步确定修正后的地基承载力特征值。

②根据荷载偏心情况,将按轴心荷载作用计算得到的基底面积增大10%~40%,即取

$$A = (1.1 \sim 1.4) \frac{F_k}{f_a - \gamma_G d + \gamma_w h_w} \tag{7-14}$$

③选取基底长边 l 与短边 b 的比值 n(一般取 $n \leq 2$),于是有

$$b = \sqrt{\frac{A}{n}} \tag{7-15}$$

$$l = nb \tag{7-16}$$

④考虑是否应对地基承载力进行宽度修正。如需要,在承载力修正后,重复上述②、③两个步骤,使所取宽度前后一致。

⑤计算偏心距 e(或 $p_{k,min}$)和基底最大压力 $p_{k,max}$,并验算是否满足式(7-10)和式(7-13)的要求。

⑥若 b、l 取值不适当(太大或太小),可调整尺寸再行验算,如此反复一二次,便可定出合适的尺寸。

【例7-4】 同例7-3,但作用在基础顶面处的荷载还有力矩200kN·m和水平荷载20kN(见例图7-1),试确定矩形基础底面尺寸。

【解】 (1)初步确定基础底面尺寸

考虑荷载偏心,将基底面积初步增大20%,由式(7-14)得

$$A = 1.2 \frac{F_k}{f_a - \gamma_G d} = \frac{1.2 \times 830}{235 - 20 \times 1.15} = 4.5 (m^2)$$

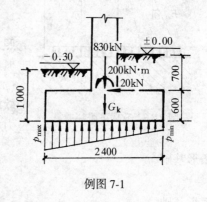

例图7-1

取基底长短边之比 $n = l/b = 2$,于是

$$b = \sqrt{\frac{A}{n}} = \sqrt{\frac{4.5}{2}} = 1.5 (m)$$

$$l = nb = 2 \times 1.5 = 3.0 (m)$$

因 $b = 1.5m < 3m$,故 f_a 无须作宽度修正。

(2)验算荷载偏心距 e:

基底处的总竖向力: $F_k + G_k = 830 + 20 \times 1.5 \times 3.0 \times 1.15 = 933.5 (kN)$

基底处的总力矩: $M_k = 200 + 20 \times 0.6 = 212 (kN \cdot m)$

偏心距: $e = \frac{M_k}{F_k + G_k} = \frac{212}{933.5} = 0.227 (m) < \frac{l}{6} = 0.5m$ (可以)

(3)验算基底最大压力 $p_{k,max}$:

$$p_{k,max} = \frac{F_k + G_k}{bl} \left(1 + \frac{6e}{l}\right) = \frac{933.5}{1.5 \times 3} \times \left(1 + \frac{6 \times 0.227}{3}\right)$$

$$= 301.6 (kPa) > 1.2 f_a = 282 kPa \text{ (不行)}$$

(4)调整底面尺寸再验算:
取 $b=1.6$m,$l=3.2$m,则

$$F_k+G_k=830+20\times1.6\times3.2\times1.15=947.8(kN)$$

$$e=\frac{212}{947.8}=0.224(m)$$

$$p_{k,max}=\frac{947.8}{1.6\times3.2}\left(1+\frac{6\times0.224}{3.2}\right)=262.9(kPa)<1.2f_a(可以)$$

所以基底尺寸为 1.6m×3.2m。

二、地基软弱下卧层承载力验算

当地基受力层范围内存在软弱下卧层(承载力显著低于持力层的高压缩性土层)时,除按持力层承载力确定基底尺寸外,还必须对软弱下卧层进行验算,要求作用在软弱下卧层顶面处的附加应力与自重应力之和不超过它的承载力特征值,即

$$\sigma_z+\sigma_{cz}\leqslant f_{az} \qquad(7-17)$$

式中:σ_z——相应于作用的标准组合时,软弱下卧层顶面处的附加应力值;

σ_{cz}——软弱下卧层顶面处土的自重应力值;

f_{az}——软弱下卧层顶面处经深度修正后的地基承载力特征值。

计算附加应力 σ_z 时,一般采用简化方法,即参照双层地基中附加应力分布的理论解答按压力扩散角概念进行计算(图 7-16)。假设基底处的附加压力($p_0=p_k-\sigma_{cd}$)往下传递时按压力扩散角 θ 向外扩散至软弱下卧层表面,根据基底与扩散面积上的总附加压力相等的条件,可得附加应力 σ_z 的计算公式如下:

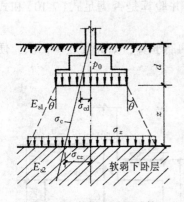

图 7-16 软弱下卧层验算

条形基础 $$\sigma_z=\frac{b(p_k-\sigma_{cd})}{b+2z\tan\theta} \qquad(7-18)$$

矩形基础 $$\sigma_z=\frac{lb(p_k-\sigma_{cd})}{(l+2z\tan\theta)(b+2z\tan\theta)} \qquad(7-19)$$

式中:b——条形基础或矩形基础的底面宽度;

l——矩形基础的底面长度;

p_k——相应于作用的标准组合时的基底平均压力值。当基础为偏心受压且偏心距 $e\leqslant l/6$ 时,取基底中点的压力作为扩散前的平均压力;

σ_{cd}——基底处土的自重应力值;

z——基底至软弱下卧层顶面的距离;

θ——地基压力扩散角,可按表 7-6 采用。

表 7-6 未列出 $E_{s1}/E_{s2}<3$ 的资料。对此,可以认为:当 $E_{s1}/E_{s2}<3$ 时,意味着下层土的压缩模量 E_{s2} 与上层土的压缩模量 E_{s1} 差别不大,也即下层土不很"软弱"。如果 $E_{s1}=E_{s2}$,则不存在软弱下卧层了。

表 7-6　　　　　　　　　　　　　地基压力扩散角 θ 值

E_{s1}/E_{s2}	$z=0.25b$	$z\geqslant 0.50b$
3	6°	23°
5	10°	25°
10	20°	30°

注：① E_{s1} 为上层土的压缩模量，E_{s2} 为下层土的压缩模量。
　　② $z<0.25b$ 时取 $\theta=0°$，必要时，宜由试验确定；$z\geqslant 0.50b$ 时 θ 值不变。

由式(7-19)可知，如要减小作用于软弱下卧层表面的附加应力 σ_z，可以采取加大基底面积(使扩散面积加大)或减小基础埋深(使 z 值加大)的措施。前一措施虽然可以有效地减小 σ_z，但却可能使基础的沉降量增加。因为附加应力的影响深度会随着基底面积的增加而加大，从而可能使软弱下卧层的沉降量明显增加。反之，减小基础埋深可以使基底到软弱下卧层的距离增加，使附加应力在软弱下卧层中的影响减小，因而基础沉降随之减小。因此，当存在软弱下卧层时，基础宜浅埋，这样不仅使"硬壳层"充分发挥应力扩散作用，同时也减小了基础沉降。

【例 7-5】 例图 7-2 中的柱下矩形基础底面尺寸为 5.4m×2.7m，试根据图中各项资料验算持力层和软弱下卧层的承载力是否满足要求。

【解】　(1)持力层承载力验算

先对持力层承载力特征值 f_{ak} 进行修正。查表 7-5，得 $\eta_b=0$，$\eta_d=1.0$，由式(7-4)，得

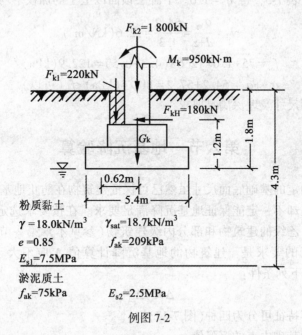

例图 7-2

$$f_a = 209+1.0\times 18.0\times(1.8-0.5) = 232.4\text{kPa}$$

基底处的总竖向力：$F_k+G_k = 1\,800+220+20\times 2.7\times 5.4\times 1.8 = 2\,545(\text{kN})$

基底处的总力矩：$M_k = 950+180\times 1.2+220\times 0.62 = 1\,302(\text{kN·m})$

基底平均压力：

$$p_k = \frac{F_k + G_k}{A} = \frac{2\,545}{2.7 \times 5.4} = 174.6(\text{kPa}) < f_a = 232.4\text{kPa}\ (\text{可以})$$

偏心距：

$$e = \frac{M_k}{F_k + G_k} = \frac{1\,302}{2\,545} = 0.512(\text{m}) < \frac{l}{6} = 0.9\text{m}\ (\text{可以})$$

基底最大压力：

$$p_{k,\max} = p_k\left(1 + \frac{6e}{l}\right) = 174.6 \times \left(1 + \frac{6 \times 0.512}{5.4}\right)$$
$$= 273.9(\text{kPa}) < 1.2f_a = 278.9\text{kPa}\ (\text{可以})$$

(2) 软弱下卧层承载力验算：

由 $E_{s1}/E_{s2} = 7.5/2.5 = 3$，$z/b = 2.5/2.7 > 0.50$，查表 7-6 得 $\theta = 23°$，$\tan\theta = 0.424$。下卧层顶面处的附加应力：

$$\sigma_z = \frac{lb(p_k - \sigma_{cd})}{(l + 2z\tan\theta)(b + 2z\tan\theta)}$$
$$= \frac{5.4 \times 2.7 \times (174.6 - 18.0 \times 1.8)}{(5.4 + 2 \times 2.5 \times 0.424)(2.7 + 2 \times 2.5 \times 0.424)} = 57.2(\text{kPa})$$

下卧层顶面处的自重应力：$\sigma_{cz} = 18.0 \times 1.8 + (18.7 - 10) \times 2.5 = 54.2(\text{kPa})$

下卧层承载力特征值：

按淤泥质土查表 7-5，得 $\eta_d = 1.0$。下卧层顶面以上土的加权平均重度为：

$$\gamma_m = \frac{\sigma_{cz}}{d + z} = \frac{54.2}{4.3} = 12.6(\text{kN/m}^3)$$

$$f_{az} = 75 + 1.0 \times 12.6 \times (4.3 - 0.5) = 122.9(\text{kPa})$$

验算：$\sigma_{cz} + \sigma_z = 54.2 + 57.2 = 111.4(\text{kPa}) < f_{az}\ (\text{可以})$

经验算，基础底面尺寸及埋深满足要求。

第六节　地基沉降验算

按前述方法确定的基础底面尺寸虽然已可保证建筑物在防止地基剪切破坏方面具有足够的安全度，但却不一定能保证地基沉降满足要求。在按要求选定基础底面尺寸后，对设计等级为甲、乙级的建筑物和部分丙级建筑物(参见本章第一节)还须验算地基沉降。地基沉降验算的要求是：建筑物的地基沉降计算值 Δ 应不大于地基沉降允许值 $[\Delta]$，即要求满足下列条件：

$$\Delta \leqslant [\Delta] \tag{7-20}$$

地基沉降按其特征可分为四种(图 7-17)：

①沉降量：指基础中点的沉降值。

②沉降差：指相邻两独立基础沉降量之差。

③倾斜：指基础倾斜方向两端点的沉降差与其距离的比值。

④局部倾斜：指砌体承重结构沿纵向 6~10m 内基础两点的沉降差与其距离的比值。

在计算地基沉降时，应遵守下列规定：

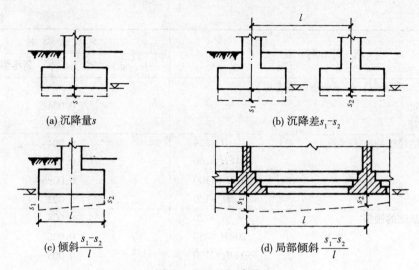

图 7-17 地基沉降特征

① 由于地基不均匀、建筑物荷载差异大或体型复杂等因素引起的地基沉降，对于砌体承重结构，应由局部倾斜控制；对于框架结构和单层排架结构，应由相邻柱基的沉降差控制。

② 对于多层或高层建筑和高耸结构应由倾斜控制，必要时应控制平均沉降量。

③ 必要时应分别预估建筑物在施工期间和使用期间的地基沉降值，以便预留建筑物有关部分之间的净空，考虑连接方法和施工顺序。就一般建筑物而言，在施工期间完成的沉降量，对于砂土，可认为其最终沉降量已完成 80% 以上；对于其他低压缩性土，可认为已完成最终沉降量的 50%～80%；对于中压缩性土，可认为已完成 20%～50%；对于高压缩性土，可认为已完成 5%～20%。

必须指出，地基的沉降计算，目前还比较粗略。至于地基沉降的允许值则更难准确确定。《建筑地基基础设计规范》(GB 50007—2012) 根据对各类建筑物沉降观测资料的综合分析和对某些结构附加内力的计算，以及参考一些国外资料，提出了地基沉降的允许值，见表 7-7。对表中未包括的其他建筑物的地基沉降允许值，可根据上部结构对地基沉降的适应能力和使用上的要求来确定。

表 7-7　　　　　　　　　　　　建筑物的地基沉降允许值

沉降特征	地基土类别	
	中、低压缩性土	高压缩性土
砌体承重结构基础的局部倾斜	0.002	0.003
工业与民用建筑相邻柱基的沉降差		
（1）框架结构	$0.002l$	$0.003l$
（2）砌体墙填充的边排柱	$0.0007l$	$0.001l$
（3）当基础不均匀沉降时不产生附加应力的结构	$0.005l$	$0.005l$
单层排架结构（柱距为 6m）柱基的沉降量（mm）	(120)	200

续表

沉 降 特 征		地 基 土 类 别	
		中、低压缩性土	高压缩性土
桥式吊车轨面的倾斜(按不调整轨道考虑) 　　纵　　向 　　横　　向		0.004 0.003	
多层和高层建筑的整体倾斜	$H_g \leq 24$	0.004	
	$24 < H_g \leq 60$	0.003	
	$60 < H_g \leq 100$	0.0025	
	$H_g > 100$	0.002	
高耸结构基础的倾斜	$H_g \leq 20$	0.008	
	$20 < H_g \leq 50$	0.006	
	$50 < H_g \leq 100$	0.005	
	$100 < H_g \leq 150$	0.004	
	$150 < H_g \leq 200$	0.003	
	$200 < H_g \leq 250$	0.002	
高耸结构基础的沉降量(mm)	$H_g \leq 100$	400	
	$100 < H_g \leq 200$	300	
	$200 < H_g \leq 250$	200	

注：①有括号者只适用于中压缩性土。
　　②l 为相邻柱基的中心距离，mm；H_g 为自室外地面起算的建筑物高度，m。

如果地基沉降验算不符合要求，则应通过改变基础类型或尺寸，采取减轻不均匀沉降危害的措施(见本章第十一节)，进行地基处理或采用桩基础等方法来解决。

第七节　无筋扩展基础设计

无筋扩展基础的抗拉强度和抗剪强度较低，因而必须控制基础内的拉应力和剪应力。可以简单地认为，荷载在基础内是按一角度 α 向下传递并作用在地基表面的，α 称为基础的刚性角。如果能够将基础的底面尺寸控制在刚性角范围之内(图 7-18)，那么基础的内力就会很小。在基础宽度已经确定的情况下，通过加大基础的高度，即减小基础台阶宽高比(台阶的宽度与其高度之比)可以达到这一目的。因此，结构设计时可以通过控制材料强度等级和台阶宽高比来确定基础的截面尺寸，而无须进行内力分析和截面强度计算。图 7-18 所示为无筋扩展基础构造示意图，要求基础每个台阶的宽高比 ($b_2 : h$) 都不得超过表 7-8 所列的台阶宽高比的允许值(可用图中角度 α 的正切 $\tan\alpha$ 表示)。设计时一般先选择适当的基础埋深和基础底面尺寸，设基底宽度为 b，则按上述要求，基础高度应满足下列条件：

$$h \geq \frac{b - b_0}{2\tan\alpha} \tag{7-21}$$

式中：b_0 为基础顶面处的墙体宽度或柱脚宽度；α 为基础的刚性角。

由于台阶宽高比的限制，无筋扩展基础的高度一般都较大，但不应大于基础埋深，否则，应加大基础埋深或选择刚性角较大的基础类型（如混凝土基础）。如仍不满足，可采用钢筋混凝土基础。

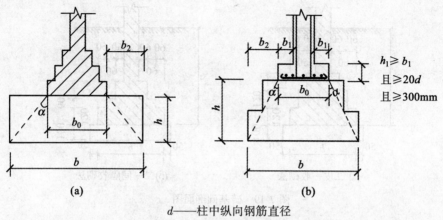

d——柱中纵向钢筋直径

图 7-18　无筋扩展基础构造示意图

为节约材料和施工方便，基础常做成阶梯形。分阶时，每一台阶除应满足台阶宽高比的要求外，还需符合有关的构造规定。

表 7-8　　　　　　　　　无筋扩展基础台阶宽高比的允许值

基础材料	质量要求	台阶宽高比的允许值（$\tan\alpha$）		
		$p_k \leqslant 100$	$100 < p_k \leqslant 200$	$200 < p_k \leqslant 300$
混凝土基础	C15 混凝土	1∶1.00	1∶1.00	1∶1.25
毛石混凝土基础	C15 混凝土	1∶1.00	1∶1.25	1∶1.50
砖基础	砖不低于 MU10，砂浆不低于 M5	1∶1.50	1∶1.50	1∶1.50
毛石基础	砂浆不低于 M5	1∶1.25	1∶1.50	—
灰土基础	体积比为 3∶7 或 2∶8 的灰土，其最小干密度： 粉土 1.55t/m³ 粉质黏土 1.50t/m³ 黏土 1.45t/m³	1∶1.25	1∶1.50	—
三合土基础	石灰∶砂∶骨料的体积比 1∶2∶4～1∶3∶6 每层约虚铺 220mm，夯至 150mm	1∶1.50	1∶2.00	—

注：p_k 为作用的标准组合时基础底面处的平均压力值（kPa）。

砖基础俗称大放脚，其各部分的尺寸应符合砖的模数。砌筑方式有两皮一收和二一间隔收（又称两皮一收与一皮一收相间）两种（图 7-19）。两皮一收是每砌两皮砖，即

120mm，收进 1/4 砖长，即 60mm；二一间隔收砌是从底层开始，先砌两皮砖，收进 1/4 砖长，再砌一皮砖，收进 1/4 砖长，如此反复。

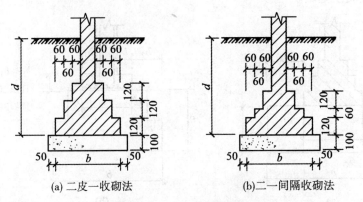

(a) 二皮一收砌法　　(b) 二一间隔收砌法

图 7-19　砖基础剖面图

毛石基础的每阶伸出宽度不宜大于 200mm，每阶高度通常取 400~600mm，并由两层毛石错缝砌成。混凝土基础每阶高度不应小于 200mm，毛石混凝土基础每阶高度不应小于 300mm。

灰土基础施工时每层虚铺灰土 220~250mm，夯实至 150mm，称为"一步灰土"。根据需要可设计成二步灰土或三步灰土，即厚度为 300mm 或 450mm，三合土基础厚度不应小于 300mm。

无筋扩展基础也可由两种材料叠合组成，例如，上层用砖砌体，下层用混凝土。

第八节　墙下钢筋混凝土条形基础设计

墙下钢筋混凝土条形基础的截面设计包括确定基础高度和基础底板配筋。在这些计算中，可不考虑基础及其上面土的重力，因为由这些重力所产生的那部分地基反力将与重力相抵消。仅由上部结构作用于基础顶面的荷载所产生的地基反力，称为地基净反力，并以 p_j 表示。计算时，通常沿墙长度方向取 1m 作为计算单元。

一、构造要求

①梯形截面基础的边缘高度，一般不宜小于 200mm，且两个方向的坡度不宜大于 1:3；基础高度 ≤250mm 时，可做成等厚度板。

②基础下的垫层厚度一般为 100mm，每边伸出基础 50~100mm，垫层混凝土强度等级不宜低于 C10。

③底板受力钢筋的最小直径不应小于 10mm，间距不应大于 200mm 和小于 100mm，最小配筋率不应小于 0.15%。纵向分布筋直径不小于 8mm，间距不大于 300mm，每延米分布钢筋的面积应不小于受力钢筋面积的 15%。当有垫层时，混凝土的保护层净厚度不应小于 40mm，无垫层时不应小于 70mm。

④混凝土强度等级不应低于 C20。

⑤当基础宽度大于或等于 2.5m 时，底板受力钢筋的长度可取基础宽度的 0.9 倍，并交错布置。

二、轴心荷载作用

1. 基础高度

基础内不配箍筋和弯起筋，故基础高度由混凝土的受剪承载力确定：

$$V \leq 0.7\beta_{hs}f_t A_0 \tag{7-22}$$

$$\beta_{hs} = \left(\frac{800}{h_0}\right)^{1/4} \tag{7-23}$$

式中：V——相应于作用的基本组合时，基础计算截面处的剪力设计值；

β_{hs}——受剪切承载力截面高度影响系数，当 $h_0 < 800\text{mm}$ 时，取 $h_0 = 800\text{mm}$；当 $h_0 > 2000\text{mm}$ 时，取 $h_0 = 2000\text{mm}$；

f_t——混凝土轴心抗拉强度设计值；

A_0——计算截面处基础的有效截面面积；

h_0——基础有效高度。

对墙下条形基础，通常沿长度方向取单位长度计算，即取 $l = 1\text{m}$，则式(7-22)成为：

$$p_j b_1 \leq 0.7\beta_{hs}f_t h_0$$

于是

$$h_0 \geq \frac{p_j b_1}{0.7\beta_{hs}f_t} \tag{7-24}$$

式中：p_j——相应于作用的基本组合时的地基净反力设计值，可按下式计算：

$$p_j = \frac{F}{b} \tag{7-25}$$

F——相应于作用的基本组合时上部结构传至基础顶面的竖向力设计值；

b——基础宽度；

b_1——基础悬臂部分计算截面的挑出长度，如图 7-20 所示；当墙体材料为混凝土时，b_1 为基础边缘至墙脚的距离；当为砖墙且放脚不大于 1/4 砖长时，b_1 为基础边缘至墙脚距离加上 1/4 砖长。

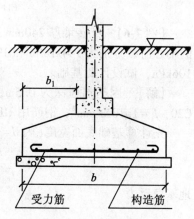

图 7-20 墙下条形基础

2. 基础底板配筋

悬臂根部的最大弯矩设计值 M 为：

$$M = \frac{1}{2}p_j b_1^2 \tag{7-26}$$

符号意义与式(7-23)相同。

基础每延米长度的受力钢筋截面面积：

$$A_s = \frac{M}{0.9f_y h_0} \tag{7-27}$$

式中：A_s——钢筋面积；

f_y——钢筋抗拉强度设计值;

h_0——基础有效高度,$0.9h_0$ 为截面内力臂的近似值。

将各个数值代入式(7-27)计算时,单位宜统一换为 N 和 mm。

三、偏心荷载作用

在偏心荷载作用下,基础边缘处的最大和最小净反力设计值为:

$$\begin{matrix}p_{j,\max}\\p_{j,\min}\end{matrix}=\frac{F}{b}\pm\frac{6M}{b^2} \qquad (7-28)$$

或

$$\begin{matrix}p_{j,\max}\\p_{j,\min}\end{matrix}=\frac{F}{b}\left(1\pm\frac{6e_0}{b}\right) \qquad (7-29)$$

式中:M——相应于作用的基本组合时作用于基础底面的力矩设计值;

e_0——荷载的净偏心矩,$e_0=M/F$。

基础的高度和配筋仍按式(7-24)和式(7-27)计算,但式中的剪力和弯矩设计值应改按下列公式计算:

$$V=\frac{1}{2}(p_{j,\max}+p_{jI})b_1 \qquad (7-30)$$

$$M=\frac{1}{6}(2p_{j,\max}+p_{jI})b_1^2 \qquad (7-31)$$

式中:p_{jI} 为计算截面处的净反力设计值:

$$p_{jI}=p_{j,\min}+\frac{b-b_1}{b}(p_{j,\max}-p_{j,\min})$$

【例 7-6】 某砖墙厚 240mm,相应于作用的标准组合及基本组合时作用在基础顶面的轴心荷载分别为 144kN/m 和 190kN/m,基础埋深为 0.5m,地基承载力特征值为 $f_{ak}=106$kPa,试设计此基础。

【解】 因基础埋深为 0.5m,故采用钢筋混凝土条形基础。混凝土强度等级采用 C20,$f_t=1.10$N/mm²,钢筋用 HPB300 级,$f_y=270$N/mm²。

先计算基础底面宽度(因 $d=0.5$m,故 $f_a=f_{ak}=106$kPa):

$$b=\frac{F_k}{f_a-\gamma_G d}=\frac{144}{106-20\times 0.5}=1.5(\text{m})$$

地基净反力

$$p_j=\frac{F}{b}=\frac{190}{1.5}=126.7(\text{kPa})$$

基础边缘至砖墙计算截面的距离

$$b_1=\frac{1}{2}\times(1.50-0.24)=0.63(\text{m})$$

基础有效高度

$$h_0\geqslant\frac{p_j b_1}{0.7\beta_{hs}f_t}=\frac{126.7\times 0.63}{0.7\times 1\times 1\ 100}=0.104(\text{m})=104\text{mm}$$

取基础高度 $h=300$mm,$h_0=300-40-5=255(\text{mm})(>104\text{mm})$

$$M=\frac{1}{2}p_j b_1^2=\frac{1}{2}\times 126.7\times 0.63^2=25.1(\text{kN}\cdot\text{m})$$

$$A_s = \frac{M}{0.9 f_y h_0} = \frac{25.1 \times 10^6}{0.9 \times 270 \times 255} = 405 \, (\text{mm}^2)$$

配钢筋 $\phi12@200$，$A_s = 565\text{mm}^2 > 405\text{mm}^2$，并满足最小配筋率要求。

以上受力筋沿垂直于砖墙长度的方向配置，纵向分布筋取 $\phi8@250$（例图 7-3），垫层用 C10 混凝土。

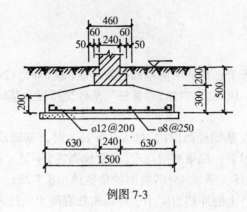

例图 7-3

第九节 柱下钢筋混凝土独立基础设计

一、构造要求

柱下钢筋混凝土独立基础，除应满足上述墙下钢筋混凝土条形基础的要求外，还应满足其他一些要求（参见图 7-21）。阶梯形基础每阶高度一般为 300～500mm，当基础高度大于等于 600mm 而小于 900mm 时，阶梯形基础分二级；当基础高度大于等于 900mm 时，则分三级。当采用锥形基础时，其边缘高度不宜小于 200mm，顶部每边应沿柱边放出 50mm。

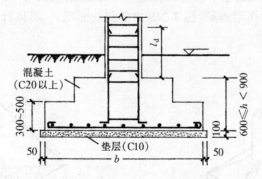

图 7-21 柱下钢筋混凝土独立基础的构造

柱下钢筋混凝土基础的受力筋应双向配置。现浇柱的纵向钢筋可通过插筋锚入基础中。插筋的数量、直径以及钢筋种类应与柱内纵向钢筋相同。插入基础的钢筋，上下至少应有两道箍筋固定。插筋与柱的纵向受力钢筋的连接方法，应按现行的《混凝土结构设计规范》(GB 50010—2011)规定执行。插筋的下端宜做成直钩放在基础底板钢筋网上。当符合下列条件之一时,可仅将四角的插筋伸至底板钢筋网上,其余插筋伸入基础的长度按锚固长度确定:① 柱为轴心受压或小偏心受压,基础高度大于等于1200mm;② 柱为大偏心受压,基础高度大于等于1400mm。

有关杯口基础的构造详见《建筑地基基础设计规范》。

二、轴心荷载作用

1. 基础高度

当基础宽度小于或等于柱宽加两倍基础有效高度(即 $b \leq b_c + 2h_0$)时,基础高度由混凝土的受剪承载力确定,应按式(7-22)验算柱与基础交接处及基础变阶处基础截面的受剪切承载力。

当冲切破坏锥体落在基础底面以内(即 $b > b_c + 2h_0$)时,基础高度由混凝土受冲切承载力确定。在柱荷载作用下,如果基础高度(或阶梯高度)不足,则将沿柱周边(或阶梯高度变化处)产生冲切破坏,形成45°斜裂面的角锥体(图7-22)。因此,由冲切破坏锥体以外的地基净反力所产生的冲切力应小于冲切面处混凝土的抗冲切能力。矩形基础一般沿柱短边一侧先产生冲切破坏,所以只需根据短边一侧的冲切破坏条件确定基础高度,即要求:

$$F_l \leq 0.7\beta_{hp} f_t b_m h_0 \tag{7-32}$$

上式右边部分为混凝土抗冲切承载力,左边部分为冲切力:

$$F_l = p_j A_l \tag{7-33}$$

式中:β_{hp}——受冲切承载力截面高度影响系数,当基础高度 h 不大于800mm 时,β_{hp} 取 1.0;当 $h \geq 2000$mm 时,β_{hp} 取0.9,其间按线性内插法取用;

f_t——混凝土轴心抗拉强度设计值;

b_m——冲切破坏锥体斜裂面上、下(顶、底)边长 b_t、b_b 的平均值(图7-23);

h_0——基础有效高度,取两个方向配筋的有效高度平均值;

p_j——相应于作用的基本组合时的地基净反力设计值,$p_j = F/bl$;

A_l——冲切力的作用面积(图7-24b 中的斜线面积),具体计算方法见后述。

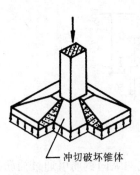

图7-22 基础冲切破坏

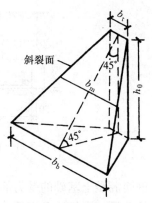

图7-23 冲切斜裂面边长

如柱截面长边、短边分别用 a_c、b_c 表示，则沿柱边产生冲切时，有
$$b_t = b_c$$
$$b_b = b_c + 2h_0$$
于是：
$$b_m = \frac{1}{2}(b_t + b_b) = b_c + h_0$$
$$b_m h_0 = (b_c + h_0) h_0$$
$$A_l = \left(\frac{l}{2} - \frac{a_c}{2} - h_0\right) b - \left(\frac{b}{2} - \frac{b_c}{2} - h_0\right)^2$$

而式(7-32)成为：
$$p_j \left[\left(\frac{l}{2} - \frac{a_c}{2} - h_0\right) b - \left(\frac{b}{2} - \frac{b_c}{2} - h_0\right)^2\right]$$
$$\leq 0.7 \beta_{hp} f_t (b_c + h_0) h_0$$
(7-34)

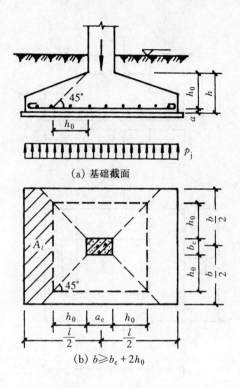

(a) 基础截面

(b) $b \geq b_c + 2h_0$

图7-24 基础冲切计算

对于阶梯形基础，例如分成二级的阶梯形，除了对柱边进行冲切验算外，还应对上一阶底边变阶处进行下阶的冲切验算。验算方法与上面柱边冲切验算相同，只是在使用式(7-34)时，a_c、b_c 分别换为上阶的长边 (l_1) 和短边 (b_1，参考图7-25)，h_0 换为下阶的有效高度(h_{01}，参考图7-26)便可。

当基础底面全部落在45°冲切破坏锥体底边以内时，则成为刚性基础，无须进行冲切验算。

设计时一般先按经验假定基础高度，得出 h_0，再代入式(7-22)或(7-34)进行验算，直至满足要求为止。

2. 底板配筋

在地基净反力作用下，基础沿柱的周边向上弯曲。一般矩形基础的长宽比小于2，故为双向受弯。当弯曲应力超过了基础的抗弯强度时，就发生弯曲破坏。其破坏特征是裂缝沿柱角至基础角将基础底面分裂成四块梯形面积。故配筋计算时，将基础板看成四块固定在柱边的梯形悬臂板(图7-25)。

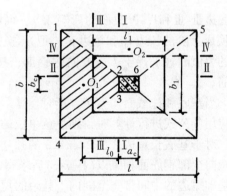

图7-25 产生弯矩的地基净反力作用面积

当基础台阶宽高比 $\tan\alpha \leq 2.5$ 时(参见图7-24a)，可认为基底反力呈线性分布，底板弯矩设计值可按下述方法计算。

地基净反力 p_j 对柱边 I-I 截面产生的弯矩为：
$$M_I = p_j A_{1234} l_0$$

式中：A_{1234}——梯形1234的面积；

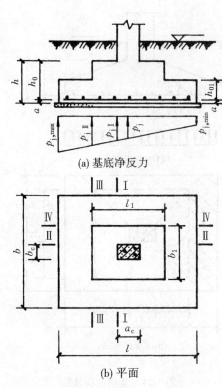

图 7-26 偏心荷载作用下的独立基础

$$A_{1234}=\frac{1}{4}(b+b_c)(l-a_c)$$

l_0——梯形 1234 的形心 O_1 至柱边的距离:

$$l_0=\frac{(l-a_c)(b_c+2b)}{6(b_c+b)} \quad (7-35)$$

于是:

$$M_I=\frac{1}{24}p_j(l-a_c)^2(2b+b_c) \quad (7-36)$$

平行于 l 方向(垂直于 I-I 截面)的受力筋面积可按下式计算:

$$A_{sI}=\frac{M_I}{0.9f_y h_0} \quad (7-37)$$

同理,由面积 1265 的净反力可得柱边 II-II 截面的弯矩为:

$$M_{II}=\frac{1}{24}p_j(b-b_c)^2(2l+a_c) \quad (7-38)$$

钢筋面积为:

$$A_{sII}=\frac{M_{II}}{0.9f_y h_0} \quad (7-39)$$

阶梯形基础在变阶处也是抗弯的危险截面,按式(7-36)~式(7-39)可以分别计算上阶底边 III-III 和 IV-IV 截面的弯矩 M_{III}、钢筋面积 A_{sIII} 和 M_{IV}、A_{sIV},只要把各式中的 a_c、b_c 换成上阶的长边 l_1 和短边 b_1,把 h_0 换为下阶的有效高度 h_{01} 便可。然后按 A_{sI} 和 A_{sIII} 中的大值配置平行于 l 边方向的钢筋,按 A_{sII} 和 A_{sIV} 中的大值配置平行于 b 边方向的钢筋。

当基底和柱截面均为正方形时,$M_I=M_{II}$,$M_{III}=M_{IV}$,这时只需计算一个方向便可。在应用各公式进行计算时,须注意单位的统一。

对于基底长短边之比 $2\leqslant n\leqslant 3$ 的独立柱基,基础底板短向钢筋应按下述方法布置:将短向全部钢筋面积乘以($1-n/6$)后求得的钢筋,均匀分布在与柱中心线重合的宽度等于基础短边的中间带宽范围内,其余的短向钢筋则均匀分布在中间带宽的两侧。长向钢筋应均匀分布在基础全宽范围内。

当基础的混凝土强度等级小于柱的混凝土强度等级时,尚应验算柱下基础顶面的局部受压承载力。

三、偏心荷载作用

如果只在矩形基础长边方向产生偏心(图 7-26),即只有一个方向的净偏心距(在基础底面形心处的弯矩为 M):

$$e_0=\frac{M}{F}$$

则基底净反力设计值的最大值和最小值为：

$$\begin{matrix} p_{j,\min} \\ p_{j,\max} \end{matrix} = \frac{F}{lb}\left(1 \pm \frac{6e_0}{l}\right) = \frac{F}{lb} \pm \frac{6M}{bl^2} \tag{7-40}$$

（1）基础高度

可按式（7-34）或式（7-22）计算，但应以 $p_{j,\max}$ 代替式中的 p_j。

（2）底板配筋

仍可按式（7-37）和式（7-39）计算钢筋面积，但式（7-37）中的 M_I 应按下式计算：

$$M_I = \frac{1}{48}\left[(p_{j,\max}+p_{jI})(2b+b_c)+(p_{j,\max}-p_{jI})b\right](l-a_c)^2 \tag{7-41}$$

式中：p_{jI} 为 I-I 截面的净反力设计值：

$$p_{jI} = p_{j,\min} + \frac{l+a_c}{2l}(p_{j,\max}-p_{j,\min})$$

【例 7-7】 已知一钢筋混凝土柱截面尺寸为 300mm×300mm，相应于作用的基本组合时作用在基础顶面的轴心荷载 F=500kN，已确定柱下独立基础的底面尺寸为 1.8m× 1.8m，埋深为 1m。试设计此基础。

【解】 采用 C20 混凝土，HPB300 级钢筋，查得 f_t=1.10N/mm²，f_y=270N/mm²。垫层采用 C10 混凝土。

(1) 计算基底净反力设计值

$$p_j = \frac{F}{lb} = \frac{500}{1.8 \times 1.8} = 154.3(\text{kPa})$$

(2) 确定基础高度

取基础高度 h=400mm，h_0=400-40-10=350mm（取两个方向的有效高度平均值）。因

$$b_c + 2h_0 = 0.3 + 2 \times 0.35 = 1.0(\text{m}) < b = 1.8\text{m}$$

故应按式（7-34）进行抗冲切验算。该式左边：

$$p_j\left[\left(\frac{l}{2}-\frac{a_c}{2}-h_0\right)b-\left(\frac{b}{2}-\frac{b_c}{2}-h_0\right)^2\right]$$

$$=154.3\left[\left(\frac{1.8}{2}-\frac{0.3}{2}-0.35\right)\times 1.8-\left(\frac{1.8}{2}-\frac{0.3}{2}-0.35\right)^2\right]$$

$$=86.4(\text{kN})$$

该式右边：

$$0.7\beta_{hp}f_t(b_c+h_0)h_0 = 0.7 \times 1.0 \times 1\,100 \times (0.3+0.35) \times 0.35$$
$$= 175.2(\text{kN}) > 86.4\text{kN}（可以）$$

(3) 确定底板配筋

本基础为方形基础，按式（7-36）及式（7-37），得

$$M_I = M_{II} = \frac{1}{24}p_j(l-a_c)^2(2b+b_c)$$

$$= \frac{1}{24} \times 154.3 \times (1.8-0.3)^2(2 \times 1.8+0.3)$$

$$= 54.4(\text{kN} \cdot \text{m})$$

$$A_{sI} = A_{sII} = \frac{M_I}{0.9f_y h_0}$$

$$= \frac{54.4 \times 10^6}{0.9 \times 270 \times 350} = 640 (\mathrm{mm}^2)$$

按构造要求配钢筋 11ϕ10 双向，$A_s = 863.5 \mathrm{mm}^2 \approx \rho_{\min} A = 0.15\% \times (1800 \times 400 - 200 \times 700) = 870 \mathrm{mm}^2$。基础配筋示意图见例图 7-4。

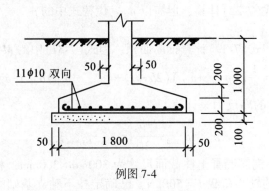

例图 7-4

第十节 梁板式基础

梁板式基础又称为连续基础，包括柱下条形基础、交叉条形基础、筏形基础和箱形基础等。

一、柱下条形基础

柱下条形基础是常用于软弱地基上框架或排架结构的一种基础类型。它具有刚度较大、调整不均匀沉降能力较强的优点，但造价较高。因此，在一般情况下，柱下应优先考虑设置独立基础，如遇下述特殊情况时可以考虑采用柱下条形基础：

①当地基较软弱，承载力较低，而荷载较大时，或地基压缩性不均匀(如地基中有局部软弱夹层、土洞等)时。

②当荷载分布不均匀，有可能导致不均匀沉降时。

③当上部结构对基础沉降比较敏感，有可能产生较大的次应力或影响使用功能时。

1. 构造要求

柱下条形基础一般采用倒"T"形截面，由肋梁和翼板组成(图 7-27)。为了具有较大

图 7-27 柱下条形基础

的抗弯刚度以便调整不均匀沉降,肋梁高度不可太小,一般宜为柱距的 1/8~1/4(通常取不小于柱距的 1/6),并应满足受剪承载力计算的要求。当柱荷载较大时,可在柱两侧局部增高(加腋,见图 7-6(b))。一般肋梁沿纵向取等截面,每侧比柱至少宽出 50mm。当柱垂直于肋梁轴线方向的截面边长大于 400mm 时,可仅在柱位处将肋部加宽(图 7-28)。翼板厚度不应小于 200mm。当翼板厚度为 200~250mm 时,宜用等厚度翼板;当翼板厚度大于 250mm 时,宜用变厚度翼板,其坡度小于或等于 1:3。

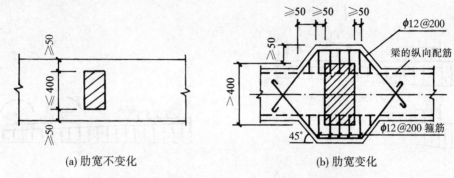

图 7-28 现浇柱与肋梁的平面连接和构造配筋

条形基础端部应沿纵向从两端边柱外伸,外伸长度一般为边跨跨距的 1/4~3/10。当荷载不对称时,两端伸出长度可不相等,以求使基底形心与荷载合力作用点重合。但也不宜伸出太多,以免基础梁在柱位处正弯矩太大。

基础肋部的纵向受力钢筋、箍筋和弯筋应按弯矩图和剪力图配置。柱位处的纵向受力钢筋布置在肋梁底面,而跨中则布置在顶面。底面纵向受力钢筋的搭接位置宜在跨中,顶面纵向受力钢筋则宜在柱位处,其搭接长度应满足要求。考虑到条形基础可能出现整体弯曲,且其内力分析往往不很准确,故顶面的纵向受力钢筋宜全部通长配置,底面通长钢筋的面积不应少于底面受力钢筋总面积的 1/3。

翼板的横向受力钢筋由计算确定,但直径不应小于 10mm,间距 100~200mm。非肋部分的纵向分布钢筋可用直径 8~10mm,间距不大于 300mm。其余构造要求可参照钢筋混凝土扩展基础的有关规定。

柱下条形基础的混凝土强度等级不应低于 C20。

2. 内力的简化计算

柱下条形基础内力的简化计算方法有两种:静定分析法(静定梁法)和倒梁法。这两种方法均假定基底反力为直线(平面)分布。为满足这一假定,要求基础具有足够的相对刚度,一般认为,当条形基础梁的高度不小于 1/6 柱距时,可以满足这一要求。

当上部结构的刚度很小(如单层排架结构)时,宜采用静定分析法。计算时先按直线分布假定求出基底净反力,然后将柱荷载直接作用在基础梁上。这样,基础梁上所有的作用力都已确定,故可按静力平衡条件计算出任一截面 i 上的弯矩 M_i 和剪力 V_i(图 7-29)。由于静定分析法假定上部结构为柔性结构,即不考虑上部结构刚度的有利影响,所以在荷载作用下基础梁将产生整体弯曲。与其他方法比较,这样计算所得的基础不利截面上的弯矩绝对值可能偏大很多。

倒梁法假定上部结构是绝对刚性的，各柱之间没有沉降差异，因而可以把柱脚视为条形基础的铰支座，将基础梁按倒置的普通连续梁（采用弯矩分配法或弯矩系数法）计算，而荷载则为直线分布的基底净反力 bp_j（kN/m）以及除去柱的竖向集中力所余下的各种作用（包括柱传来的力矩）（图 7-30）。这种计算方法只考虑出现于柱间的局部弯曲，而略去沿基础全长发生的整体弯曲，因而所得的弯矩图正负弯矩最大值较为均衡，基础不利截面的弯矩最小。倒梁法适用于上部结构刚度很大的情况，例如具有与梁柱结合很好的填充墙的现浇多层框架。

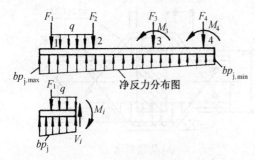

图 7-29　按静力平衡条件计算条形基础的内力

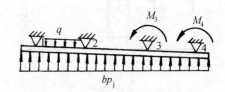

图 7-30　倒梁法计算简图

综上所述，在比较均匀的地基上，上部结构刚度较好，荷载分布和柱距较均匀（如相差不超过 20%），且条形基础梁的高度不小于 1/6 柱距时，基底反力可按直线分布，基础梁的内力可按倒梁法计算。

当条形基础的相对刚度较大时，由于基础的架越作用，其两端边跨的基底反力会有所增大，故两边跨的跨中弯矩及第一内支座的弯矩值宜乘以 1.2 的增大系数。

当不满足按静定分析法或倒梁法计算的条件时，宜按地基上梁的理论方法计算内力。

二、柱下交叉条形基础

柱下交叉条形基础是由纵横两个方向的柱下条形基础所组成的一种空间结构，各柱位于两个方向基础梁的交叉节点处。上部结构的荷载，通过柱网传至交叉条形基础的顶面（图 7-7）。

在初步选择交叉条形基础的底面积时，可假设地基反力为直线分布。如果所有荷载的合力对基底形心的偏心很小，则可认为基底反力是均布的，由此可求出基础底面的总面积，然后具体选择纵横各基础梁的长度和底面宽度。

如果单向条形基础的底面积已能满足地基承载力的要求，则为了减少基础之间的沉降差，可在另一方向加设连梁，组成连梁式交叉条形基础。为了使基础受力明确，连梁不宜着地。这样，交叉条形基础的设计就可按单向条形基础来考虑。连梁的配置通常是带经验性的，但需要有一定的强度和刚度，否则作用不大。

要对交叉条形基础的内力进行比较仔细的分析是相当复杂的。在工程实践中，常采用比较简单的方法，把交叉节点处的柱荷载分配到纵横两个方向的基础梁上，待柱荷载分配后，把交叉条形基础分离为若干单独的柱下条形基础，并按照上述方法进行分析和设计。当上部结构整体刚度很大时，可按倒置的二组连续梁来对待。

三、筏形基础

按所支承的上部结构类型分，筏形基础可分为用于砖砌体承重结构房屋的墙下筏形基础和用于框架、剪力墙结构的柱下筏形基础。

墙下筏形基础宜为等厚度(200~300mm)的钢筋混凝土平板，适用于具有硬壳层的(包括人工处理形成的)比较均匀的软弱地基上6层及6层以下横墙较密的民用建筑。

柱下筏形基础可采用平板式或梁板式两类。筏板的厚度按受冲切承载力或受剪承载力计算确定。平板式筏板的厚度不应小于500mm。当柱荷载较大时，应将柱位周围的筏板加厚。梁板式筏基的板厚不应小于400mm，且板厚与最大双向板格的短边净跨之比不应小于1/14。

筏形基础的内力计算，应根据基础的刚度、地基土性质和上部结构类型，考虑采用简化方法或进行地基土与基础板的相互作用分析。当地基土质均匀、基础相对刚度较大时，可认为基底反力呈直线分布。这时，若上部结构整体刚度很大，就可以采用"倒楼盖"法来计算筏形基础的内力，即将筏基视为倒置的楼盖，以柱脚为支座，地基净反力为荷载，按普通平面楼盖进行计算。

四、箱形基础

箱形基础的内、外墙应沿上部结构柱网和剪力墙纵横均匀布置，墙体水平截面总面积不宜小于箱形基础外墙外包尺寸的水平投影面积的1/12。对基础平面长宽比大于4的箱形基础，其纵墙水平截面面积不得小于箱基外墙外包尺寸水平投影面积的1/18。

箱形基础的高度应满足结构承载力、整体刚度和使用功能的要求，其值不宜小于箱形基础长度(不包括底板悬挑部分)的1/20，并不宜小于3m。

箱基的埋置深度应根据建筑物对地基承载力、基础倾覆及滑移稳定性、建筑物整体倾斜以及抗震设防烈度等的要求确定，一般可取等于箱基的高度，在抗震设防区不宜小于建筑物高度的1/15。高层建筑同一结构单元内的箱形基础埋深宜一致，且不得局部采用箱形基础。

箱基顶、底板及墙身的厚度应根据受力情况、整体刚度及防水要求确定。一般底板厚度不应小于400mm，外墙厚度不应小于250mm，内墙厚度不应小于200mm。顶、底板厚度应满足受剪承载力验算的要求，底板尚应满足受冲切承载力的要求。

箱形基础的设计包括地基计算、内力分析、强度计算和构造要求等几方面。

第十一节 减轻不均匀沉降危害的措施

前面已指出，地基的过量沉降将使建筑物损坏或影响其使用功能。特别是高压缩性土、膨胀土、湿陷性黄土以及软硬不均等不良地基上的建筑物，由于不均匀沉降较大，如果设计时考虑不周，就更易因不均匀沉降而开裂损坏。

不均匀沉降常引起砌体承重结构开裂，尤其是在墙体窗口门洞的角位处。裂缝的位置和方向与不均匀沉降的状况有关。图 7-31 表示不均匀沉降引起墙体开裂的一般规律：斜裂缝上段对下来的基础(或基础的一部分)沉降较大。如果墙体中间部分的沉降比两端部大(碟形沉降)，则墙体两端部的斜裂缝将呈八字形，有时(墙体长度大)还在墙体中部下方出现近乎竖直的裂缝。如果墙体两端部的沉降大(倒碟形沉降)，则斜裂缝将呈倒置八字形。当建筑物各部分的荷载或高度差别较大时，重、高部分的沉降也常较大，并导致轻、低部分产生斜裂缝。

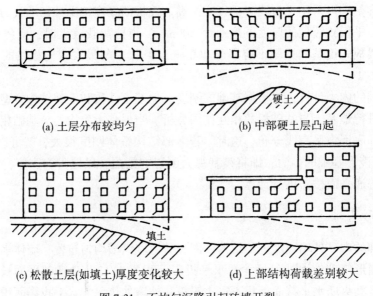

图 7-31　不均匀沉降引起砖墙开裂

对于框架等超静定结构来说，各柱的沉降差必将在梁柱等构件中产生附加内力。当这些附加内力和设计荷载作用下的内力之和超过构件的承载能力时，梁、柱端和楼板将出现裂缝。

了解上述规律，将有助于事前采取措施和事后分析裂缝产生的原因。

如何防止或减轻不均匀沉降造成的损害，是设计中必须认真考虑的问题。解决这一问题的途径有二：一是设法增强上部结构对不均匀沉降的适应能力；二是设法减少不均匀沉降或总沉降量。具体的措施不外有：① 采用柱下条形基础、筏基和箱基等，以减少地基的不均匀沉降；② 采用桩基或其他深基础，以减少总沉降量(不均匀沉降相应减少)；③ 对地基某一深度范围或局部进行人工处理；④ 从地基、基础、上部结构相互作用的观点出发，在建筑、结构和施工方面采取本节介绍的某些措施，以增强上部结构对不均匀沉降的适应能力。前三类措施造价偏高，有的需具备一定的施工条件才能采用。对于采用地基处理方案的建筑物往往还需同时辅以某些建筑、结构和施工措施，才能取得预期的效果。因此，对于一般的中小型建筑物，应首先考虑在建筑、结构和施工方面采取减轻不均匀沉降危害的措施，必要时才采用其他的地基基础方案。

一、建筑措施

(1) 建筑物的体型应力求简单

建筑物的体型可通过其立面和平面表示。建筑物的立面不宜高低悬殊，因为在高度突变的部位，常由于荷载轻重不一而产生超过允许值的不均匀沉降。如果建筑物需要高低错落，则应在结构上认真配合。平面形状复杂（如"H"、"L"、"T"、"E"等形状和有凹凸部位）的建筑物，由于基础密集，产生相邻荷载影响而使局部沉降量增加。如果建筑物在平面上转折、弯曲太多，则其整体性和抵抗变形的能力将受到影响。

(2) 控制建筑物的长高比

建筑物在平面上的长度 L 和从基础底面起算的高度 H_f 之比，称为建筑物的长高比。它是决定砌体结构房屋刚度的一个主要因素。L/H_f 越小，建筑物的刚度就越好，调整地基不均匀沉降的能力也就越大。对三层和三层以上的房屋，L/H_f 宜小于或等于 2.5；当房屋的长高比满足 $2.5<L/H_f\leqslant 3.0$ 时，应尽量做到纵墙不转折或少转折，其内横墙间距不宜过大，且与纵墙之间的连接应牢靠，同时纵、横墙开洞不宜过大。必要时还应增强基础的刚度和强度。当房屋的预估最大沉降量少于或等于 120mm 时，在一般情况下，砌体结构的长高比可不受限制。

(3) 设置沉降缝

当建筑物的体型复杂或长高比过大时，可以用沉降缝将建筑物（包括基础）分割成两个或多个独立的沉降单元。每个单元一般应体型简单、长高比小、结构类型相同以及地基比较均匀。这样的沉降单元具有较大的整体刚度，沉降比较均匀，一般不会再开裂。

为了使各沉降单元的沉降均匀，宜在建筑物的下列部位设置沉降缝：
① 建筑物平面的转折处；
② 建筑物高度或荷载有很大差别处；
③ 长高比不合要求的砌体承重结构以及钢筋混凝土框架结构的适当部位；
④ 地基土的压缩性有显著变化之处；
⑤ 建筑结构或基础类型不同处；
⑥ 分期建造房屋的交界处；
⑦ 拟设置伸缩缝处（沉降缝可兼作伸缩缝）。

沉降缝应有足够的宽度，以防止缝两侧的结构相向倾斜而互相挤压。缝内一般不得填塞材料（寒冷地区需填松软材料）。沉降缝的常用宽度为：二、三层房屋 50~80mm，四、五层房屋 80~120mm，五层以上房屋应不小于 120mm。

(4) 相邻建筑物之间应有一定距离

从第二章关于土中附加应力分布的讨论可知：作用在地基上的荷载，会使土中一定宽度和深度的范围内产生附加应力，同时也使地基发生沉降。在此范围之外，荷载对邻近建筑物没有影响。同期建造的两相邻建筑，或在原有房屋邻近新建高重的建筑物，如果距离太近，就会由于相邻影响，产生不均匀沉降，造成倾斜和开裂。

相邻建筑物基础的净距，可按表 7-9 选用。由该表可见，决定相邻间距的主要因素是被影响的建筑物的刚度（用长高比来衡量）和产生影响的建筑物的预估沉降量。

表7-9　　　　　　　　　　　相邻建筑物基础间的净距(m)

影响建筑的预估平均沉降量(mm)	被影响建筑的长高比	
	$2.0 \leq L/H_f < 3.0$	$3.0 \leq L/H_f < 5.0$
70~150	2~3	3~6
160~250	3~6	6~9
260~400	6~9	9~12
>400	9~12	≥12

注：① 表中 L 为房屋长度或沉降缝分隔的单元长度，m；H_f 的意义同前。
②　当被影响建筑的长高比为 $1.5 < L/H_f < 2.0$ 时，净距可适当缩小。

(5) 调整建筑标高

建筑物的长期沉降，将改变使用期间各建筑单元、地下管道和工业设备等部分的原有标高，这时可采取下列措施进行调整：

① 根据预估的沉降量，适当提高室内地坪和地下设施的标高；
② 将互有联系的建筑物各部分中沉降较大者的标高提高；
③ 建筑物与设备之间，应留有足够的净空；当有管道穿过建筑物时，应预留足够大小的孔洞，或者采用柔性的管道接头等。

二、结构措施

(1) 减轻建筑物自重

建筑物的自重在基底压力中占有重要的比例。工业建筑中大约占50%，民用建筑中可高达60%~70%，因而减少沉降量常可从减轻建筑物的自重着手：

① 采用轻质材料，如采用多孔砖墙或其他轻质墙等；
② 选用轻型结构，如预应力钢筋混凝土结构、轻钢结构以及各种轻型空间结构；
③ 减轻基础及其上回填土的重量，选用自重较轻、覆土较少的基础形式，如浅埋的宽基础和有半地下室、地下室的基础，或者室内地面采用架空地坪。

(2) 设置圈梁

圈梁的作用在于提高砌体结构抵抗弯曲的能力，即增强建筑物的抗弯刚度。它是防止砖墙出现裂缝和阻止裂缝开展的一项有效措施。当建筑物产生碟形沉降时，墙体产生正向弯曲，下层的圈梁将起作用；反之，墙体产生反向弯曲时，上层的圈梁则起作用。

圈梁必须与砌体结合成整体，每道圈梁要贯通全部外墙、承重内纵墙及主要内横墙，即在平面上形成封闭系统。当没法连通(如某些楼梯间的窗洞处)时，应按图7-32所示的要求利用搭接圈梁进行搭接。必要时，洞口上下的钢筋混凝土搭接圈梁可和两侧的小柱形成小框(有抗震要求时也应这样处理)。

圈梁的截面难以进行计算，一般均按构造考虑(图7-33)。采用钢筋混凝土圈梁时，混凝土强度等级宜采用C20，宽度与墙厚相同，高度不小于120mm，纵向钢筋不宜少于 $4\phi10$，绑扎接头的搭接长度按受力钢筋考虑，箍筋间距不大于300mm。如采用钢筋砖圈梁时，位于圈梁处的 4~6 皮砖，用 M5 砂浆砌筑，上下各含 3 根 $\phi6$ 钢筋，钢筋间水平距离不宜大于 120mm。

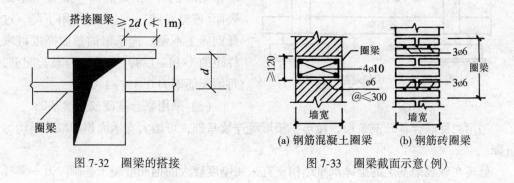

图 7-32　圈梁的搭接　　　　图 7-33　圈梁截面示意(例)

圈梁的布置，单层砌体结构一般做在基础顶面附近；2~3 层砌体结构，下层圈梁做在基础顶面附近，上层圈梁做在顶层门窗顶处；多层房屋除上、下两道外，宜隔层放置在楼板下或窗顶处(也可每层都设置)。对于工业厂房，可结合基础梁、连系梁和门窗过梁适当设置。

(3) 减小或调整基础底面的附加压力

采用较大的基础底面积，减小基底附加压力，一般可以减小沉降量。但是，在建筑物不同部位，由于荷载大小不同，如基底压力相同，则荷载大的基础底面尺寸也大，沉降量必然也大。为了减小沉降差异，荷载大的基础，宜采用较大的基底面积，以减小该处的基底压力。对于图 7-34(a) 所示的情况，通常难以采取增大框架柱基础底面积的方法来减小其与廊柱基础之间的沉降差。在这种情况下，可将门廊和框架结构分离，或把门廊改用飘板等悬挑结构(原廊柱改用装饰柱)。对于图 7-34(b)，可增加墙下条形基础的宽度。

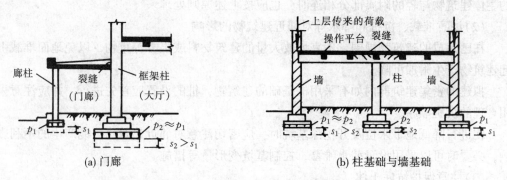

图 7-34　基础尺寸不妥引起的事故

(4) 设置连系梁

钢筋混凝土框架结构对不均匀沉降很敏感，很小的沉降差异就足以引起可观的附加应力。对于采用独立柱基的框架结构，在基础间设置连系梁(图 7-35)是加大结构刚度、

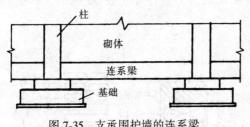

图 7-35 支承围护墙的连系梁

减少不均匀沉降的有效措施之一。连系梁的设置常带有一定的经验性(仅起承墙作用时例外),其底面一般置于基础表面(或略高些),过高则作用下降,过低则施工不便。连系梁的截面高度可取柱距的 $1/14\sim1/8$,上下均匀通长配筋,每侧配筋率为 $0.4\%\sim1.0\%$。

(5) 采用联合基础或连续基础

采用二柱联合基础或条形、筏形、箱形等连续基础,可增大支承面积和减少不均匀沉降。

修建在软弱地基上的砌体承重结构,宜采用刚度较大的钢筋混凝土基础。万一需要事后补强或托换基础,也比较容易处理。

(6) 使用能适应不均匀沉降的结构

排架等铰接结构,在支座产生相对变位时结构内力的变化甚小,故可避免不均匀沉降对结构的危害,但必须注意所产生的不均匀沉降是否将影响建筑物的使用。

油罐、水池等做成柔性结构时,基础也常采用柔性底板,以顺从、适应不均匀沉降。这时,在管道连接处,应采取某些相应的措施。

三、施工措施

在软弱地基上进行工程建设时,采用合理的施工顺序和施工方法至关重要,这是减小或调整不均匀沉降的有效措施之一。

(1) 遵照先重(高)后轻(低)的施工程序

当拟建的相邻建筑物之间轻(低)重(高)悬殊时,一般应按照先重后轻的程序进行施工,必要时还应在重的建筑物竣工后间歇一段时间,再建造轻的邻近建筑物。如果重的主体建筑物与轻的附属部分相连时,也应按上述原则处理。

(2) 注意堆载、沉桩和降水等对邻近建筑物的影响

在已建成的建筑物周围,不宜堆放大量的建筑材料或土方等重物,以免地面堆载引起建筑物产生附加沉降。

拟建的密集建筑群内如有采用桩基础的建筑物,桩的设置应首先进行,并应注意采用合理的沉桩顺序。

在进行降低地下水位及开挖深基坑时,应密切注意对邻近建筑物可能产生的不利影响,必要时可以采用设置截水帷幕、控制基坑变形量等措施。

(3) 注意保护坑底土体

在淤泥及淤泥质土地基上开挖基坑时,要注意尽可能不扰动土的原状结构。如发现坑底软土被扰动,可挖去扰动部分,用砂、碎石(砖)等回填处理。在雨季施工时,要避免坑底土体受雨水浸泡。通常的做法是:在坑底保留大约 200mm 厚的原土层,待施工混凝土垫层时才用人工临时挖去。当基础埋置在易风化的岩层上,施工时应在基坑开挖后立即铺筑垫层。

思 考 题

7-1 进行浅基础设计时，对地基计算都有哪些要求？
7-2 浅基础都有哪些类型？它们的适用条件如何？
7-3 选择基础埋深时应考虑哪些主要因素？
7-4 确定地基承载力特征值都有哪些方法？
7-5 地基沉降按其特征可分为哪四种？它们的定义是什么？
7-6 减轻不均匀沉降危害的措施有哪些？

习 题

7-1 某黏性土的内摩擦角标准值 $\varphi_k = 20°$，黏聚力标准值 $c_k = 12\text{kPa}$，基础底宽 $b = 1.8\text{m}$，埋深 $d = 1.2\text{m}$，基底以上土的重度 $\gamma_m = 18.3\text{kN/m}^3$，地下水位与基底平齐，土的有效重度 $\gamma' = 10\text{kN/m}^3$，试确定地基承载力特征值 f_a。

（答案：$f_a = 144.3\text{kPa}$）

7-2 某中砂土的标准贯入试验锤击数 $N = 21$，如基础宽度为 2.0m，埋深为 0.5m，土的重度为 18kN/m^3，试确定该基础修正后的地基承载力特征值 f_a。

（答案：$f_a = 286\text{kPa}$）

7-3 同上题，但基础埋深改为 1.0m，试确定该基础修正后的地基承载力特征值 f_a。

（答案：$\eta_d = 4.4$，$f_a = 325.6\text{kPa}$）

7-4 某中砂土的重度为 18kN/m^3，地基承载力特征值为 $f_{ak} = 280\text{kPa}$，现需设计一方形截面柱的基础，作用在基础顶面的轴心荷载 $F_k = 1.05\text{MN}$，取基础埋深为 1.0m，试确定该基础的底面边长。

（答案：算得 $b = 1.87\text{m}$，取 $b = 1.9\text{m}$）

7-5 某承重砖墙厚 240mm，传至条形基础顶面处的轴心荷载标准组合值 $F_k = 150\text{kN/m}$。该处土层情况如附图所示，地下水位在淤泥质土顶面处。建筑物对基础埋深无特殊要求，且不必考虑土的冻胀问题。(1)试确定基础的底面宽度（须进行软弱下卧层验算）；(2)设计基础截面并配筋（可近似取作用的基本组合值为标准组合值的 1.35 倍）。

（答案：可取 $d = 0.5\text{m}$，$b = 1.3\text{m}$，$\sigma_{cz} = 37.4\text{kPa}$，$\sigma_z = 55.4\text{kPa}$，$f_{az} = 93.9\text{kPa}$）

7-6 一钢筋混凝土内柱截面尺寸为 300mm×300mm，作用在基础顶面的轴心荷载 $F_k = 400\text{kN}$，地基土层情况如附图所示，地下水位在标高 −1.60m 处，细砂层以下为硬塑黏土，试确定扩展基础的底面尺寸并设计基础截面并配筋。

（答案：可取 $d = 1\text{m}$，$b = 1.7\text{m}$）

7-7 同上题，但基础底面形心处还有弯矩 $M_k = 110\text{kN·m}$ 作用着。

（答案：$d = 1\text{m}$，$b = 1.6\text{m}$，$l = 2.4\text{m}$）

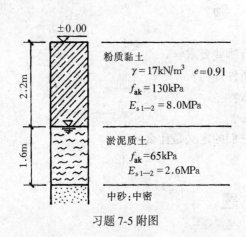

习题 7-5 附图

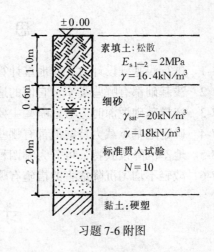

习题 7-6 附图

第八章 桩 基 础

第一节 概 述

一、桩基础的适用性

当建筑场地浅层的土质无法满足建筑物对地基沉降和承载力方面的要求，而又不宜进行地基处理时，就要利用下部坚实土层或岩层作为持力层，采用深基础方案。深基础主要有桩基础、墩基础、沉井和地下连续墙等几种类型，其中以桩基（桩基础通常称做桩基）应用最早最广。随着近代生产水平的提高和科学技术的发展，桩的种类和桩基形式、沉桩机具、钻孔设备和施工工艺以及桩基理论和实践，都有了很大的演进。桩基已经成为土质不良地区修造建筑物，特别是高层建筑、重型厂房和各种具有特殊要求的构筑物所广泛采用的基础形式。

桩基础一般由设置于土中的桩和承接上部结构的承台组成（图 8-1），桩顶埋入承台中。随着承台与地面的相对位置的不同，而有低承台桩基和高承台桩基之分。前者的承台底面位于地面以下，而后者则高出地面或水力冲刷线以上。在工业与民用建筑物中，几乎都使用低承台桩基，而且大量采用的是竖直桩，甚少采用斜桩。桥梁和港口工程中常用高承台桩基，且较多采用斜桩，以承受水平荷载。

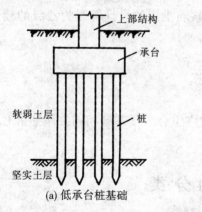
(a) 低承台桩基础

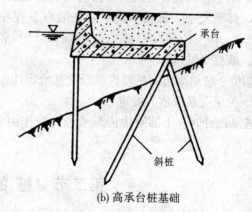
(b) 高承台桩基础

图 8-1 桩基础示意图

下列情况，可考虑选择桩基方案：

①高层建筑或重要的和有纪念性的大型建筑，不允许地基有过大的沉降和不均匀沉降。

②重型工业厂房，如设有大吨位重级工作制吊车的车间和荷载过大的仓库、料仓等。

③高耸结构物，如烟囱、输电铁塔，或需要采用桩基来承受水平力的其他建筑。

④需要减弱振动影响的大型精密机械设备基础。

⑤软弱地基或某些特殊性土上的永久性建筑物。

⑥以桩基作为抗震措施的地震区建筑。

当地基上部软弱而下部不太深处埋藏有坚实地层时，最宜采用桩基。如果软弱土层甚厚，桩端达不到良好土层，则应考虑桩基的沉降等问题。通过较好土层而到达软弱土层的桩，把建筑物荷载传到软弱土层，反而可能使基础的沉降增加。在工程实践中，由于设计方面或施工方面的原因，致使桩基未能达到要求，甚至酿成重大事故者已非罕见。因此，桩基也可能出现沉降超过允许值和承载力破坏的问题。我国某经济开发区一幢颇具规模的大楼，中间部分为十一层，两侧为九层，采用钢筋混凝土框架结构和直径为480mm的沉管灌注桩。场地存在高灵敏度的淤泥质土。由于某些原因，当1986年大楼建至第七层时，在⑧轴至⑯轴间，产生明显的不均匀沉降，部分梁柱和楼板严重开裂，致使施工停顿。1987年花去地基加固费用约100万元。巴西某十一层大厦，采用99根长度为21m的钢筋混凝土桩。1958年1月大厦建成时横向已明显倾斜，同月30日沉降速率达到每小时4mm，晚间8时，大厦在20秒内倒塌。事后查明，当地为沼泽土，桩身和桩端处于软黏土和泥炭土中，估计由于桩端土连续变形，桩"刺入"土中而产生破坏。这些事例说明，桩基具体方案的选择、设计和施工均必须慎重。

二、桩基设计原则

1. 对地基计算的要求

①桩基中单桩所承受的荷载应满足单桩承载力计算的有关规定。

②对以下建筑物的桩基应进行沉降验算：

a. 地基基础设计等级为甲级的建筑物桩基。

b. 体形复杂、荷载不均匀或桩端以下存在软弱土层的设计等级为乙级的建筑物桩基。

c. 摩擦型桩基。

③位于坡地岸边的桩基应进行桩基稳定性验算。

2. 关于荷载取值的规定

桩基设计时，上部结构传至承台上的作用效应组合与浅基础相同，详见第七章第一节。

第二节 桩 的 分 类

一、预制桩与灌注桩

按施工方法的不同，可分为预制桩和灌注桩两大类。

1. 预制桩

预制桩按所用材料的不同，可分为混凝土预制桩、钢桩和木桩。而沉桩的方式有锤击或振动打入、静力压入等。

（1）混凝土预制桩

混凝土预制桩的优点是：长度和截面形状、尺寸可在一定范围内根据需要选择，质量较易保证，桩端（桩尖）可达坚硬黏性土或强风化基岩，承载能力高，耐久性好。这种桩的横截面可做成方、圆等各种形状。普通实心方形截面的桩，截面边长一般为300～550mm。

现场预制的桩，长度一般在25～30m以内。工厂预制的桩，分节长度一般不超过12m，可根据需要在沉桩过程中加以接长。

预应力混凝土管桩（图8-2）是一种采用先张法预应力工艺和离心成型法制作的预制桩。其中，经过高压蒸汽养护设备生产的为PHC（高强度）管桩，其桩身混凝土强度等级为C80（或超过），否则为PC管桩（C60至接近C80）。按管桩的抗弯性能及其抗裂度，可分为A、AB、B和C四类型（抗裂弯矩：C>B>AB>A）。

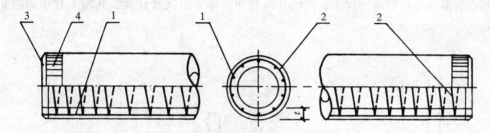

1—预应力钢筋；2—螺旋箍筋；3—端头板；4—钢套箍；t—壁厚

图8-2 预应力混凝土管桩

管桩的分节长度为4～13m，常用的有5，7，9m和11m等产品；管桩的外径为300～600mm。桩节的端部设有钢制端头板和钢套箍。沉桩时桩节通过焊接端头板加以接长。桩的下端则设置封口十字刃钢桩尖（图8-3），或采用开口的钢桩尖（外廓呈圆锥形）。

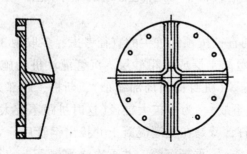

图8-3 封口十字刃钢桩尖

(2) 钢桩

常用的钢桩有开口或闭口的钢管桩以及H型钢桩等。钢管桩的直径为250~1 200mm。H型钢桩常用规格为HP8、HP10、HP12和HP14。钢桩的穿透能力强,自重轻,锤击沉桩效果好,承载能力高,无论起吊运输或是沉桩接桩都很方便。但耗钢量大,成本高,我国只在少数重点工程中使用。

2. 灌注桩

灌注桩是直接在所设计桩位处成孔,然后在孔内放置钢筋笼再浇灌混凝土而成。与混凝土预制桩比较,灌注桩一般只根据使用期间可能出现的内力配置钢筋,用钢量较省。同时,桩长可在施工过程根据要求于某一范围内取定。灌注桩的横截面呈圆形,可以做成大直径,也可扩大底部(扩底桩)。保证灌注桩承载力的关键在于桩身的成型和混凝土灌注质量。

灌注桩有几十个品种,大体可归纳为沉管灌注桩和钻(冲、挖)孔灌注桩两类。灌注桩可采用套管(或沉管)护壁、泥浆护壁和干作业等方法成孔。

(1) 沉管灌注桩

沉管灌注桩可以采用锤击、振动和振动冲击等方法沉管开孔,其施工程序如图8-4所示。

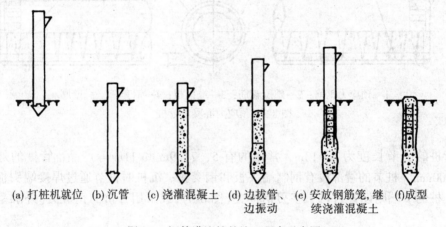

(a) 打桩机就位　(b) 沉管　(c) 浇灌混凝土　(d) 边拔管、边振动　(e) 安放钢筋笼,继续浇灌混凝土　(f) 成型

图8-4　沉管灌注桩的施工程序示意图

锤击沉管灌注桩的直径按预制桩尖的直径考虑,多取用300~500mm,桩长一般在20m以内,打至硬塑黏土层或中粗砂层。沉管灌注桩的施工设备简单,进度快,成本低。但可能产生缩颈(桩身截面局部缩小)、断桩、局部夹土、混凝土离析和强度不足等质量问题(或事故)。为了扩大桩径(这时桩距不宜太小),可对沉管灌注桩进行"复打"。所谓复打,就是在浇灌混凝土并拔出钢管后,立即在原位重新放置预制桩尖(或闭合管端活瓣),重新沉管,并再次浇灌混凝土。复打后的桩,横截面面积增大,承载力提高,但其造价也相应增加。对于含水量大而灵敏度高的淤泥和淤泥质土,如采用直径在400mm以下的锤击(或振动)沉管灌注桩,由于质量问题多,

宜慎重采用。

(2) 钻(冲)孔灌注桩

各种钻孔桩在施工时都要把桩孔位置处的土排出地面，然后清除孔底沉碴，安放钢筋笼，最后浇灌混凝土。

钻机在钻进时利用泥浆保护孔壁(泥浆质量应符合要求)，以防坍孔。清孔(排走孔底沉碴)后，浇灌水下混凝土。其施工程序见图8-5。常用的桩径为800，1 000，1 200mm等。国外生产的大直径钻机，一般用钢套筒护壁，具有回旋钻进、冲击、磨头磨碎岩石和进行扩底等多种功能，并能克服流砂、消除孤石等障碍物，钻进速度快，能进入微风化硬质岩石，深度可达60m。由于这些机具价格昂贵，较适宜用于ϕ1 500~2 800mm的大直径桩。

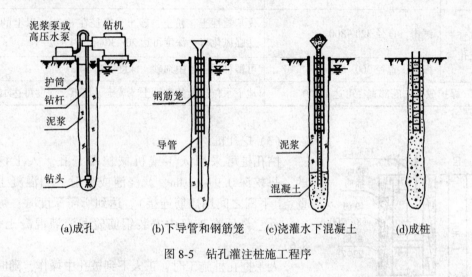

图8-5 钻孔灌注桩施工程序

大直径钻孔桩的最大优点在于能进入岩层，且刚度大，因此承载力高，而桩身变形很小。

国内常采用的各种灌注桩，其适用范围见表8-1。

表8-1　　　　　　　各种灌注桩适用范围　　　　　(直径单位：mm)

成孔方法		适用范围
泥浆护壁成孔	冲抓、冲击，直径600~1 500mm 回转钻，直径400~3 000mm	碎石土、砂土、粉土、黏性土及风化岩。冲击成孔的，进入中等风化和微风化岩层的速度比回转钻快，深度可达50m
	潜水钻，直径450~3 000	黏性土、淤泥、淤泥质土及砂土，深度可达80m

续表

成孔方法		适用范围
干作业成孔	螺旋钻，直径300~1 500	地下水位以上的黏性土、粉土、砂土及人工填土，深度在30m内
	钻孔扩底，底部直径可达1 200	地下水位以上的坚硬、硬塑的黏性土及中密以上的砂土，深度在15m内
	机动洛阳铲（人工），直径270~500	地下水位以上的黏性土、黄土及人工填土，深度可达20m
	人工挖孔，直径800~3 500	地下水位以上的黏性土、黄土及人工填土，深度可达40m
沉管成孔	锤击，直径320~800	硬塑黏性土、粉土、砂土，直径在600mm以上的可达强风化岩，深度可达20~30m
	振动，直径300~500	可塑黏性土、中细砂，深度可达24m
爆扩成孔，底部直径可达1 000		地下水位以上的黏性土、黄土、填土，深度可达12m

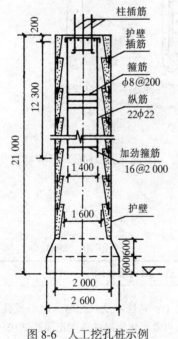

图8-6 人工挖孔桩示例

（3）挖孔桩

挖孔桩可采用人工或机械挖掘开孔。人工挖土的，每挖深0.9~1.0m，就浇灌或喷射一圈混凝土护壁（上下圈之间用插筋连接）。达到所需深度时，可进行扩孔。最后在护壁内安装钢筋笼和浇灌混凝土（图8-6）。

人工挖孔桩施工时，工人下到桩孔中操作，随时可能遇到流砂、塌孔、有害气体、缺氧、触电和上面掉下重物等危险而造成伤亡事故。因此，采用时应特别慎重，并应严格执行安全生产的规定。

挖孔桩的直径不应小于0.8m，一般为0.8~2m。桩长一般不宜超过30m。

挖孔桩的优点是：可直接观察地层情况，孔底可清除干净，设备简单，噪音小，桩径大，桩端能进入岩层，承载力高，适应性强，又较经济。

其缺点是：在流砂层及软土层中难以成孔，甚至无法成孔。

二、摩擦型桩与端承型桩

按桩的性状和竖向受力情况，将桩分为摩擦型桩和端承型桩两大类。

（1）摩擦型桩

桩顶竖向荷载由桩侧阻力和桩端阻力共同承担。桩顶竖向荷载主要由桩侧阻力承受的桩称为摩擦型桩。摩擦型桩的桩端持力层多为较坚硬的黏性土、粉土和砂类土。

摩擦型桩可分为摩擦桩和端承摩擦桩两类。桩端阻力很小可忽略不计的桩，称为摩擦桩。例如在深厚的软弱土层中，无较硬的土层作为桩端持力层，或桩端持力层虽然较坚硬但桩的长径比 l/d（l 为桩的长度，d 为桩的直径）很大，此时传递到桩端的轴力很小，可以忽略不计。

(2) 端承型桩

桩顶竖向荷载主要由桩端阻力承受的桩称为端承型桩。这类桩的桩端一般进入中密以上的砂土、碎石类土或中等风化、微风化和未风化岩层。

端承型桩可分为端承桩和摩擦端承桩两类。桩侧阻力很小可忽略不计的桩，称为端承桩。端承桩的长径比 l/d 较小（一般小于10），桩身穿越软弱土层，桩端设置在密实砂层、碎石类土层或中等风化、微风化和未风化岩层中。

桩端周边嵌入完整和较完整的未风化、微风化、中等风化硬质岩体，嵌入深度不小于 0.5m 的桩，称为嵌岩桩。嵌岩桩一般按端承桩设计。

三、按设置效应分类

随着桩的设置方法（打入或钻孔成桩等）的不同，桩孔处原土和桩周土所受的排挤作用也很不相同。排挤作用会引起桩周土天然结构、物理状态和应力状态的变化，从而影响桩的承载力和沉降。这些影响属于桩的设置效应问题。按设置效应，可将桩分为下列三类。

(1) 挤土桩

实心的预制桩、下端封闭的管桩、木桩以及沉管灌注桩等打入桩，在锤击、振动的贯入过程中，都将桩位处的土大量排挤开，因而使桩周某一范围内土的结构受到严重扰动破坏（重塑或土粒重新排列）。黏性土由于重塑作用而降低了抗剪强度（过一段时间后可恢复部分强度），而原来处于松散状态的无黏性土则由于振动挤密作用而使抗剪强度提高。

(2) 部分挤土桩

底端开口的钢管桩、H 形钢桩和开口预应力混凝土管桩等打入桩，沉桩时对桩周土体稍有排挤作用，但土的强度和变形性质改变不大。由原状土测得的土的物理力学性质指标一般仍可用于估算桩基承载力和沉降。

(3) 非挤土桩

先钻孔后再打入的预制桩和钻（冲或挖）孔桩在成孔过程中将孔中土体清除去，故设桩时对土没有排挤作用，桩周土反而可能向桩孔内移动，因此，非挤土桩的桩侧摩阻力常有所减小。

在不同的地质条件下，按不同方法设置的桩所表现的性状比较复杂，设计时只能大致予以考虑。

第三节 单桩竖向荷载的传递

在讨论竖直单桩竖向承载力之前，有必要大致了解施加于桩顶的竖向荷载是如何传递至地基的,因为这对于桩基设计具有一定的指导意义。

一、单桩竖向荷载的传递

在桩顶竖向荷载的作用下,桩身横截面上产生竖向力和竖向位移。由于桩身和桩周土的相互作用,受荷下移的桩身使桩周土发生变形并对桩侧表面产生向上的摩阻力。随着桩顶荷载的增加,桩身轴力、位移和桩侧摩阻力都不断地发生变化。起初,桩顶荷载 Q 值较小,桩身截面位移主要发生在桩身上段,Q 主要由上段桩侧的摩阻力来承担。Q 增加到一定数值时,桩端产生位移,桩端阻力(等于桩端轴力)才开始明显表露出来。根据试验资料,当桩侧与土之间相对位移量为 4~6mm(对黏性土)或 6~10mm(砂土)时,摩阻力达到其极限值。

图 8-7 表示桩顶在某级荷载 Q 作用下沿桩身的截面位移 δ_z、桩侧摩阻力 τ_z 和轴力 N_z 的分布曲线。从图 8-7(b)中可看出,桩顶沉降 s 大于桩端位移 δ_l,这是由于桩身会产生较大的弹性压缩的缘故,它们之间的关系是:$s = \delta_l +$ 桩身压缩量。桩身轴力 N 的分布特点是:桩顶轴力 N_0 最大($N_0 = Q$),桩端轴力 N_l(即桩端阻力)最小。对端承桩,桩侧阻力很小,可忽略不计,故 $N_l \approx Q$。

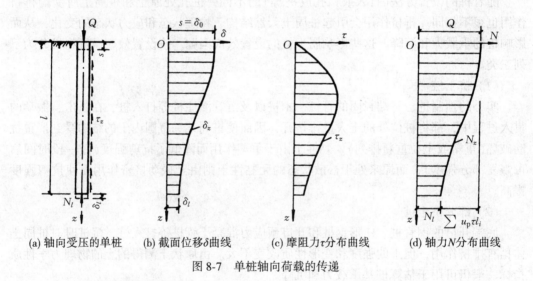

(a) 轴向受压的单桩　　(b) 截面位移 δ 曲线　　(c) 摩阻力 τ 分布曲线　　(d) 轴力 N 分布曲线

图 8-7　单桩轴向荷载的传递

二、桩侧负摩阻力

桩土之间相对位移的方向,对于荷载传递的影响很大。当土层相对于桩侧向下位移时,产生于桩侧的向下的摩阻力称为负摩阻力。产生负摩阻力的情况有多种,例如:位于桩周的欠固结黏土或松散厚填土在重力作用下产生固结;大面积堆载或桩侧地面局部较大的长期荷载使桩周高压缩性土层压密;在正常固结或弱超固结的软黏土地区,由于地下水位全面降低(如长期抽取地下水),致使有效应力增加,因而引起大面积沉降;自重湿陷性黄土浸水后产生湿陷;打桩时使已设置的邻桩抬升等。在这些情况下,土的重力和地面荷载将通过负摩阻力传递给桩。

图 8-8(a)表示一根承受竖向荷载的桩。桩身穿过正在固结中的土层而到达坚实土层。在图 8-8(b)中，曲线 1 表示土层不同深度的位移；曲线 2 为该桩的截面位移曲线。曲线 1 和曲线 2 间的位移差(图中画上横线部分)为桩土之间的相对位移。交点(O_1 点)为桩土之间没有产生相对位移的截面位置，称为中性点。在 O_1 点之上，土层产生相对于桩身的向下位移，桩侧出现负摩阻力 τ_{nz}。在 O_1 点之下的土层相对向上位移，因而在桩侧产生摩阻力(或称正摩阻力)τ_z。图 8-8(c)、(d)分别为桩侧摩阻力和桩身轴力的分布曲线。其中 Q^n 为中性点以上桩身负摩阻力累计值，又称为下拉荷载；F_s 为中性点以下正摩阻力累计值，在中性点处桩身轴力达到最大值($Q+Q^n$)，而桩端总阻力则等于 $[Q+(Q^n-F_s)]$。

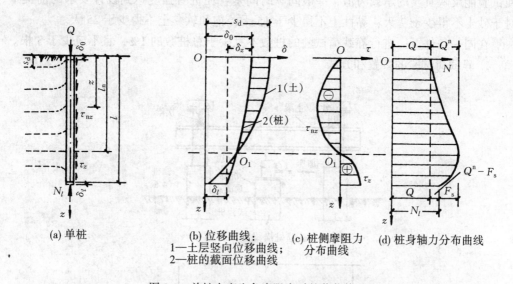

(a) 单桩　(b) 位移曲线：　(c) 桩侧摩阻力　(d) 桩身轴力分布曲线
　　　　1—土层竖向位移曲线；　　分布曲线
　　　　2—桩的截面位移曲线

图 8-8　单桩在产生负摩阻力时的荷载传递

桩侧负摩阻力的产生，使桩的竖向承载力减小，而桩身轴力加大，因此，负摩阻力的存在对桩基础是极为不利的。对可能出现负摩阻力的桩基，宜按下列原则设计：①对于填土建筑场地，先填土并保证填土的密实度，待填土地面沉降基本稳定后再成桩；②对于地面大面积堆载的建筑物，采取预压等处理措施，减少堆载引起的地面沉降；③对位于中性点以上的桩身进行处理(如在预制桩表面涂上一层沥青油)，以减少负摩阻力；④对于自重湿陷性黄土地基，采用强夯、挤密土桩等先行处理，消除上部或全部土层的自重湿陷性；⑤采用其他有效而合理的措施。

第四节　单桩竖向承载力的确定

单桩竖向承载力的确定，取决于两个方面：其一，取决于桩本身的材料强度；其二，取决于地层的支承力。设计时分别按这两方面确定后取其中的小值。如按桩的载荷试验确定，则已经兼顾到这两方面。

按材料强度计算低承台桩基的单桩承载力时，可把桩视做轴心受压杆件，并将混凝土的轴心抗压强度设计值 f_c 按式(8-9)的规定加以折减,而且不考虑纵向压屈影响(取纵向弯曲系数为1)。这是由于桩周存在土的约束作用。对于通过很厚的软黏土层而支承在岩层上的端承桩以及高承台桩基或承台底面以下存在可液化土层的桩,则应考虑压屈影响。

一、静载荷试验

静载荷试验是评价单桩承载力诸法中可靠性较高的一种。

挤土桩在设置后宜隔一段时间才开始进行静载试验。这是由于打桩时土中产生的孔隙水压力有待消散,且土体因打桩扰动而降低的强度,也有待随时间而部分恢复。为了使试验能反映真实的承载力值,一般间歇时间是:在桩身强度达到设计要求的前提下,对于砂土不得少于7天;黏性土不得少于15天;饱和软黏土不得少于25天。

在同一条件下,进行静载荷试验的桩数不宜少于总桩数的1%,且不应少于3根。

1. 静载荷试验的装置和方法

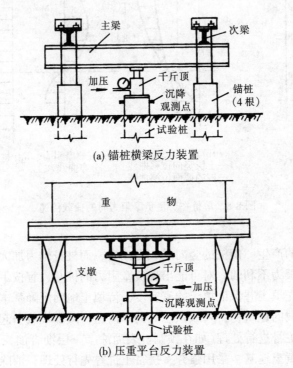

(a) 锚桩横梁反力装置

(b) 压重平台反力装置

图 8-9 单桩静载荷试验的加荷装置

试验装置主要包括加荷稳压部分、提供反力部分和沉降观测部分。静荷载一般由安装在桩顶的油压千斤顶提供。千斤顶的反力可通过锚桩承担(图 8-9(a)),或借压重平台的重物来平衡(图 8-9(b))。量测桩顶沉降的仪表主要有百分表或电子位移计等。百分表安装在基准梁上。桩顶则相应设置沉降观测标点。

试验方法的关键是:加荷方式应尽可能体现桩的实际工作情况。常用的慢速分级连续加荷方式,每级荷载值为估算的单桩极限承载力的 1/10~1/8。每级加载后,每第5、

10、15min 时各测读一次桩顶沉降量，以后每隔 15min 读一次，累计 1h 后每隔 0.5h 读一次。在每级荷载作用下，桩顶的沉降量连续两次在每小时内不超过 0.1mm 时，则认为已趋稳定。然后施加下一级荷载，直到桩已显现破坏特征，再分级卸荷至零。当试验出现下列情况之一时，即可终止加载：

①当 Q-s 曲线（图 8-10）上有可判定极限承载力的陡降段，且桩顶总沉降量超过 40mm。

②某级荷载作用下，桩的沉降增量大于前一级荷载作用下的沉降增量的 2 倍，且经 24h 尚未达到相对稳定。

③25m 以上的非嵌岩桩，Q-s 曲线呈缓变型时，桩顶总沉降量大于 60~80mm。

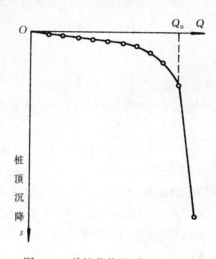

图 8-10　单桩荷载-沉降（Q-s）曲线

根据试验记录，可绘制各种试验曲线，如荷载-桩顶沉降（Q-s）曲线（图 8-10）和沉降-时间（对数）（s-$\lg t$）曲线等，并由这些曲线的特征判断桩的极限承载力。

2. 单桩的竖向承载力特征值

单桩竖向极限承载力 Q_u 可按下列方法确定：

①当 Q-s 曲线陡降段明显时，取相应于陡降段起点的荷载值。

②当出现上述终止加载的第二种情况时，取前一级荷载值。

③当 Q-s 曲线呈缓变型时，取桩顶总沉降量 $s=40$mm 所对应的荷载值；当桩长大于 40m 时，宜考虑桩身的弹性压缩。

④按上述方法判断有困难时，可结合其他辅助分析方法综合判定。对桩基沉降有特殊要求者，应根据具体情况选取。

参加统计的试桩，当满足其单桩竖向极限承载力的极差不超过平均值的 30% 时，可取其平均值为单桩竖向极限承载力。对桩数为 3 根及 3 根以下的柱下桩台，取最小值。

将单桩竖向极限承载力除以安全系数 2，为单桩竖向承载力特征值 R_a。

二、静力触探及标准贯入试验

对地基基础设计等级为丙级的建筑物,可采用静力触探及标准贯入试验参数确定单桩竖向承载力特征值 R_a。

三、按经验公式确定单桩竖向承载力特征值

初步设计时,单桩竖向承载力特征值 R_a 可按下式估算:

$$R_a = q_{pa}A_p + u_p \sum q_{sia}l_i \tag{8-1}$$

式中:q_{pa}、q_{sia}——桩端阻力、桩侧阻力特征值,kPa,由当地静载荷试验结果统计分析算得;

A_p——桩端横截面面积,m^2;

u_p——桩身横截面周长,m;

l_i——第 i 层岩土的厚度,m。

对桩端嵌入完整及较完整的硬质岩中的端承桩,可按下式估算单桩竖向承载力特征值:

$$R_a = q_{pa}A_p \tag{8-2}$$

式中:q_{pa}——桩端岩石承载力特征值,kPa。

【例 8-1】 某混凝土预制桩截面为 350mm×350mm,桩长 12.5m(自承台底面起算)。该桩打穿淤泥层(厚度 $l_1 = 5m$,$q_{s1a} = 5kPa$)后进入可塑黏土层($l_2 = 7.5m$,$q_{s2a} = 37kPa$,$q_{pa} = 1\ 600kPa$)。试按经验公式确定该桩的竖向承载力特征值。

【解】 $R_a = q_{pa}A_p + u_p \sum q_{sia}l_i$

$= 1\ 600×0.35^2 + 4×0.35×(5×5 + 37×7.5)$

$= 619.5\text{(kN)}$

四、群桩效应对单桩竖向承载力的影响

由 2 根以上的桩组成的桩基称为群桩基础。群桩基础受竖向荷载作用后,由于承台—桩—土的相互作用使其桩侧阻力、桩端阻力、沉降等性状发生变化而与单桩明显不同,这种现象称为群桩效应。对于由 n 根单桩组成的群桩基础,群桩效应对单桩承载力的影响可以用群桩的承载力和 n 根单桩的承载力的比值 η 来说明,即

$$\eta = \frac{\text{群桩的承载力}}{n \times \text{单桩承载力}}$$

η 称为群桩效应系数,其值可能大于 1、等于 1 或小于 1,这与桩距、桩数、桩长、土的性质和桩的施工方法等因素有关。

1. 摩擦型群桩基础

假设群桩中各桩所受的荷载相等,各桩的摩阻力也相同,并且都沿桩长均匀分布。桩侧摩阻力引起的土中附加应力 σ_z 通过桩周土体按一角度 α 扩散分布。对于长度为 l 的独立单桩来说,在桩端平面上,附加压力的分布直径($D = d + 2l \cdot \tan\alpha$)比桩径 d 大得多(图 8-11(a))。对于群桩来说,当桩距 s 小于 D 时,各桩的桩端压力分布面积互相交

错重叠而使附加应力 σ_z 增大(图 8-11(b)),从而使群桩沉降量增加。因此,在单桩与群桩沉降量相同的条件下,群桩中每根桩的平均承载力常小于单桩承载力,即群桩效应系数 $\eta<1$。

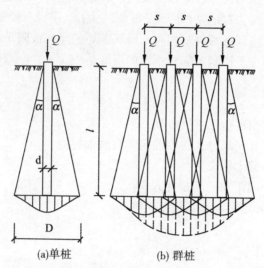

图 8-11 摩擦型桩的桩顶荷载通过侧阻扩散形成的桩端平面压力分布

群桩中的桩数 n 和桩距 s 是影响群桩效应系数 η 的主要因素。桩数愈多、桩距愈小,则桩端处的应力重叠现象愈严重,η 值愈小。一些试验资料表明,当桩距小于 $3d$(d 为桩径)时,桩端处应力重叠现象严重;当桩距大于 $6d$ 时,应力重叠现象较小。

对打入较疏松的砂类土和粉土中的挤土群桩,其桩间土和桩端土被明显挤密,致使桩侧和桩端阻力都因而提高,所以群桩效应系数 η 常大于 1。

2. 端承型群桩基础

端承型群桩中各桩的桩顶荷载大部分是通过桩端传给桩端持力层的,因此桩端处的应力重叠现象较轻微,群桩中各桩的工作性状接近于独立单桩。所以端承型群桩的承载力等于各单桩承载力之和,即群桩效应系数 $\eta=1$。

3. 承台底面贴地的影响

由摩擦型桩组成的群桩基础,当其承受竖向荷载而沉降时,承台底面一般与地基土紧密接触,因此承台底面必产生土反力,从而分担了一部分荷载,使桩基承载力随之提高。考虑到一些因素可能会导致承台底面与基土脱开(如挤土桩施工时产生的孔隙水压力会在承台修筑后继续消散而引起地基土固结下沉),为了保证安全可靠,设计时一般不考虑承台贴地时承台底土反力对桩基承载力的贡献。

设计群桩基础时,一般可不考虑群桩效应对单桩竖向承载力的影响,即取群桩效应系数 $\eta=1$,但对摩擦型桩基、设计等级为甲级以及部分乙级的建筑物桩基(见本章第一节),必须进行沉降验算,以确保桩基沉降不超过允许值。

第五节 桩基础设计

与浅基础一样,桩基的设计也应做到安全、合理和经济。对桩和承台来说,应有足够的强度、刚度和耐久性;对地基(主要是桩端持力层)来说,要有足够的承载力和不致产生过量的变形。考虑到通常桩基相应于地基破坏的竖向极限承载力甚高,因而大多数桩基设计的首要问题在于控制沉降和不均匀沉降。

一、设计内容和步骤

桩基础设计的基本内容包括下列各项:
①选择桩的类型和几何尺寸,初步确定承台底面标高;
②确定单桩竖向承载力特征值;
③确定桩的数量、间距和平面布置方式;
④验算单桩承载力(必要时验算桩基沉降);
⑤桩身结构设计;
⑥承台设计;
⑦绘制桩基施工图。

桩基设计之前(或初期),应根据建筑物的特点和有关要求,完成岩土工程勘察、场地环境及施工条件等资料的收集工作。设计时还应考虑与本桩基工程有关的其他问题,如桩的设置方法及其影响等。

下面将分别讨论上述①、③、④、⑤及⑥各项且仅限于轴向(竖向)受压的桩基。

二、桩的类型和几何尺寸选择

桩基设计的第一步,就是根据各种基本资料,从满足建筑物对桩基承载力与沉降允许值要求出发,选择桩的类型、桩端持力层和桩径桩长。

从建筑物规模(楼层层数)和荷载大小来看,对于10层以下的建筑物(如为工业厂房可将荷载折算为相应的楼层数),可考虑采用直径500mm左右的灌注桩、直径300mm的预应力管桩或边长为400mm的预制桩;10~20层的可采用直径800~1 000mm的灌注桩、直径400mm的预应力管桩或边长450mm、500mm的预制桩;20~30层的可采用直径1 000~1 200mm的钻(冲、挖)孔灌注桩或直径500mm、550mm的预应力管桩;30~40层的可采用直径大于1 200mm的钻(冲、挖)孔灌注桩、直径550mm、600mm的预应力管桩或大直径钢管桩等。楼层更多的可用直径更大的灌注桩。目前,国内采用的人工挖孔桩直径最大在5m以上。

各种类型的桩都有其适用性和局限性。

大直径灌注桩可穿过基岩强风化带进入中等风化或微风化带而发挥其高承载力的优势。冲孔桩穿越障碍物的能力比较强。当土中含有孤石、废金属残渣、古旧码头和未风化岩脉而不宜选用其他桩型时,可考虑选用冲孔桩。

人工挖孔桩可按承载力要求灵活选择桩径和扩大端,可在同一场地同时进行不同直径的挖孔桩施工。当岩土条件适合且安全生产有保证时,人工挖孔桩不失为一种值得选用的桩型。

预应力管桩的强度高，可承受较大的锤击动应力，因而可选用较大的桩锤（如 D45、D60 等柴油锤）施打，故这种桩的穿越能力强。预应力管桩最适合在具有一定厚度的残积层和强风化岩层的场地使用，也可以密实砂土或坚硬黏土作为持力层。预应力管桩的承载力和沉降量常可满足高层建筑的设计要求，而其工程费用则低于嵌岩灌注桩。与其他预制桩一样，预应力管桩不宜在障碍物多的地层中使用，更不宜在覆盖层软弱、下部缺乏残积层和强风化岩层而立即碰到低风化硬质基岩的情况下使用，否则桩身将容易发生断裂。

对于软土地区的桩基，应考虑桩周土自重固结、蠕变、大面积堆载及施工中挤土对桩基的影响。在深厚软土中，不宜采用大片密集有挤土效应的桩基，否则，会产生严重的地面隆起和土体水平位移，导致桩基承载力下降、沉降增加，先打设的桩受推挤而歪斜甚至断裂。这时宜采用承载力高而桩数较少的桩基。

为使桩基沉降均匀，同一结构单元宜避免采用不同类型的桩。同一基础相邻桩的桩底标高差，对于非嵌岩端承型桩，不宜超过相邻桩的中心距；对于摩擦型桩，在相同土层中不宜超过桩长的 1/10。

确定桩长的关键，在于选择桩端持力层。如果在施工条件允许的深度内没有坚实土层存在，对于 10 层以下的房屋，也可选择中等强度的土层作为持力层。

对于桩端进入持力层的深度和桩端下坚实土层的厚度，应该有所要求。桩端进入持力层的深度，应根据地质条件、荷载及施工工艺确定，一般宜为桩身直径的 1~3 倍，且尚应考虑特殊土、岩溶以及震陷液化等影响。桩端以下坚实土层的厚度，一般不宜小于 3 倍桩径。嵌岩桩桩端进入中等风化（或微风化）基岩体的最小深度（指桩周入岩最浅处）不宜小于 0.5m，以确保桩端嵌入岩体。同时，嵌岩桩桩底下 3 倍桩径范围内应无软弱夹层、断裂带、洞穴和空隙分布。桩端如坐落在起伏不平、隐伏沟槽石芽密布的岩面则易招致滑动。为确保桩端和岩体的稳定，在桩端应力扩散范围（2~3 倍桩径）内，应无岩体临空面（例如沟、槽、洞穴的侧面或倾斜、陡立的岩面）存在。这些要求，对于荷载甚大的柱下单桩更为重要。必要时还应补充勘察，或在钻孔桩施工时，于桩孔底下钻取岩芯（"超前钻"），以便了解该桩的持力层厚度。在高、重建筑中，采用大直径桩是有利的。但对碳酸岩类岩石地基，当岩溶很发育而洞穴顶板厚度不大时，则宜采用直径不大的钻冲孔桩（较易满足桩端下有 3 倍桩径的持力层厚度要求，也有利于荷载的扩散），并配合采用具有一定架越能力的梁式或筏板式承台。

在确定桩长之后，施工时桩的设置深度必须满足设计要求。如果土层比较均匀，层面比较平整，那么桩的实际长度常与设计桩长比较接近；当场地土层复杂，或者桩端持力层层面起伏不平时，桩的实际长度常与设计桩长不一致。为了避免浪费和便于施工，在勘察工作中，应尽可能仔细探明可作为持力层的地层层面深度。

在确定桩的类型和几何尺寸后，应初步确定承台底面标高，以便计算单桩承载力。一般情况下，承台埋深主要从建筑需要、方便施工和地基条件等方面来选择。

三、桩的根数和布置

1. 桩的根数

当桩基为轴心受压时，桩数 n 应满足下式要求：

$$n \geq \frac{F_k+G_k}{R_a} \tag{8-3}$$

式中：F_k——相应于作用的标准组合时，作用于承台顶面的竖向力；

G_k——承台自重及承台上土自重标准值；

R_a——单桩竖向承载力特征值。

当桩数未确定时，承台大小是未知的，即 G_k 为未知。因此，一般可先按 $n > F_k/R_a$ 估算桩数（偏心受压时桩数再增加 10%~20%），然后进行桩的平面布置，确定承台平面尺寸，最后按下一小节所述的方法验算所选桩数是否合适。

2. 桩的间距

桩的间距（中心距）一般采用 3~4 倍桩径。间距太大会增加承台的体积和用料，太小则将使桩基（摩擦型桩）的沉降量增加，且给施工造成困难。为此，规范规定：摩擦型桩的间距不宜小于桩径的 3 倍；扩底灌注桩的间距不宜小于扩底直径的 1.5 倍，当扩底直径大于 2m 时，桩端净距不宜小于 1m。

对于大面积桩群，尤其是挤土桩，桩的间距宜适当加大。

3. 桩在平面上的布置

桩在平面内可以布置成方形（或矩形）网格或三角形网格（梅花式）的形式，也可采用不等距排列，如图 8-12 所示。

为了使桩基中各桩受力比较均匀，群桩横截面的重心应与荷载合力的作用点重合或接近。

在有门洞的墙下布桩应将桩设置在门洞的两侧。梁式或板式承台下的群桩，布桩时应注意使梁、板中的弯矩尽量减小，即多在柱、墙下布桩，以减少梁和板跨中的桩数。

为了节省承台用料和减少承台施工的工作量，在可能的情况下，墙下应尽量采用单排桩基，柱下的桩数也应尽量减少。一般地说，桩数较少而桩长较大的桩基，无论在承台的设计和施工方面，还是在提高群桩的承载力以及减小桩基沉降量方面，都比桩数多而桩长小的桩基优越。如果由于单桩承载力不足而造成桩数过多、布桩不够合理，宜重新选择桩的类型及几何尺寸。

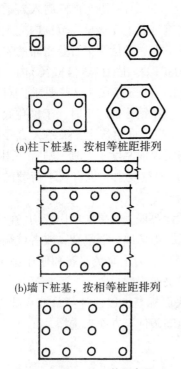

(a) 柱下桩基，按相等桩距排列

(b) 墙下桩基，按相等桩距排列

(c) 柱下桩基，按不等距布置

图 8-12 桩的平面布置示例

四、桩基承载力验算

1. 桩顶竖向力计算

群桩中单桩桩顶竖向力可按下列公式计算（图8-13）。

轴心竖向力作用下：

$$Q_k = \frac{F_k+G_k}{n} \tag{8-4}$$

偏心竖向力作用下：

$$Q_{ik} = \frac{F_k + G_k}{n} \pm \frac{M_{xk}y_i}{\sum y_j^2} \pm \frac{M_{yk}x_i}{\sum x_j^2} \quad (8-5)$$

$$Q_{k,\max} = \frac{F_k + G_k}{n} + \frac{M_{xk}y_{\max}}{\sum y_j^2} + \frac{M_{yk}x_{\max}}{\sum x_j^2} \quad (8-6)$$

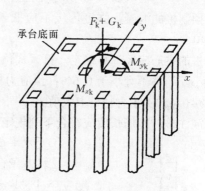

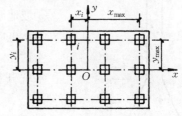

图 8-13 桩顶竖向力计算简图

式中：Q_k——相应于作用的标准组合轴心竖向力作用下任一单桩的竖向力；

Q_{ik}——相应于作用的标准组合偏心竖向力作用下第 i 根桩的竖向力；

$Q_{k,\max}$——相应于作用的标准组合偏心竖向力作用下单桩的最大竖向力；

M_{xk}、M_{yk}——相应于作用的标准组合作用于承台底面的外力对通过桩群形心的 x、y 轴的力矩；

x_i、y_i——桩 i 至通过桩群形心的 y、x 轴线的距离，$\sum x_j^2 = x_1^2 + x_2^2 + \cdots + x_n^2$，$\sum y_j^2 = y_1^2 + y_2^2 + \cdots + y_n^2$；

其余符号同前。

2. 单桩竖向承载力验算

承受轴心竖向力作用的桩基，桩顶竖向力 Q_k 应满足下式要求：

$$Q_k \leq R_a \quad (8-7)$$

承受偏心竖向力作用的桩基，除应满足式(8-7)的要求外，尚应满足下式要求：

$$Q_{k,\max} \leq 1.2R_a \quad (8-8)$$

式中：R_a——单桩竖向承载力特征值。

当作用在桩基上的外力主要为水平力时，应对桩基的水平承载力进行验算；当桩基承受拔力时，应对桩基进行抗拔验算及桩身抗裂验算。

五、桩身结构设计

桩身混凝土强度应满足桩的承载力设计要求。计算时应按桩的类型和成桩工艺的不同将混凝土的轴心抗压强度设计值乘以工作条件系数 ψ_c，桩身强度应符合下式要求：

桩轴心受压时
$$Q \leq A_p f_c \psi_c \quad (8-9)$$

式中：f_c——混凝土轴心抗压强度设计值；

Q——相应于作用的基本组合时的单桩竖向力设计值；

A_p——桩身横截面积；

ψ_c——工作条件系数，非预应力预制桩取 0.75，预应力桩取 0.55~0.65，灌注桩取 0.6~0.8(水下灌注桩、长桩或混凝土强度等级高于 C35 时用低值)。

预制桩的混凝土强度等级不应低于 C30；灌注桩不应低于 C20；预应力桩不应低于 C40。

桩的主筋应经计算确定。打入式预制桩的最小配筋率不宜小于 0.8%；静压预制桩的最小配筋率不宜小于 0.6%；预应力桩不宜小于 0.5%；灌注桩最小配筋率不宜小于 0.2%~0.65%(小直径桩取大值)。

灌注桩的配筋长度应符合下列规定：

①受水平荷载和弯矩较大的桩，配筋长度应通过计算确定。

②桩基承台下存在淤泥、淤泥质土或液化土层时，配筋长度应穿过这些土层。

③坡地岸边的桩、8 度及 8 度以上地震区的桩、抗拔桩、嵌岩端承桩应通长配筋。

④钻孔灌注桩构造钢筋的长度不宜小于桩长的 2/3；桩施工在基坑开挖前完成时，其钢筋长度不宜小于基坑深度的 1.5 倍。

对于预制桩，尚应进行运输、吊装和锤击等过程中的强度和抗裂验算。

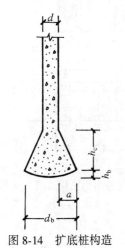

图 8-14 扩底桩构造

当人工挖孔桩桩端持力层为土层或强度较低的岩层时，桩端可采用扩底的形式(图 8-14)，以提高单桩承载力。扩底端直径与桩身直径比 d_b/d，应根据承载力要求及扩底端部侧面和桩端持力层土性确定，最大不超过 3.0。扩底端侧面的斜率应根据实际成孔及支护条件确定，a/h_c 一般取 1/3~1/2，砂土取约 1/3，粉土、黏性土取约 1/2。扩底端底面一般呈锅底形，矢高 h_b 取 $(0.10~0.15)d_b$。

六、承台设计

承台设计包括选择承台的材料和几何尺寸(形状、平面、高度和底面标高)，进行承载力计算，并应符合某些构造上的要求。桩基承台可分为柱下独立桩基承台、柱下或墙下条形桩基承台梁和筏形、箱形承台板等几种。

1. 构造要求

①承台的最小宽度不应小于 500mm，承台边缘至边桩中心的距离不宜小于桩的直径或边长，边缘挑出部分不应小于 150mm。这主要是为了满足桩顶嵌固及抗冲切的需要。对于墙下条形承台梁，其边缘挑出部分可降低至 75mm，这主要是考虑到墙体与承台梁共同工作可增强承台梁的整体刚度，并不至于产生桩顶对承台梁的冲切破坏。

为满足承台的基本刚度、桩与承台的连接等构造需要，条形承台和柱下独立桩基承台的最小厚度不应小于 300mm。

②承台混凝土强度等级不应低于 C20，承台底面钢筋的混凝土保护层厚度不应小于 70mm，当有混凝土垫层时，不应小于 50mm。

③承台的钢筋配置除满足计算要求外，尚需符合下列规定：

承台梁的纵向主筋直径不宜小于 12mm，架立筋直径不宜小于 10mm，箍筋直径不宜小于6mm。

柱下独立桩基承台的受力钢筋应通长配置,最小配筋率不应小于0.15%。矩形承台板配筋宜按双向均匀布置,钢筋直径不宜小于10mm,间距应满足100~200mm。对于三桩承台,应按三向板带均匀配置,最里面三根钢筋相交围成的三角形应位于柱截面投影范围以内(图8-15)。

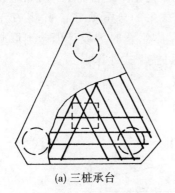 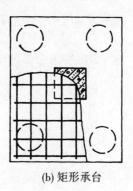

(a) 三桩承台　　　　　　　　　　(b) 矩形承台

图 8-15　承台配筋示意图

④桩与承台的连接需符合下列要求:

桩顶嵌入承台内的长度不宜小于50mm。主筋伸入承台内的锚固长度不宜小于钢筋直径的35倍。对于大直径灌注桩,当采用一柱一桩时,可设置承台或将桩和柱直接连接。桩和柱的连接可按高杯口基础的要求选择截面尺寸和配筋,柱纵筋插入桩身的长度应满足锚固长度的要求。

⑤关于承台之间的连接:

柱下单桩承台宜在相互垂直的两个方向设置连系梁。这是为了传递、分配柱底剪力、弯矩,增强整个建筑物桩基的协同工作能力,并与结构分析时假定柱底为固端的计算模式相一致。

对于双桩承台,由于其长向的抗剪、抗弯能力较强,一般无须设置承台之间的连系梁。而其短向抗弯刚度较小,因此宜设置承台间的连系梁。

对于有抗震设防要求的柱下独立承台,宜设置纵横向连系梁。这主要是考虑在地震作用下,建筑物各独立承台之间所受剪力、弯矩是非同步的,利用承台之间的连系梁进行传递和分配是十分有利的。

连系梁顶面宜与承台顶面位于同一标高,以利于直接传递柱底剪力、弯矩。连系梁的截面宽度不应小于200mm,高度可取梁跨的1/15~1/10,最小配筋量则应不小于$4\phi12$,并应按受拉要求锚入承台。

2. 承台的受弯承载力计算

各种承台均应按现行的《混凝土结构设计规范》(GB 50010—2011)进行受弯、受冲切、受剪切和局部承压承载力计算。下面仅介绍柱下多桩矩形承台的受弯承载力计算。

柱下多桩矩形承台弯矩的计算截面应取在柱边和承台高度变化处(杯口外侧或台阶边缘),并按下式计算:

$$M_x = \sum N_i y_i \tag{8-10}$$

$$M_y = \sum N_i x_i \tag{8-11}$$

式中：M_x、M_y——分别为垂直于 y 轴和 x 轴方向计算截面处的弯矩设计值；

x_i、y_i——垂直于 y 轴和 x 轴方向自桩轴线到相应计算截面的距离(图8-16)；

N_i——扣除承台和承台上土自重后相应于作用的基本组合时的第 i 桩竖向力设计值，可按式(8-5)计算，计算时去掉式中的自重项 G_k，并将 Q_{ik} 改为 N_i，将 F_k、M_{xk}、M_{yk} 改为相应于作用的基本组合时的设计值。当取基本组合值为标准组合值的1.35倍时，N_i 亦可按下式计算：

$$N_i = 1.35\left(Q_{ik} - \frac{G_k}{n}\right) \tag{8-12}$$

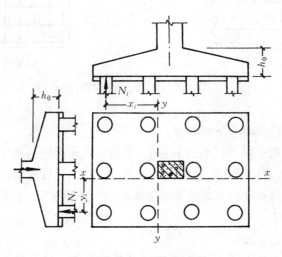

图 8-16　矩形承台

【例8-2】　一矩形截面柱，其边长为 $b_c = 450\text{mm}$，$h_c = 600\text{mm}$，柱底(标高为 -0.50m)处作用的相应于作用的基本组合时的荷载设计值为(例图8-1)：$F = 4\,100\text{kN}$，$M_0 = 214\text{kN} \cdot \text{m}$(沿承台长边方向作用)，$H = 186\text{kN}$。拟采用混凝土预制桩基础，承台埋深初取1.4m，预制桩的方形截面边长为 $b_p = 400\text{mm}$，桩长15m。承台下桩侧土层情况自上而下依次为：黏土，可塑，厚度1m，$q_{sia} = 20\text{kPa}$；粉质黏土，流塑，厚度12m，$q_{sia} = 10\text{kPa}$；黏土，可塑，厚度5m以上，桩端进入该层2m，$q_{sia} = 38\text{kPa}$，$q_{pa} = 1\,250\text{kPa}$。承台混凝土强度等级取C20，配置HRB335级钢筋，试设计该桩基础。

【解】　(1) 桩的类型和尺寸已选定，桩身结构设计从略。

(2) 计算单桩竖向承载力特征值：

由式(8-1)，得

$$\begin{aligned}R_a &= q_{pa}A_p + u_p \sum q_{sia}l_i \\&= 1\,250 \times 0.4 \times 0.4 + 4 \times 0.4 \times (20 \times 1 + 10 \times 12 + 38 \times 2) \\&= 545.6(\text{kN})\end{aligned}$$

(3) 计算荷载标准组合值：

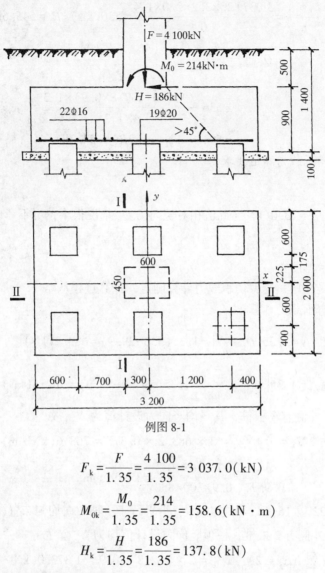

例图 8-1

$$F_k = \frac{F}{1.35} = \frac{4\ 100}{1.35} = 3\ 037.0 (kN)$$

$$M_{0k} = \frac{M_0}{1.35} = \frac{214}{1.35} = 158.6 (kN \cdot m)$$

$$H_k = \frac{H}{1.35} = \frac{186}{1.35} = 137.8 (kN)$$

(4) 初选桩的根数和承台尺寸

桩的根数： $$n > \frac{F_k}{R_a} = \frac{3\ 037.0}{545.6} = 5.6 (根)$$

取 $n=6$ 根，桩的平面布置见例图 8-1。取桩距 $s=3d=3\times0.4=1.2(m)$，于是承台尺寸为：

承台长边： $a = 2\times(0.4+1.2) = 3.2(m)$

承台短边： $b = 2\times0.4+1.2 = 2.0(m)$

暂取承台厚度 $h=0.9m$，桩顶嵌入承台 50mm，钢筋网直接放在桩顶上，承台底设 C10 混凝土垫层，则承台有效高度为 $h_0 = h-0.05 = 0.9-0.05 = 0.85(m)$（计算基础或承台的有效高度时，常不考虑钢筋直径的影响，由此而引起的误差很小，可忽略不计）。

(5) 桩顶竖向力计算及承载力验算：

$$Q_k = \frac{F_k + G_k}{n} = \frac{3\,037 + 20 \times 3.2 \times 2.0 \times 1.4}{6} = 536(\text{kN}) < R_a = 545.6\text{kN}$$

$$Q_{k,\max} = \frac{F_k + G_k}{n} + \frac{(M_{0k} + H_k h) x_{\max}}{\sum x_j^2}$$

$$= 536 + \frac{(158.6 + 137.8 \times 0.9) \times 1.2}{4 \times 1.2^2}$$

$$= 594.9(\text{kN}) < 1.2 R_a = 654.7\text{kN}$$

经验算，单桩竖向承载力满足要求。

单桩水平力：

$$H_{1k} = \frac{H_k}{n} = \frac{137.8}{6} = 23.0(\text{kN})(此值相对竖向力 Q_k 来说很小，可不考虑桩的水平承载力问题）$$

（6）确定承台厚度：

承台厚度由受冲切、受剪切承载力计算确定，计算过程从略。

（7）承台受弯承载力计算：

$$N = 1.35 \left(Q_k - \frac{G_k}{n} \right) = 1.35(536 - 29.9) = 683.2(\text{kN})$$

$$N_{\max} = 1.35 \left(Q_{k,\max} - \frac{G_k}{n} \right) = 1.35(594.9 - 29.9) = 762.8(\text{kN})$$

在 Ⅱ-Ⅱ 截面外侧有 3 根桩，其平均竖向力设计值为 N，故

$$M_x = \sum N_i y_i = 3 \times 683.2 \times 0.375 = 768.6(\text{kN} \cdot \text{m})$$

$$A_s = \frac{M_x}{0.9 f_y h_0} = \frac{768.6 \times 10^6}{0.9 \times 300 \times 850} = 3\,349(\text{mm}^2)$$

按最小配筋率配 22 Φ 16，$A_s = 4\,424 \text{mm}^2$，沿平行于 y 轴方向均匀布置（例图 8-1）。

在 Ⅰ-Ⅰ 截面外侧有 2 根桩，桩顶竖向力设计值均为 $N_{\max}$，故

$$M_y = \sum N_i x_i = 2 N_{\max} x_{\max} = 2 \times 762.8 \times 0.9 = 1\,373.0(\text{kN} \cdot \text{m})$$

$$A_s = \frac{M_y}{0.9 f_y h_0} = \frac{1\,373 \times 10^6}{0.9 \times 300 \times 850} = 5\,983(\text{mm}^2)$$

选用 19 Φ 20，$A_s = 5\,970 \text{mm}^2 (\approx 5\,983 \text{mm}^2)$，沿平行于 x 轴方向均匀布置。

【例 8-3】 某框架柱下采用预制桩基础，柱作用在承台顶面的荷载标准组合值为 $F_k = 2\,500 \text{kN}$，$M_k = 300 \text{kN} \cdot \text{m}$，承台埋深 $d = 1\text{m}$，预制桩截面尺寸为 $350 \text{mm} \times 350 \text{mm}$，单桩承载力特征值 $R_a = 680 \text{kN}$。试进行承台布桩设计及验算。

【解】 （1）初选桩的根数和承台尺寸：

桩的根数：

$$n > \frac{F_k}{R_a} = \frac{2\,500}{680} = 3.7$$

取桩数 $n = 4$ 根，桩距 $s = 3d = 3 \times 0.35 = 1.05(\text{m})$，承台边缘至边桩中心的距离取为 1 倍

桩的边长,则承台边长为：$s+2d=1.05+2\times0.35=1.75(\mathrm{m})$。桩的布置和承台平面尺寸如例图 8-2 所示。

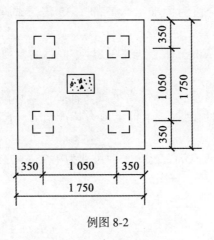

例图 8-2

(2) 桩顶竖向力计算及承载力验算：

$$Q_\mathrm{k}=\frac{F_\mathrm{k}+G_\mathrm{k}}{n}=\frac{2\,500+20\times1.75\times1.75\times1}{4}=640.3(\mathrm{kN})<R_\mathrm{a}=680\mathrm{kN}$$

$$Q_{\mathrm{k,\,max}}=\frac{F_\mathrm{k}+G_\mathrm{k}}{n}+\frac{M_\mathrm{k}x_{\max}}{\sum x_\mathrm{j}^2}$$

$$=640.3+\frac{300\times0.525}{4\times0.525^2}=783.2(\mathrm{kN})<1.2R_\mathrm{a}=816\mathrm{kN}$$

经验算,单桩竖向承载力满足要求。

思 考 题

8-1 试从桩的施工方法、支承方式和设置效应对桩进行分类。

8-2 单桩竖向荷载的传递有什么规律?

8-3 桩基础设计一般包括哪些基本内容?

习 题

8-1 某场地从天然地面起往下的土层分布依次为：粉质黏土,厚度 $l_1=3\mathrm{m}$, $q_{s1a}=25\mathrm{kPa}$;粉土,厚度 $l_2=6\mathrm{m}$, $q_{s2a}=21\mathrm{kPa}$;中密中砂,厚度 $l_3=5\mathrm{m}$, $q_{s3a}=32\mathrm{kPa}$, $q_{pa}=2\,700\mathrm{kPa}$。现采用截面边长为 350mm 的预制方桩,桩端进入中砂层的深度为 1m,承台埋深取 1m,试确定单桩竖向承载力特征值。

(答案：$R_\mathrm{a}=622\mathrm{kN}$)

8-2 一方形柱截面边长为 400mm,柱下做 4 桩承台,承台埋深 1m,桩中心距 1.6m,承台边长为 2.5m,作用在承台顶面的相应于作用的标准组合时的荷载值为：竖

向力 $F_k = 2\,000\text{kN}$, 弯矩 $M_k = 200\text{kN·m}$。(1)求单桩桩顶平均竖向力 Q_k 和最大竖向力 $Q_{k,\max}$;(2)若单桩竖向承载力特征值 $R_a = 540\text{kN}$,试验算桩顶竖向力是否满足承载力要求;(3)取荷载的基本组合值为标准组合值的 1.35 倍,试计算承台的弯矩设计值 M_x 和 M_y。

(答案:(1) $Q_k = 531.3\text{kN}$, $Q_{k,\max} = 593.8\text{kN}$;(2)满足要求;(3) $M_x = 810\text{kN·m}$,$M_y = 911.3\text{kN·m}$)

8-3 已知某承台埋深 1.2m,柱传给承台的轴心荷载标准组合值 $F_k = 3\,500\text{kN}$,承台下采用边长为 350mm 的预制桩,单桩承载力特征值 $R_a = 650\text{kN}$。试进行承台布桩设计及验算。

(答案:$n = 6$, $s = 3d = 1.05\text{m}$,承台平面尺寸为 $1.75\text{m} \times 2.8\text{m}$,$Q_k = 602.9\text{kN}$)

参 考 文 献

[1] 华南理工大学，东南大学，浙江大学，湖南大学编. 地基及基础(第三版). 北京：中国建筑工业出版社，1998.
[2] 陈书申，陈晓平主编. 土力学与地基基础(第二版). 武汉：武汉工业大学出版社，2003.
[3] 杨小平主编. 土力学及地基基础习题题解. 武汉：武汉大学出版社，2001.
[4] 华南理工大学，浙江大学，湖南大学编. 基础工程(第三版). 北京：中国建筑工业出版社，2014.
[5] 国家标准. 建筑地基基础设计规范(GB 50007). 北京：中国建筑工业出版社，2012.
[6] 国家标准. 建筑结构荷载规范(GB 50009). 北京：中国建筑工业出版社，2012.
[7] 国家标准. 混凝土结构设计规范(GB 50010). 北京：中国建筑工业出版社，2011.
[8] 国家标准. 岩土工程勘察规范(GB 50021). 北京：中国建筑工业出版社，2002.
[9] 国家标准. 建筑抗震设计规范(GB 50011). 北京：中国建筑工业出版社，2010.
[10] 国家标准. 砌体结构设计规范(GB 50003). 北京：中国建筑工业出版社，2012.

后 记

经全国高等教育自学考试指导委员会同意,由全国考委土木水利矿业环境类专业委员会负责房屋建筑工程专业教材的审定工作。

本教材由华南理工大学杨小平副教授担任主编。具体编写分工为:杨小平(绪论,第二、第三、第四、第五、第七、第八章),温耀霖、宿文姬(第一、第六章)。全书由杨小平统稿。

全国考委土木水利矿业环境类专业委员会组织了本教材的审稿工作。太原理工大学白晓红教授担任主审,西安交通大学廖红建教授、哈尔滨工业大学齐加连副教授参加审稿,提出修改意见。谨向他们表示诚挚的谢意!

全国考委土木水利矿业环境类专业委员会最后审定通过了本教材。

全国高等教育自学考试指导委员会
土木水利矿业环境类专业委员会
2016 年 1 月